中国石油提高采收率技术新进展丛书

CCUS-EOR 实用技术

王高峰　祝孝华　潘若生　林海波　等编著

石油工业出版社

内 容 提 要

本书围绕碳驱油类碳捕集、利用与封存（CCUS-EOR）技术实际应用，分析了国内 CCUS 产业技术发展现状，阐述了二氧化碳驱油与埋存关键生产指标预测实用油藏工程方法、碳捕集实用技术与特点、二氧化碳管道输送设计实用技术，介绍了 CCUS-EOR 重大系统装备与特色实验平台；总结了 CCUS-EOR 矿场实践与经验；提出了 CCUS-EOR 技术发展方向与产业发展建议。

本书可供从事碳捕集、利用与封存技术综合研究人员参考使用。

图书在版编目（CIP）数据

CCUS-EOR 实用技术 / 王高峰等编著 .—北京：石油工业出版社，2022.1

（中国石油提高采收率技术新进展丛书）

ISBN 978-7-5183-5142-8

Ⅰ . ① C… Ⅱ . ① 王… Ⅲ . ① 注二氧化碳 - 气压驱动 - 研究 Ⅳ . ① TE357.45

中国版本图书馆 CIP 数据核字（2021）第 265719 号

出版发行 : 石油工业出版社

（北京安定门外安华里 2 区 1 号　100011）

网　　址 : www.petropub.com

编辑部 :（010）64523757　　图书营销中心 :（010）64523633

经　　销 : 全国新华书店

印　　刷 : 北京中石油彩色印刷有限责任公司

2022 年 1 月第 1 版　2022 年 1 月第 1 次印刷

787×1092 毫米　开本 : 1/16　印张 : 12.25

字数 : 300 千字

定价 : 98.00 元

《中国石油提高采收率技术新进展丛书》
编 委 会

序

党的十八大以来，习近平总书记创造性地提出了"四个革命、一个合作"能源安全新战略，为我国新时代能源改革发展指明了前进方向、提供了根本遵循。从我国宏观经济发展的长期趋势看，未来油气需求仍将持续增长，国际能源署（IEA）预测2030年中国原油和天然气消费量将分别达到8亿吨、5500亿立方米左右，如果国内原油产量保持在2亿吨以上、天然气2500亿立方米左右，油气对外依存度将分别达到75%和55%左右。当前，世界石油工业又陷入了新一轮低油价周期，我国面临着新区资源品质恶劣化、老区开发矛盾加剧化的多重挑战。面对严峻的能源安全形势，我们一定要深刻领会、坚决贯彻习近平总书记关于"大力提升勘探开发力度""能源的饭碗必须端在自己手里"等重要指示批示精神，实现中国石油原油1亿吨以上效益稳产上产，是中国石油义不容辞的责任与使命。

提高采收率的核心任务是将地下油气资源尽可能多地转变成经济可采储量，最大限度提升开发效益，其本身兼具保产量和保效益的双重任务。因此，我们要以提高采收率为抓手，夯实油气田效益稳产上产基础，完成国家赋予的神圣使命，保障国家能源安全。中国石油对提高采收率高度重视，明确要求把提高采收率作为上游业务提质增效、高质量发展的一项十分重要的工程来抓。中国石油自2005年实施重大开发试验以来，按照"应用一代，研发一代，储备一代"的部署，持续推进重大开发试验和提高采收率工作，盘活了"资源池"、扩容了"产能池"、提升了"效益池"。重大开发试验创新了提高采收率理论体系，打造了一系列低成本开发技术，工业化应用年产油量达到2000万吨规模，提升了老区开发效果，并为新区的有效动用提供了技术支撑。

持续围绕"精细水驱、化学驱、热介质驱、气介质驱和转变注水开发方式"等五大提高采收率技术主线，中国石油开发战线科研人员攻坚克难、扎根基层、挑战极限，创新发展了多种复合介质生物化学驱、低排放高效热采SAGD及火驱、绿色减碳低成本气驱和低品位油藏转变注水开发方式等多项理论和技术，在特高含水、特超稠油和特超低渗透等极其复杂、极其困难的资源领域取得良好的开发成效，化学驱、稠油产量均持续保持1000万吨，超低渗透油藏水驱开发达到1000万吨，气驱产量和超低渗透致密油转变注水开发方式产量均突破100万吨，并分别踏着上产 1000 万吨产量规划的节奏稳步推进。

《中国石油提高采收率技术新进展丛书》（以下简称《丛书》）全面系统总结了中国石油 2005 年以来，重大开发试验培育形成的创新理论和关键技术，阐述了创新理论、关键技术、重要产品和核心工艺，为试验成果的工业化推广应用提供了技术指导。该《丛书》具有如下特征：

一是前瞻性较强。《丛书》中的化学驱理论与技术、空气火驱技术、减氧空气驱和天然气驱油协同储气库建设等技术在当前及今后一个时期都将属于世界前沿理论和领先技术，结合中国石油天然气集团有限公司技术发展的最新进展，具有较强的前瞻性。

二是系统性较强。《丛书》编委会统一编制专业目录和篇章规划，统一组织编写与审定，涵盖地质、油藏、采油和地面等专业内容，具有较强的系统性、逻辑性、规范性和科学性。

三是实用性较强。《丛书》的成果内容均经过油田现场实践验证，并实现了较大规模的工业化产量和良好的经济效益，理论技术与现场实践紧密融合，并配有实际案例和操作规程要求，具有较高的实用价值。

四是权威性较强。中国石油勘探与生产分公司组织在相应领域具有多年工作经验的技术专家和管理人员，集中编写《丛书》，体现了该书的权威性。

五是专业性较强。《丛书》以技术领域分类编写，并根据专业目录进行介绍，内容更加注重专业特色，强调相关专业领域自身发展的特色技术和特色经验，也是对公司相关业务领域知识和经验的一次集中梳理，符合知识管理的要求和方向。

当前，中国石油油田开发整体进入高含水期和高采出程度阶段，开发面临的挑战日益增加，还需坚持以提高采收率工程为抓手，进一步加深理论机理研究，加大核心技术攻关试验，加快效益规模应用，加宽技术共享交流，加强人才队伍建设，在探索中求新路径，探索中求新办法，探索中求新提升，出版该《丛书》具有重要的现实意义。这套《丛书》是科研攻关和矿场实践紧密结合的成果，有新理论、新认识、新方法、新技术和新产品，既能成为油田开发科研、技术、生产和管理工作者的工具书和参考书，也可作为石油相关院校的学习教材和文献资料，为提高采收率事业提供有益的指导、参考和借鉴。

李鹭光

2021 年 11 月 27 日

前　言

　　碳捕集、利用与封存（CCUS）是符合中国国情的控制温室气体排放，实现碳达峰碳中和目标的重要技术选项。CCUS 是 CCS 在中国的新发展，它必须包括碳捕集利用与封存的全部流程。驱油类 CCUS 是将二氧化碳捕集后注入油藏用于驱油提高采收率，并实现部分注入二氧化碳的永久地质埋存的过程，驱油类 CCUS 常用英文缩写 CCUS-EOR 表示。由此可见，驱油类 CCUS 技术与二氧化碳驱油技术的内涵有所不同，除了包括注入、驱替、采出与处理这几个环节，还需要包括捕集、输送与封存相关的内容。本书首次提出了"重力封存"埋存机理，首次给出 CCUS-EOR 全流程新增碳排放量计算式，还提出了 CCUS 开发与清洁能源融合的理念。

　　本书第一章阐述了 CCUS-EOR 的发展历史、技术现状和能力建设情况，参与编写的有王高峰、祝孝华等。第二章总结了 CCUS-EOR 相关的基础理论，包括 CO_2 驱油与埋存机理、捕集技术的理论基础、多组分气驱油藏数值模拟基础、二氧化碳管道输送实用设计依据，参与编写的有王高峰、潘若生、林海波、马峰、林贤莉等。第三章介绍了 CCUS 关键技术与方法，重点对气驱生产指标预测方法、二氧化碳驱油注采工程关键技术、二氧化碳驱地面工程技术予以阐述，参与编写的有王高峰、祝孝华、潘若生、林海波、谢振威、程振华、马峰、杜忠磊、吴迪、李明卓、赵子惠等。第四章对包括二氧化碳驱开发实验平台、二氧化碳驱油现场的重大装备进行了较为详细的介绍，参与编写的有韩海水、俞宏伟、陈兴隆、祝孝华、马峰、程振华、杜忠磊、李明卓等。第五章总结了 CCUS-EOR 矿场实践经验，为下一步成功开展规模项目提供重要参考与借鉴，参与编写的有王高峰、祝孝华、潘若生、林海波等。第六章主要从 CCUS 技术可持续发展方面，提出了全流程 CCUS-EOR 技术发展方向，以及 CCUS 产业发展政策建议，参与编写的有王高峰、祝孝华、潘若生、林海波等。

　　本书出版和编写过程中，得到了秦积舜、廖广志、王连刚、孔令峰、张祖波、林千果等专家的帮助和指导。谨在本书出版之际，向以上专家表示衷心感谢！

　　由于编者水平有限，本书中难免有疏漏之处，敬请读者批评指正。

目录 CONTENTS

第一章 国内外发展历史和现状

CO_2 作为一种特殊驱油介质，在溶解性、萃取、混相等方面有独特优势，具有大幅度提高原油采收率的潜力。驱油类 CCUS 实现了碳减排与资源化利用的有机融合，是最有前途的 CCUS 技术方向。

本章主要阐述了 CCUS-EOR 的发展历史、技术现状与进展和能力建设情况。

第一节 CO_2 驱技术发展史

一、国外 CO_2 驱技术发展历程

1. 欧美地区 CO_2 驱技术沿革

美国历史文化和社会经济与欧洲高度融合，很多工业技术的发展与欧洲密不可分。同海上油田相比，陆上油田实施 CO_2 驱等提高采收率技术具有便利性，这是 CO_2 驱在美洲大陆而非北海油田获得重大发展的重要原因。

20 世纪中叶，美国大西洋炼油公司（The Atlantic Refining Company）发现其制氢工艺过程的副产品 CO_2 可改善原油流动性，Whorton 等于 1952 年获得了世界首个 CO_2 驱油专利。这是 CO_2 驱油技术较早的开端，是对前人在 20 世纪 20 年代关于 CO_2 驱油设想的技术实现。

1958 年，Shell 公司率先在美国二叠系储层成功实施了 CO_2 驱油试验。

1972 年 Chevron 公司的前身加利福尼亚标准石油公司在美国得克萨斯州 Kelly-Snyder 油田 SACROC 区块投产了世界首个 CO_2 驱油商业项目，初期平均提高单井产量约 3 倍。该项目的成功标志着 CO_2 驱油技术走向成熟。

1970—1990 年间发生的 3 次石油危机使人们认识到石油安全对国家经济的重要作用。一些石油消费大国不断调整和更新能源政策和法规，激励强化采油（EOR）技术研发与相关基础设施建设，以降低石油对外依存度。美国在 1979 年通过了石油超额利润税法，促进了 CO_2 驱等 EOR 技术发展。1982—1984 年间美国大规模开发了 Mk ElmoDomo 和 Sheep Mountain 等多个 CO_2 气田，建设了连接这些巨型 CO_2 气田和油田的输气管道的干线并不断完善。这些工作为规模化实施 CO_2 驱油项目提供了 CO_2 气源保障。1986 年美国 CO_2 驱油项目数达到 40 个。

2000 年以来，原油价格持续攀升，给 CO_2 驱油技术发展带来利润空间，吸引了大量投资，新投建项目不断增加。据 2014 年数据，美国已有超过 130 个 CO_2 驱油项目在实施，CO_2 驱年产油约 $1600 \times 10^4 t$（与我国各类三次采油技术年产油总和相当），实施 CO_2 驱的油

田年产油接近 2000×10^4t，规模超过 70% 的碳源来自 CO_2 气藏。

2014 年至今，国际油价持续低位徘徊，对 CO_2 驱相关技术推广带来不利影响，CO_2 驱项目数基本稳定。目前，美国 CO_2 驱项目中达到百万吨年产油规模的项目仅有 6 个（图 1-1）。

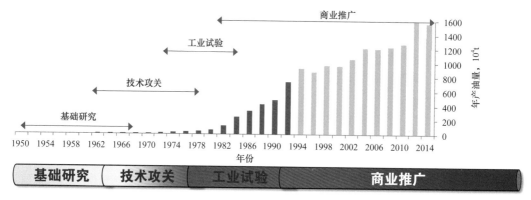

图 1-1　根据 Oil&Gas 杂志统计的美国 CO_2 驱产量变化情况

加拿大 CO_2 驱技术研究开始于 20 世纪 90 年代，2014 年实施 8 个 CO_2 驱项目，最具代表性的是国际能源署温室气体封存监测项目资助的 Weyburn 项目。该项目年产油近 150×10^4t，气源为煤化工碳排放；通过综合监测，查明地下运移规律，以建立 CO_2 地下长期安全封存技术和规范。

巴西有 4 个 CO_2 驱项目，其中 1 个是深海超深层盐下油藏项目。特立尼达有 CO_2 驱项目 5 个。

据 Chevron 石油公司学者 Don Winslow 对三次采油类项目的统计，北美地区 CO_2 驱提高采收率幅度为 7%～18%，平均值为 12.0%。

2. 亚非地区 CO_2 驱发展历程

东南亚和日本与 CO_2 驱油相关的研发和应用开始于 20 世纪 90 年代，至今仅有零星的几个注 CO_2 项目，但随着海上高含 CO_2 天然气藏的大规模开发，CO_2 驱油将快速发展。

俄罗斯 CO_2 驱油技术研发开始于 20 世纪 50 年代并开展了成功的矿场试验，因其油气资源丰富且经济体量不大，对强化采油技术应用没有迫切需求，油田注气仅为小规模的烃类气驱项目。

中东和非洲油气资源丰富。2016 年，ADNOC 开始向 Rumaitha 和 Bab 油田注气，2018 年开始将钢厂捕集的 80×10^4t CO_2 注入陆上 Habshan 油田；阿尔及利亚仅有 In Salah 这一个纯粹的 CO_2 地质封存项目；根据目前资料判断中东和北非两个地区 CO_2 驱油与埋存技术，即驱油类 CCUS 技术的大规模商业化应用将于 2025 年前后获得突破。

二、中国 CO_2 驱技术发展历程

中国国情和油藏条件的特殊复杂性造就了 CO_2 驱油技术发展的不同历程。20 世纪 60 年代，大庆油田在长垣开始了注 CO_2 提高采收率技术的最早探索；1990 年前后，大庆油田和法国石油研究机构合作开展 CO_2 驱油技术研究和矿场试验，取得一系列重要认识。2000 年前后，江苏油田、吉林油田、大庆油田相继开展多个井组试验，进一步探索或验证多种类型油藏 CO_2 驱提高采收率可行性，获得了一批重要成果。2005 年前后，在应对气候变化

政策的导向下，学术界和工业界根据国情明确了我国碳减排要走 CO_2 资源化利用之路，形成了碳捕集利用与封存的概念（CCUS）。10 多年来，中国大型能源公司投入巨资，陆续设立了多个科技和产业项目，基本形成了有特色的 CO_2 驱油与埋存配套技术，建成了若干代表性 CCUS-EOR 示范工程。图 1-2 所示为中国石油 CO_2 驱技术发展脉络。

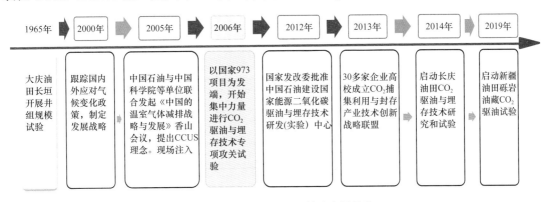

图 1-2　中国石油 CO_2 驱技术发展脉络

1965 年，大庆油田在长垣开展井组试验。

2000 年前后，跟踪国内外应对气候变化政策，制定发展战略。

2005 年，中国石油与中国科学院等单位联合发起《中国的温室气体减排战略与发展》香山会议，提出 CCUS 理念。同年，中国石化华东分公司草舍油田 CO_2 驱先导试验开始现场注入。

2006 年，以国家"973"计划项目为发端，开始集中优势力量进行 CO_2 驱油与埋存技术专项攻关试验。

2007 年，大庆油田树 101、芳 48 区块 CO_2 驱试验区开始现场注入；同年，CO_2 驱国家科技重大专项开始实施。

2008 年，胜利油田高 89、中原油田濮城 1、吉林油田黑 59 先导试验开始现场注入；同年，CO_2 驱国家科技重大专项开始实施。

2011 年，大庆油田海拉尔贝 14 区块 CO_2 驱先导试验开始现场注入。

2012 年，国家发改委批准中国石油建设国家能源 CO_2 驱油与埋存技术研发（实验）中心；同年，吉林黑 79 北小井距试验区投注，延长石油乔家洼试验区开始现场注入。

2013 年，30 多家企业高校成立 CO_2 捕集利用与封存产业技术创新战略联盟。

2014 年，中国石油启动长庆油田 CO_2 驱油与埋存技术研究和试验，中国石油首个全流程系统密闭的黑 46 区块 CO_2 驱推广项目投运；同年，延长石油吴起试验开始现场注入。

2019 年，中国石油启动新疆油田砾岩油藏 CO_2 驱油试验。

2020 年，在国家重点研发计划项目支持下，延长石油杏子川试验区开始现场试注。

中国 CO_2 驱目标油藏类型主要是低渗透油藏，提高采收率幅度在 3.0%～17%，平均 10% 左右。中国陆相沉积储层及流体条件较差，注气技术现场应用规模较小，气驱油藏经营管理的经验积累有待丰富，CO_2 驱油技术还有一定的提升空间，全流程 CCUS 应用还有较大的发展空间。表 1-1 为中国代表性 CO_2 驱油实验项目列表。

表 1-1　中国代表性 CO_2 驱油试验项目

试验区	规模/井组	相态	运输方式
吉林油田黑 59	6 注 23 采	混相	管道
吉林油田黑 79	18 注 60 采	混相	管道
吉林油田黑 79 北	10 注 19 采	混相	管道
吉林油田黑 46	28 注 127 采	混相	管道
大庆油田芳 48	14 注 26 采	非混相	车载
大庆油田榆树林	69 注 142 采	非混相	管输 + 车载
大庆油田贝 14	29 注 101 采	混相	车载
长庆油田黄 3 井区	9 注 39 采	混相	车载
新疆油田八区 530	15 注 43 采	混相	车载
江苏油田草舍	5 注 10 采	混相	船运
胜利油田高 89 区块	10 注 14 采	近混相	车载
中原油田濮城	10 注 38 采	混相	车载
延长石油（集团）靖边乔家洼	5 注 14 采	混相	车载
延长石油（集团）吴起	5 注 14 采	混相	车载

整体上，我国驱油类 CCUS 技术发展水平可以分为三个层次：第一层次是吉林油田、大庆油田、胜利油田、华东油田、中原油田等都已经具备了 CCUS-EOR 规模应用的技术条件；长庆油田和新疆油田等须立足做好现有矿场试验，近期可考虑进一步扩大试验，深入验证驱油技术和埋存可行性，中长期进行推广；辽河油田、大港油田、冀东油田、华北油田、吐哈油田和南方油田等近期仍要侧重技术研究与小规模试验，配套技术，推广应用应考虑在中长期展开。

第二节　CCUS 技术发展现状

作为应对气候变化活动的重要抓手，自 20 世纪 80 年代后期，欧美等发达国家开始了减排 CO_2 技术研发与工业示范活动。实践表明，除了节能与提高能源效率、发展新能源与可再生能源、增加碳汇，CCS/CCUS 技术将是未来减缓 CO_2 排放的重要技术选择。经过多年国际交流与推介，CCUS 概念已在全球范围内得到接受与使用。国际石油工程师协会（SPE）和油气行业气候倡议组织（OGCI）都成立或设置了 CCUS 的专门指导委员会或议题，中国也于 2013 年成立了 CCUS 产业技术发展联盟推动 CCUS 产业化发展。10 余年来，CCUS 产业技术取得较大进步，新型技术不断涌现，技术种类不断增多。CCUS 在减排的同时可以形成新业态，对其可持续发展具有重大意义[2]。

一、中国 CCUS 发展情况

1. 中国 CCUS 技术研发与应用部署

CCUS 作为一项有望实现化石能源大规模低碳利用与深度减排的关键技术，是实现人类社会可持续发展的重要选择，也是我国未来减少 CO_2 排放、保障能源安全和实现可持续发展的重要手段。香山会议上有关 CCUS 的专家建议得到国家的高度重视。作为负责任的发展中国家，中国高度重视、积极应对全球气候变化，通过国家自然科学基金、国家重点基础研究发展计划（973）、国家高技术研究发展计划（863）、国家科技支撑计划、国家科技专项和国家重点研发计划等一系列国家科技计划和专项支持了 CCUS 领域的基础研究、技术研发和工程示范等，有序推进 CCUS 技术研发和示范。中国石油组织和承担主要驱油类 CCUS 研究项目见表 1-2。

表 1-2 中国石油组织和承担主要 CO_2 驱油研究项目

项目名称	执行周期	项目来源
温室气体提高石油采收率的资源化利用及地下封存	2006—2010 年	国家"973"
CO_2 减排、储存和资源化利用的基础研究	2011—2015 年	
CO_2 驱油提高石油采收率与封存关键技术研究	2009—2011 年	国家"863"
含 CO_2 天然气藏安全开发与 CO_2 利用技术 / 示范工程	2008—2010 年	国家重大科技专项
CO_2 驱油与封存关键技术 / 示范工程	2011—2015 年	
CO_2 捕集、驱油与封存关键技术研究及应用 / 示范工程	2016—2020 年	
含 CO_2 天然气藏安全开发与 CO_2 封存及资源化利用研究	2006—2008 年	中国石油重大科技专项
吉林油田 CO_2 驱油与封存关键技术研究	2009—2011 年	
长庆低渗透油田 CO_2 驱油及封存关键技术研究与应用	2014—2018 年	

近年来，中国在 CCUS 各技术环节均取得较大进步，已经具备大规模示范基础；中国高度重视 CCUS 技术的研发与示范，积极发展和储备 CCUS 技术，并为推动其发展开展了一系列工作[3-6]。

（1）明确了 CCUS 研发战略与发展方向。2011 版路线图明确了 CCUS 的技术定位、发展目标和研发策略；《"十二五"国家碳捕集利用与封存科技发展专项规划》部署了 CCUS 技术研发与示范；已经出台的部分"十三五"科技创新规划指明了 CCUS 技术进一步研发的方向。

（2）加大了 CCUS 技术研发与示范的支持力度。通过国家 973 计划、863 计划和科技支撑计划，围绕 CO_2 捕集、利用与地质封存等相关的基础研究、技术研发与示范进行了较系统的部署。2019 年共有 15 个地质利用类 CCUS 项目在运行。目前正在实施的"十三五"期间国家重点研发计划以及准备部署启动的面向 2030 年的重大工程计划，也将 CCUS 技术研发与示范列为重要内容。

（3）注重 CCUS 相关的能力建设和国际交流合作。成立了中国 CCUS 产业技术创新战略联盟，加强国内 CCUS 技术研发与示范平台建设，推动产学研合作；与国际能源署

（IEA）、碳捕集领导人论坛（CSLF）等国际组织开展了广泛合作，与欧盟、美国、澳大利亚、加拿大、意大利等国家和地区围绕 CCUS 开展了多层次的双边科技合作等。

2. 中国 CCUS 技术整体进展

10 多年来，CCUS 技术的进步主要体现在从捕集到利用再到封存各个产业链条的新技术不断涌现，技术种类亦不断增多并日趋完善：

（1）燃烧前、燃烧后和富氧燃烧等不同捕集阶段和捕集方式大类里都包括多个具体的捕集技术选项，可以覆盖煤化工、火力发电厂、天然气净化厂、石化厂、日化厂等常见的主要碳排放源类型。

（2）包括适合先导试验阶段中小规模注入液相二氧化碳的罐车拉运和海船拉运、适合工业应用阶段较大规模注入需求的管道气相输送和超临界态输送在 CCUS 技术研发的起始阶段都有明确的定位。

（3）包括地质利用、化学利用、生物利用和纯粹地质封存的二氧化碳利用与封存技术，在石油石化、核能、煤炭、电力、化工等工业行业都可找到相应的工程实践，我国尤其聚焦二氧化碳的地质利用，特别对二氧化碳驱提高石油采收率、二氧化碳强化天然气开采、二氧化碳驱替煤层气、二氧化碳地浸开采铀矿、二氧化碳驱替排采地下水、二氧化碳用于微藻养殖等 CCUS 的重点研究方向均有部署并给予了有力的研究条件支持；二氧化碳与基性—超基性岩层成矿固化、二氧化碳矿渣化学反应发电等概念和做法也逐步涌现。

二氧化碳驱油兼具经济和环境效益而倍受国内工业界青睐，因其已被证明的可以实现大规模封存的特点，在各类 CCUS 技术中脱颖而出，尤其得到了能源界的重视。截至 2020 年底，中国石油行业累计向地下油藏注入约 $600 \times 10^4 t$ 二氧化碳用于驱油。目前中国国内已经处于商业应用的初级阶段，因跨行业协调二氧化碳气源难度大等问题，该技术大规模推广进展缓慢。随着碳排放政策收紧，碳达峰碳中和战略实施，气源问题，有望得到解决。

总之，丰富的 CCUS 技术选项为形成具有可观经济社会效益的新业态，促进 CCUS 产业技术的可持续发展产生了重要和积极的影响。

3. 中国 CCUS 的发展目标与愿景

中国 CCUS 的发展目标与愿景是构建低成本、低能耗、安全可靠的 CCUS 技术体系，推进产业化，为化石能源低碳化利用提供技术选择，为全球应对气候变化活动提供技术保障，为全球经济可持续发展提供技术支撑。

（1）近中期目标。基于现有 CCUS 技术的工业示范项目，验证 CCUS 各个环节的技术能力，加速推进 CCUS 的工业化能力。重点突破捕集技术的成本及能耗障碍，形成陆上输送 CO_2 管道安全运行保障技术，提升部分现有利用技术的利用效率等，总结集成 CCUS 规模化运行的经验。

（2）中长期目标。推进 CCUS 基础设施建设和核心装备国产化，夯实 CCUS 技术商业应用的物质基础。进一步降低捕集技术的成本及能耗；建成陆上百公里长距离输送 CO_2 管道干线，扩大利用技术的应用规模，建成百万吨级全流程 CCUS 工程，打造千人规模 CCUS 项目运营人才队伍，突破碳封存安全性保障技术，形成产业化能力。

（3）长远目标。实现相关行业 CCUS 战略对接，实现 CCUS 活动跨行业、跨地域、跨部门协同，CCUS 技术得到大规模的广泛的商业应用，累积碳封存量达到亿吨级。

二、驱油类 CCUS 理论技术进展

1. 驱油类 CCUS 配套技术

国际上 CO_2 驱油技术是比较成熟的，从捕集到驱油利用的全流程都相对配套完善。中国在应用和发展 CO_2 驱油技术时学习和借鉴了欧美的成功经验，并考虑了国情和油藏特点。从功能的独立性考虑，中国发展和形成了多项 CO_2 驱油与埋存关键技术：

（1）包括燃煤电厂、天然气藏伴生、石化厂、煤化工厂等不同碳排放源的 CO_2 捕集技术；

（2）包括气驱油藏流体相态分析、岩心驱替、岩矿反应等内容的 CO_2 驱开发实验分析技术；

（3）以注入和采出等生产指标预测为核心的 CO_2 驱油藏工程设计技术；

（4）涵盖 CCUS 资源潜力评价和油藏筛选的 CO_2 驱油与封存评价技术；

（5）包括 CCUS 全过程相关材质在各种可能工况下的腐蚀规律及防腐对策为主的 CO_2 腐蚀评价技术；

（6）以水气交替注入工艺、多相流体举升工艺为主的 CO_2 驱注采工艺技术；

（7）包括二氧化碳管道输送、自动配气与压注、产出流体集输处理和循环注入的 CO_2 驱地面工程设计与建设技术；

（8）以气驱生产调整为主要目的的气驱油藏生产动态监测评价技术；

（9）"空天—近地表—油气井—地质体—受体"一体化安全监测与预警的 CO_2 驱安全防控技术；

（10）涵盖 CCUS 经济性潜力评价和 CO_2 驱油项目经济可行性评价的 CO_2 驱技术经济评价技术。

上述涵盖捕集、选址、容量评估、注入、监测和模拟等在内的关键技术，为全流程 CCUS 工程示范提供了重要的技术支撑，并在 CCUS—EOR 过程中逐步完善和成熟。

2. 驱油类 CCUS 技术特色

我国在 CCUS 技术研发与实践中已开始展现自己的特色与优势。在驱油理论方面，扩展了 CO_2 与原油的易混相组分认识，为提高混相程度和改善非混相驱效果提供了理论依据；在油藏工程设计方面，建立了成套的 CO_2 驱油全生产指标预测油藏工程方法，为注气参数设计和生产调整提供了不同于气驱数值模拟技术的新途径和依据；在长期埋存过程的仿真计算方面，基于储层岩石矿物与 CO_2 的反应实验成果，建立了考虑酸岩反应的数值模拟技术；在地面工程和注采工程方面，形成了适合我国 CO_2 驱油藏埋深较大且单井产量较低的实际情况的注采工艺技术；在系统防腐方面，建立了全尺寸的腐蚀检测中试平台，满足了注采与地面系统安全运行的装备测试需求。

3. CO₂ 驱开发理论认识的深化

（1）扩展了混相组分的碳数区间。突破了国际上主要关注 C_2—C_6 为易混相组分的认识，提出 C_7—C_{15} 在高压下也是重要的混相组分，更为深入地揭示了陆相油藏多次接触混相过程。

（2）证实了混相驱能显著提高陆相油藏驱油效率。高压混相条件下，CO_2 驱油效率可比水驱提高近 30%，为大幅度提高采收率奠定基础。

（3）论证了提高驱油效率是低渗透油藏气驱提高采收率主要原因，进而建立了气驱增产倍数工程算法，为从理论上把握 CO_2 驱产量提供了可靠实用的油藏工程方法依据。

正是因为明确了大幅度提高驱油效率是低渗透油藏气驱提高采收率主要原因，扩展了 CO_2 与原油混相组分，指明我国应优先发展也有条件发展 CO_2 混相驱技术。实践上，证实了注气可以快速补充低渗透油藏能量，建立高效注采压力系统，进一步支持了尽量提高混相程度，发展 CO_2 近混相驱—混相驱的技术路线，为我国难采储量有效动用与开发提供了新的可能。

借鉴国外经验，并在长期实践中创造性建立了"提高混相度、调节流度比、重视可逆性、工程地质一体化"的 CO_2 驱油藏管理理念，总结形成"快速抬压、水气交替 + 周期生产、控套防气"的为主体的低成本 CO_2 驱油藏管理技术，建立了气驱井个性化配产配注设计油藏工程方法，落实了油藏管理理念，消除了油藏管理的盲目性。

4. CO₂ 驱替类型与特点

按照混相程度不同，气驱类型分为混相驱、近混相驱和非混相驱三大类。根据美国能源部的经验，结合我国研究经验，建议：若注气后见气前的地层压力比最小混相压力高 1.0MPa 以上，可定义为混相驱替；若见气前的地层压力比最小混相压力低 1.0MPa 以内，可定义为近混相驱替；若见气前的地层压力低于最小混相压力 1.0MPa 以上，可定义为非混相驱替；对于能够正常注水开发的油藏，若见气前的地层压力低于最小混相压力的 75%，则不建议实施 CO_2 驱。

同一油藏混相驱或近混相驱增油效果好于非混相驱，而有些油藏很难实现混相驱替。大力发展混相驱有助于增加人们对注气提高采收率的信心，有助于气驱技术在我国快速发展。根据可能具备的现实条件选择油藏的合理开发方式是搞好油田开发的基本要求。

5. 碳捕集技术

碳捕集技术主要包括化学吸收法、物理吸收法、变压吸附法、低温精馏法、膜分离法。化学吸收法用于燃煤燃气电厂、天然气净化厂、石化厂的中低浓度碳捕集；物理吸收法常用于煤化工大规模、高浓度碳捕集；变压吸附法适于制氢单元、CO_2 驱产出气规模不大的中高浓度碳捕集；低温精馏法适于大规模、中高浓度碳源；膜分离法适于中小规模、中高浓度碳源。我国碳捕集整体上还处于中小规模示范阶段，已经建成了 10 多个千吨级到 10 万吨级不等的示范工程；其中，华能上海石洞口 12×10^4t/a 燃烧后捕集是国内首个 10 万吨级燃煤电厂燃烧后捕集装置，新型化学吸收剂的研发与应用使单位捕集能耗降低了 25%。

驱油用二氧化碳的捕集是借用化工行业成熟的碳捕集技术。中国石化华东分公司在草舍油田产出 CO_2 循环利用研发采用了精馏和低温提馏组合工艺；吉林油田在大情况字井地区建成了胺法、膜法、变压吸附等三类 CO_2 捕集装置；胜利油田燃煤电厂烟气碳捕集采用了胺液吸收法。

6. CO$_2$驱工程技术

1）典型注气方式

经过多年攻关研究，借鉴国外经验，我国形成了CO$_2$驱的4种代表性注入模式：一是，适合单井注入或小型先导试验的橇装液相注入模式；二是，适合井数较多规模较大的扩大试验的集中建站液态注入模式，特别是源汇距离比较近时更为适合；三是，适合工业试验阶段后期产出CO$_2$量较大并滚动扩大注气情况的液相—密相注入共存模式，该组合共存方式具有节省投资与灵活的特点；四是，适合气源稳定、源汇距离较远、大规模注入情况的超临界循环注入模式。

2）分层注气工艺

分层注气有望解决层间矛盾，提高储量动用率和采收率。当前，分层注气工艺立足老井井况实际，从注气井口及井下管柱等进行优化设计，以实现分注。同心双管分层注气管柱可用于实现从地面分注；随着连续油管注气技术的突破，未来有望采用连续油管实现分层注气；吉林油田和大庆油田都开展了多层单管分注试验。

3）新型低成本工艺技术

一是，新型轻便井口在降低水气刺穿风险同时，单井口成本下降10万元以上。二是，连续油管注入工艺可使降低注入井单井投资下降40%以上，并提升气密封性能。三是，采用密相注入站占地与普通注水站相当，密相注入泵投资是注水泵的两倍。四是，协同防腐药剂体系成本降低25%以上。五是，充分市场化并公平竞争也是大幅度降低投资成本的重要举措。

4）高效举升工艺技术

"气举—助抽—控套"集成工艺基本解决了CO$_2$驱高套压油井举升问题，研发配套的防气泵高效举升工艺，实现了高气油比井的常态化生产。

5）CO$_2$驱防腐与腐蚀监测技术

通过"室内+中试+矿场"腐蚀机理研究，查明腐蚀主控因素，发挥药剂组合协同性能，研制了防腐固井水泥、"缓蚀+杀菌+阻垢"复合药剂体系，形成了以"常规材质+药剂、耐蚀材质"为主体的防腐技术，基本满足当前需要，但在某些深度范围仍然有超过0.076mm/a的情况存在。

6）CO$_2$驱地面工程技术

目前，国内有几个油田已经打通了CO$_2$捕集、输送、注入、采出流体集输处理和循环注气全流程，优化形成了多种地面工艺，以吉林油田对全流程技术的验证最为深入。例如，采用混合回注技术路线，建成国内首座超临界CO$_2$循环注入站；形成了气液分输等技术系列，实现密闭联调的常态化生产管理；建成了具有长距离气相管道输送（53km）、自动化向井配气与超临界注气三大功能的CO$_2$地面运行局域管网，具备了CO$_2$长距离管道输送优化设计与运营能力。

7）CO$_2$驱生产动态监测与控制技术

CO$_2$驱油藏监测主要有流量、产吸剖面、压力、井流物、示踪、试井等，以判断驱替动态，提供调整提供。气驱前缘监测可借助井间示踪、微地震和试井技术。王高峰等于2009年11月在提高石油采收率国家重点实验室首届CCS-EOR技术交流会上，首次提出

"采用气驱试井响应识别气驱前缘"的方法，后陆续被大庆油田、中国石油大学（北京）的 CO_2 驱项目组研究[7]。

8）CO_2 驱生产调整技术

生产调控目的是改善气驱效果，低成本的做法是调整井底流压、水气段塞、注入剖面等。气驱"油墙"物理性质描述方法可确定松辽盆地井底流压。气驱生产调整依据仍然来自气驱油藏工程研究，气驱调整技术仍然是各类注采技术的组合，气驱生产调控技术不具有功能独立性。

9）CO_2 泄漏监测与安全控制技术

CO_2 封存安全监测方面，空中监测采用遥感技术和无人机对植被变化、地表形变、局部温变、河流水质变化等开展全方位监测；地表监测采用土壤、水、样品采集和测试仪器，实时测量近地近井大气和土壤 CO_2 浓度和通量；井中监测采用温度测井与压力测试仪器；腐蚀状况监控常采用井下挂片；时移垂直地震可对 CO_2 地下运移状态进行比对；进而构建"空天—地表—井筒—油藏" CO_2 地质封存安全动态监测体系。

安全生产管理与控制方面，建立了基于物联网的智能管控平台，实施井—间—站生产联动管理。同时，加强油井或管线巡检，防范止井控风险。

建立风险控制与评价方法体系是确保 CO_2 地质封存项目安全运行的保障。美国得克萨斯大学奥斯汀分校的 Susan 教授在 2021 年中国第六届 CCUS 国际论坛上指出，只要具备应对泄漏的措施，可以减少泄漏监测的频率和密度。

第三节　CCUS 能力建设情况

一、典型 CCUS-EOR 模式

1. 吉林模式

吉林模式包括了目前大庆油田、吉林油田、南方油田等 CO_2 驱油与埋存实践。国内最早建成含 CO_2 气藏开发与低渗透油藏 CO_2 驱油埋存全流程一体化密闭系统，技术成熟度最高。碳源类型是天然气藏伴生 CO_2，适用油藏类型为孔隙型低渗透油藏，产出 CO_2 循环注入零排放，CO_2 主要采用气相管输与超临界压缩机注入，管道设计可忽略沿程高差影响，药剂＋材质相结合防腐，CCUS 全流程一体化密闭。

2. 长庆模式

长庆模式包括长庆油田、延长油田等 CO_2 驱油与埋存实践。气源来自煤化工厂或天然气净化厂捕集 CO_2，建设与运营模式为先导试验阶段为 EPC 模式，推广阶段央—地—企联合，初步形成了黄土塬上超低渗油藏特色的技术系列，目前处于先导试验阶段。

3. 新疆模式

新疆模式主要是指新疆油田的 CO_2 驱油与埋存实践，气源来自克拉玛依石化厂的制氢驰放气捕集 CO_2，建设与运营模式为先导 PPP 模式，推广阶段或联合外资企业，将形成低渗砾岩油藏特色的技术系列，尚处于先导试验阶段。

4. 华东模式

华东模式主要是指中国石化华东分公司的 CO_2 驱油与埋存实践，气源主要来自 CO_2 气藏，船运至草舍油田实施 CO_2 驱，全流程自主研发与建设，建成了国内首套 CO_2 循环利用装置，形成断陷湖盆一般低渗油藏 CO_2 驱开发技术系列，处于工业应用阶段。

5. 胜利模式

胜利模式主要是指中国石化胜利油田的 CO_2 驱油与埋存实践，气源主要来自燃煤电厂或化工厂的烟气，成了国内首套 CO_2 循环利用装置，形成了断陷湖盆断陷湖盆特低渗透油藏 CO_2 驱开发技术系列，目前处于工业试验阶段。

6. 中原模式

中原模式主要是指中国石化中原油田的 CO_2 驱油与埋存实践，气源主要来自石化厂尾气，其特色是形成了沙河街组中高渗油藏 CO_2 驱开发技术系列，目前处于工业试验阶段。

须指出，华东模式在这些模式中是比较早形成的，国内很多油田在开展 CO_2 驱早期矿场试的初期都曾到中国石化华东分公司参观学习，对我国 CO_2 驱技术发展起了很大促进作用。

7. 有特色的 CCUS 工业模式

CO_2 驱油技术可实现二氧化碳地质封存并提高石油采收率，契合国家绿色低碳发展战略，是最现实的 CCUS 技术方向。近年来，在国家有关部委指导下，中国石油陆续在大庆油田、吉林油田、冀东油田、长庆油田和新疆油田开展驱油类 CCUS 实践，打通了碳捕集、管道输送、集输处理与循环注入全流程，趟出了一条在近零排放中实现规模化碳减排的有效途径，建成了两种经过生产实践长期检验的有特色有规模的 CCUS 工业模式：吉林油田二氧化碳主要来自火山岩气藏伴生气，经长距离管道气相输送至油田，以超临界态注入地下油藏驱油利用，形成 CCUS 吉林模式；大庆油田二氧化碳来自石化厂排放尾气和火山岩气藏，经液化后以罐车或管道输运至油田，以液态或超临界态注入至地下油藏，形成 CCUS 大庆模式。CCUS 吉林模式是我国建成最早的天然气藏开发和驱油利用一体化密闭系统，CCUS 大庆模式在我国目前年产油规模最大。

截至 2020 年底，中国石油累计注入二氧化碳 400×10^4 t，累计产油 140×10^4 t，平均采出每吨原油需要注入 CO_2 量，即 CO_2 驱的换油率为 2.7t（CO_2）/t（油）。我们认为，进一步扩大应用规模和提高项目收益是石油企业 CCUS 下步工作的重点和难点。综合考虑源汇资源配置和投资成本情况，拟继续在大庆、吉林、长庆和新疆等油田等展开 CCUS 试验和应用；预计"十四五"时期末，中国石油 CO_2 驱年产油规模将达到百万吨级。

二、人才队伍建设

虽然，具有自主知识产权的技术具备了规模化项目全流程系统设计的能力，但 CCUS 技术大规模应用仍受到成本、能耗、安全性和可靠性等因素制约。气驱人才队伍建设有待加强，吉林油田和大庆油田有近 200 人的现场 CO_2 驱人才队伍，长庆油田、新疆油田气驱人才队伍历练少、体系不完整、未成规模，需要开展系统性培训和矿场试验，尽快形成规模应用能力。

值得一提的是，吉林油田专门成立了二氧化碳捕集埋存与提高采收率（CCS-EOR）开发公司，是中国石油唯一一家从事 CO_2 驱油与埋存技术研究、矿场试验和工业化推广的科研和生产专业化管理单位，在 CO_2 驱可行性研究、软件分析、室内实验、现场建设、运维管理、安全控制、生产运维等方面具有提供技术服务的能力。

三、技术成熟度

1. 全流程技术评价指标

从技术层面分析：CCUS 包括碳捕集、运输、驱油与埋存三个技术领域的内容。从实施层面分析：CCUS 产业链可能是跨行业跨地域分布的，存在着上下游差异、投资配置不同、收益分配迥异，以及链条间技术经济评价标准自成体系的现象。在 CCUS 技术路线图研究过程中，重点考虑产业链上各种技术的统一评价问题。秦积舜教授较早提出引入产业技术评价指标体系，尝试评价 CCUS 各板块的技术水平（表 1–3）。

表 1–3　CCUS 产业技术评价指标体系

一级指标	二级指标	三级指标
板块技术能力	板块产能	板块数、年产规模、生命阶段
	板块扩展能力	强、中、弱
	板块盈利能力	好、中、差
核心技术能力	产品设计能力	设计方式、关键技术、实施率
	动态调整能力	调整方式、技术支持、调整率
	关键装备水平	装置来源、核心工艺、集成方式
	装备支撑能力	配件供给、运维方式、运维周期
系统运行能力	总系统运行情况	运行负荷、安全监控、控制体系
	子系统运行情况	运行负荷、安全监控、控制体系
	辅助系统运行情况	运行负荷、安全监控、控制体系
新技术与新工艺	新技术	技术来源、技术含量、成熟度
	新工艺	工艺来源、技术含量、成熟度
研发能力	研发团队	专家层次、队伍结构、稳定程度
	研发项目	项目来源、自主程度、研发阶段
	研发结果	表现形态、创新程度、应用范围
……	……	……

2. 主体技术基本成熟

中国石油实施了多项 CCUS 重大试验项目，已经具备丰富项目经验。中国石油已经形成的多项 CCUS 关键技术：包括燃煤电厂、天然气藏伴生、石化厂、煤化工厂等不同碳排放源的 CO_2 捕集技术；包括气驱油藏流体相态分析、岩心驱替、岩矿反应等内容的 CO_2 驱开发实验分析技术;以注入和采出等生产指标预测为核心的 CO_2 驱油藏工程设计技术;涵盖 CCUS 资源潜力评价和源汇筛选匹配的 CO_2 驱油与封存评价技术;包括 CCUS 全过程相关材质在各种可能工况下的腐蚀规律及防腐对策为主的 CO_2 腐蚀评价技术;以水气交替注入工艺、多相流体举升工艺为主的 CO_2 驱注采工艺技术;包括 CO_2 管道输送和压注、产出流体集输处理和循环注入的 CO_2 驱地面工程设计与建设技术;以气驱生产调整为主要目的的气驱油藏生产动态监测评价技术;"空天—近地表—油气井—地质体—受体"一体化安全监测与预警的 CO_2 驱安全防控技术;涵盖 CCUS 经济性潜力评价和 CO_2 驱油项目经济可行性评价的 CO_2 驱技术经济评价技术。

采用打分方法对 CCUS 产业技术成熟度进行描述(表 1-4)。主体产业技术包括捕集技术、集输技术、驱油与埋存技术、板块创新能力、产业装备自给水平、系统集成与示范、产业规模与产能、产业效益水平。根据专家经验,中国石油 CCUS 产业主要技术整体打分为 7.8 分,可以认为 CCUS 主体技术基本成熟。在碳捕集、输送技术方面已经比较成熟,系统集成能力也比较强大,但产业规模、效益水平、政策完善度等要素有提升潜力。以吉林模式为代表的孔隙型油藏 CO_2 驱技术基本成熟配套,全周期项目少,采收率提高幅度有待进一步证实;带裂缝油藏气驱技术有待进一步攻关研究。

表 1-4　CCUS 产业主要技术要素成熟度打分情况

产业技术要素	技术目标	成熟度
捕集主体技术	9.5	9
集输主体技术	9.5	8.5
驱油与埋存技术	9.5	8
各板块创新能力	9.5	8
产业装备自给水平	9.5	8
系统集成与示范	9.5	8.5
产业规模与产能	9.5	6.5
产业效益水平	9.5	7
产业人才储备	9.5	8
产业政策完善度	9.5	6.5
整体	9.5	7.8

3. CO_2 驱初步具备大规模推广条件

经过多年攻关,我国基本形成 CO_2 驱油试验配套技术,建成 CO_2 驱油与封存技术矿场示范基地。评价认为,中国石油、中国石化和延长石油三大陆上油公司技术可行 CO_2 驱潜力近百亿吨,油价 75 美元 /bbl 时的经济可行潜力 $34.4 \times 10^8 t$,我国 CO_2 驱年产油有望达千万吨规模,年减排 CO_2 有望超过 $3000 \times 10^4 t$,驱油类 CCUS 技术的发展潜力巨大。从技术准备、资源潜力和国家碳减排形势判断,驱油类 CCUS 技术在我国初步具备大规模推广的现实条件[8]。

参考文献

［1］中华人民共和国国家统计局.中国统计摘要 2019［M］.北京：中国统计出版社，2019.

［2］中华人民共和国科学技术部.中国 CCUS 技术发展路线图［C］.第五届中国 CCUS 技术国际论坛，2019.

［3］秦积舜，韩海水，刘晓蕾.美国 CO_2 驱油技术应用及启示［J］.石油勘探与开发，2015，42（2）：209-216.

［4］袁士义，李海平，王高峰，等.关于加快推进 CO_2 驱工业化的思考［C］.北京：中国 CCUS 联盟第四届 CCUS 国际论坛，2017.

［5］王高峰.黑 59 区块 CO_2 驱油藏工程方案（修订）［R］.北京：中国石油勘探开发研究院，2008.

［6］王高峰，杨思玉.黑 79 区块 CO_2 驱油藏工程方案［R］.北京：中国石油勘探开发研究院，2007.

［7］王高峰，杨思玉，李实.CO_2 驱提高特低渗油藏采收率研究与实践［C］.北京：SKL-EOR 首届国际 CCS-EOR 技术交流会，2009.

［8］王高峰，秦积舜，孙伟善.碳捕集、利用与封存案例分析及产业发展建议［M］.北京：化学工业出版社，2020.

第二章 相关的基础理论

理论是实践的先导，本章主要介绍我国代表性 CO_2 驱矿场试验，总结驱油类 CCUS 实践认识，简述中国 CCUS-EOR 关键技术，为后续百万吨级项目可行性分析的可靠性奠定基础。

第一节 CO_2 驱油与埋存机理

一、CO_2 驱油机理

驱油与封存机理表明，CO_2 驱油过程可以实现提高石油采收率和碳减排双重目的。原油中溶解 CO_2 可增加原油膨胀能力，改善地层油的流动性；地层压力足够高时，CO_2 可萃取原油的轻—中质组分，逐步达到油气互溶（混相），减少地层中的原油剩余。CO_2 溶于地层水、与岩石反应成矿固化、被地层吸附，或者为构造所圈闭捕获，可永久滞留于地下（美国驱油项目 CO_2 最终封存率为 23%~61%）。CO_2 驱油过程中，部分 CO_2 永久封存地下，产出 CO_2 回收处理循环注入，全过程零碳排放。当油藏条件适合，并且 CO_2 气源价格足够低时，CO_2 驱油与封存项目（即驱油类 CCUS 项目）将会具有显著的经济与社会效益。

大量的研究和实践证明，CO_2 是一种有效的驱油剂，CO_2 驱提高采收率应用十分广泛。在生产实践中，提出了连续注气、气驱后紧接着注水、气驱或水驱后交替注水和注气、同时注入气和水（注碳酸水）。沃纳（Warner，1977）和费耶尔斯（Fayers）等研究证明，水气交替注入要比连续注入效果好。不管 CO_2 是以何种方式注入油层，CO_2 之所以能有效地从多孔介质中驱油，主要是使原油膨胀、降低原油黏度、改变原油密度、对岩石起酸化作用、汽化和萃取原油轻组分、压力下降造成溶解气驱、降低界面张力等综合作用的结果。

1. 降低原油黏度

CO_2 溶于原油后，降低了原油黏度，原油黏度越高，黏度降低程度越大。40℃时，CO_2 溶于沥青可大大降低沥青的黏度。温度较高时，因 CO_2 溶解度降低，降黏作用变差；在同一温度条件下，压力升高时，CO_2 溶解度升高，降黏作用随之提高。但是，压力过高，若压力超过饱和压力时，黏度反而上升。原油黏度降低时，原油流动能力增加，从而提高原油产量。

2. 改善原油与水流度比

CO_2 溶于原油后，油相黏度随之降低，体积膨胀，增加了原油的流度。水碳酸化后，水的黏度是增加的，据苏联有关文献报道，CO_2 溶于水中，可使水的黏度提高 20% 以上，同时也降低了水的流度。流度比改善，可扩大波及体积。

3. 使原油体积膨胀

CO_2 大量溶于原油中，可使原油体积膨胀，原油体积膨胀大小，不但决定于原油分子量的大小，而取决于 CO_2 的溶解量。CO_2 溶于原油，使原油体积膨胀，也增加了液体分子集团的活跃性，从而提高了驱油效率。

4. 萃取中轻烃组分

当压力超过一定值时，CO_2 混合物能使原油中的一系列烃组分蒸发或汽化。Mikael 和 Palmer 对美国路易斯安那州 CO_2 混相驱 SU 油藏产出油进行了分析，认为 CO_2 混合物对该油藏原油轻质烃其实存在萃取和汽化作用。该井注 CO_2（CO_2 84%，甲烷 11%，丁烷5%）之前，原油相对密度为 0.8398；1982 年注入 CO_2 混合物后，产出油的最大相对密度是0.8251；1984 产出油的相对密度为 0.8251；1985 年以后产出油相对密度基本稳定在 0.8155。也低于原始原油的相对密度 0.8398。这证明 CO_2 混合物确实存在轻质烃萃取和汽化现象。萃取和汽化现象是 CO_2 混相驱油的重要机理。在该试验中，当压力超过 10.3MPa 时，CO_2 才使原油中轻质烃萃取和汽化。

5. 混相效应

当地层压力足够高时，CO_2 把原油中的轻质和中间组分提取后自身富化程度提高，同时 CO_2 及其他富气组分溶于下液相，在连续运移和多次接触过程中发生复杂相互作用，促使界面张力消失、达到油气互溶的高能混相状态。混相主要与油藏温度、原油组成和 CO_2 纯度的有关。CO_2 驱产生的成墙轻质液与原油掺混可形成油墙，混相油墙采出阶段对应于油井的高产稳产期。

6. 降低界面张力

残余油饱和度随着油水界面张力减小而降低；多数油藏的油水界面张力为 10～20mN/m，想使残余油饱和度趋向于零，必须使油水界面张力降低到 0.001mN/m 或者更低。界面张力降到 0.04mN/m 以下，采收率便会更明显地提高。CO_2 驱油的主要作用是使原油中轻质烃萃取和汽化，大量的烃与 CO_2 混合，大大降低了驱替相和被驱替相的界面张力也大大降低了残余油的饱和度，从而提高了原油采收率，特别是在混相和近混相条件下。

7. 分子扩散作用

非混相 CO_2 驱油机理主要建立在 CO_2 溶于油引起油特性改变的基础上。为了最大限度地降低油的黏度和增加油的体积，以便获得最佳驱油效率，必须在油藏温度和压力条件下，要有足够的时间使 CO_2 饱和原油。但是，地层是复杂的，注入的 CO_2 也很难与油藏中原油完全混合好。特别是当水相将油相与 CO_2 气相隔开时，水相阻碍了 CO_2 分子向油相中的扩散，并且完全抑制了轻质烃从油相释放到 CO_2 相中。多数情况下，CO_2 驱油效果是 CO_2 分子与原油直接接触发生的。在三次采油中，通过 CO_2 驱动水驱替后的残余油的机理至今还没有完全掌握。但是不论何种机制和作用，都必须有足够的时间使 CO_2 分子充分地扩散到油中，因为分子扩散过程是很慢的。

8. 溶解气驱作用

大量的 CO_2 溶于原油中，具有溶解气驱作用。降压采油机理与溶解气驱相似，随着压

力下降 CO_2 从液体中溢出，液体内产生气体驱动力，提高了驱油效果。另外，一些 CO_2 驱替原油后，占据了一定的空隙空间，成为束缚气同时润滑原油，降低吸附功，也会贡献部分原油采收率。

9. 改善储层渗透性

碳酸化的原油和水，不仅改善了驱替流度比，还有利于抑制黏土膨胀。CO_2 溶于水后显弱酸性，能与油藏的碳酸盐反应，使注入井周围的渗透率提高。

实际 CO_2 驱过程，不论是非混相驱还是混相驱，都是上述多种机理的组合作用的结果。其中，CO_2 非混相驱的主要机理是降低原油黏度，使原油体积膨胀，减小界面张力，对原油中轻烃的部分抽提。当无法采用混相驱时，利用 CO_2 非混相驱也可一定幅度地提高低渗透油藏原油采收率。

10. 选择性动用孔喉

CO_2 对不同尺度孔喉中的原油动用具有选择性。CO_2 动用效果与孔喉大小具有正相关性。整体上，微米级孔喉、亚微米级孔喉、纳米级孔喉的动用效果依次变差。特低渗油藏以微米级孔喉为主，致密砂岩油藏以微米级孔喉和亚微米级孔喉为主；储层越致密，动用势必变难。这一机理得到了 CO_2 驱替与核磁共振检测技术的证实，以及可视化驱替实验的佐证。

二、CO_2 埋存机理

1. 油藏埋存机制

1）构造捕获机制

构造捕获机制主要是针对自由气的捕获。向油藏中注入 CO_2 后驱替原油等油藏流体，占据了被驱离原地的地层油、水、气占据的孔隙空间，形成自由气。受构造隆起作用，部分游离气体被束缚在从自由气的构造顶部到溢出点之间的高度范围，如同气顶或次生 CO_2 气藏一样得以长期封存。

2）溶解捕获机制

注入油藏中的 CO_2 与原油接触并溶解到原油中，使原油黏度下降并引起膨胀，流动系数增加，也增加了油藏储层中 CO_2 的封存潜力。另外，CO_2 也可以溶解到地层水中，使地层水黏度增加，CO_2 在水中的溶解过程还伴随着电离成氢离子和碳酸氢根离子等电化学过程。一般来说，地层压力越高，CO_2 在地层油和地层水中的溶解度越大，但两种溶解度并不是同速率增长的。溶解机制捕获的 CO_2 就处于溶解态。

3）矿化捕获机制

注入油藏中的 CO_2 与地层水接触并溶解到地层水中，形成碳酸水；而这一溶入过程叫做碳酸化，伴随着电离成 H^+ 和 HCO_3^- 等电化学过程。一般来说，地层压力越高，CO_2 在地层水中的溶解度越大，地层水的酸性越强。碳酸水中的氢离子，在一定条件下可以和含碳酸根离子的岩石矿物发生化学反应，比如砂岩中的钠长石、铁白云石和片钠铝石等，溶解岩石中的部分矿物成分，生成一些新的矿物成分，从而达到永久封存 CO_2 的目的，这就是所谓的

CO_2—水—岩反应。可以通过高温实验加速评价确定反应敏感矿物。矿化机制捕获的二氧化碳主要处于成矿固化态。还需指出，矿化捕获机制将是地层水的总矿化度升高。

4）束缚捕获机制

CO_2 注入油藏，在驱替流动过程中，存在着路过微小孔隙并赋存其中的可能性，比如被后续水段塞或微水流在毛细管力的作用下封闭在某些孔隙中，或抽提了盲端原油后滞留其中，这是多相渗流的复杂性造成的。还有一种可能是，CO_2 被储层岩石吸附而不得自由运动，处于被束缚的状态。束缚机制捕获的对象仍然主要是游离态的。

5）水力封存机制

压力是油藏开发的灵魂，渗流是在压力梯度下发生的。水气交替注入情况下，油藏中宏观分布 CO_2 的某个区域，在后面水段塞或液体的驱替下，持续向波及区的外边界移动，直至波及范围不再扩大，被后续注入水封闭在某一空间而得以封存。这部分 CO_2 可以存在于岩性边界与后续水体之间，也可以被两部分液相边界所围绕。水力封存机制捕获的对象主要是游离态的，是宏观分布的 CO_2。

6）重力封存机制

这种机制是源于地下 CO_2 的高密度，在地温梯度较低的区域，CO_2 密度可能比地层油还要高，CO_2 在构造低部位注入，一部分通过长时间的扩散溶解到其上部地层油中，还有一部分即以游离态潜伏于油的下方被封存，即便是中高渗透油藏也不会。这种重力封存机制捕获的对象也是游离态的，但这一机制不同于构造捕获机制。重力封存机制是本书首次提出。

7）埋存量分级分类

在油藏中 CO_2 埋存潜力评价方面，在构造储存、束缚储存、溶解储存和矿化储存等碳封存机制的基础上形成的 CO_2 埋存潜力分级分类方法以及不同层次埋存量评价方法颇具代表性：例如碳封存领导人论坛（CSLF）上提出的 CO_2 理论埋存量计算方法；在 Bradshaw 和 Bachu 等提出溶解效应随时间延长不可忽视的认识以后，沈平平教授等建立了考虑溶解因素的理论埋存量计算方法，并提出了考虑实际油藏驱替特点的"多系数法"有效埋存量预测方法。段振豪教授提出的不同矿化度水中 CO_2 溶解度改进模型，薛海涛等提出的原油中 CO_2 溶解度预测模型，是我国在油藏流体 CO_2 溶解度理论基础研究方面的代表性工作。

在 CO_2 埋存量分级分类方面，虽然提出了实际埋存量的概念，但还未将 CO_2 驱油项目评价期内的同步埋存量和油藏废弃后继续实施碳封存形成的深度埋存量进行区分。本书在区分 CO_2 驱油项目评价期内的埋存量（同步埋存量）和油藏废弃后的埋存量（深度埋存量）基础上，提出了"三参量法"同步埋存量计算方法；在辨析气驱换油率概念基础上，依据物质平衡原理，考虑压敏效应、溶解膨胀、干层吸气和裂缝疏导等，得到 CO_2 换油率理论计算公式；联合油气渗流分流方程、Corey 模型和 Stone 方程等相对渗透率计算公式，给出了自由气相形成的生产气油比确定油藏工程方法；根据气驱增产倍数概念，结合水驱递减规律，预测低渗透油藏气驱产量变化情况。总结提出 CO_2 驱油与埋存项目评价期内埋存量"3 步评价法"，即"油藏筛选→三参量（产量、气油比、换油率）预测→同步埋存量计算"，完善了 CO_2 驱油与埋存潜力评价油藏工程理论方法体系。

第二节 CO₂ 驱生产指标预测基础

一、多组分气驱数值模拟技术

1. 气驱油藏数值模拟技术

长期以来，气驱过程复杂性使人们采用多组分气驱数值模拟技术预测气驱生产指标，数值模拟技术成为目前气驱油藏工程主要研究手段[1-4]。多组分气驱数值模拟技术融合如下 4 个研究内容：

（1）体现气驱特点的地质建模技术。三维地质模型对于真实储层的反映程度对数值模拟结果有很大影响，主要包括地质模型的质量主要依赖于测井解释模型是否真实反映了岩性、电性、含油气性和物性的关系，沉积相概念模式是否全真反映了地质体展布。

（2）注入气 / 地层油相态表征技术。主要是利用注入气黏度、密度实验测试结果，地层油高压物性参数实验结果、注入气—地层油混合体系相态实验结果、注入气—地层油最小混相压力实验结果来标定经验状态方程，获得注入气和地层油各组分或者拟组分的状态方程参数和临界参数，为数值模拟提供相态方面基础依据。

（3）油 / 气 / 水三相相对渗透率测定技术。相对渗透率曲线是研究多相渗流的基础，是多相流数学描述的基础。在油田开发计算、动态分析、确定储层中油、气、水的饱和度分布及与水驱油有关的各类计算中都是不可少的重要资料。

（4）多组分多相气驱渗流力学数学描述。对于气驱过程的描述主要用油 / 气 / 水三相乃至上油相 / 下油相 / 富气相 / 水四相乃至五相流动（考虑沥青等重组分析出的话）。对于各种界面力、流固耦合、水岩作用、竞争吸附的描述方法，以及复杂相运移是否服从连续流和达西定律等问题，学术界还未形成统一的意见。

2. 气驱油藏数值模拟理论基础

1）基于组分渗流的数值模拟

凝析气田开发或向油气藏注气开发都存在复杂长度不同的相态变化，都存在多相多组分的渗流现象。在这样的渗流系统中，每一种组分都可能存在于油、水、气、甚至固体相中，并且随着压力的变化还会发生相之间的组分的转移传质。类似的问题，不能用黑油模型研究解决，需要用到多组分渗流数值模拟方法。CO₂ 驱就是这种情况，多组分渗流数学模型是 CO₂ 驱油藏开发过程研究的重要手段。

一般地，在多相多组分流动时，某一组分的质量守恒方程如下：

$$-\nabla \cdot \sum_{j=1}^{n_p} \left(\rho_j V_j \omega_{ij} - \rho_j \phi S_j \overline{D}_{ij} \nabla \omega_{ij} \right) + \sum_{j=1}^{n_p} \left(a q_{sj} \rho_j \omega_{sij} \right) = \sum_{j=1}^{n_p} \frac{\partial}{\partial t} \left(\rho_j \phi \omega_{ij} S_j \right) \qquad （2-1）$$

通常假设每一相的流动还服从达西定律：

$$v_j = -\frac{KK_{rj}}{\mu_j} \left(\nabla P_j - \rho_j g \nabla D \right) \qquad （2-2）$$

代入后可以得到普遍化的多组分渗流方程：

$$\nabla \cdot \sum_{j=1}^{n_p} \left(\frac{KK_{rj}\rho_j}{\mu_j} \left(\nabla P_j - \rho_j g \nabla D \right) \omega_{ij} + \rho_j \phi S_j \overline{D}_{ij} \nabla \omega_{ij} \right) +$$

$$\sum_{j=1}^{n_p} \left(a q_{sj} \rho_j \omega_{sij} \right) = \sum_{j=1}^{n_p} \frac{\partial}{\partial t} \left(\rho_j \phi \omega_{ij} S_j \right) \tag{2-3}$$

式中 ρ_j——第 j 相密度，kg/m^3；

n_p——油藏中出现的流体相总数；

S_j——第 j 相的饱和度；

ϕ——孔隙度；

v_j——第 j 相的流速；

D_{ij}——组分 i 在第 j 相中的扩散系数；

e——单个网格的体积；

q_{sj}——源汇处第 j 相的流量；

ω_{ij}——组分 i 在第 j 相中的质量分数；

ω_{sij}——源汇处组分 i 在第 j 相中的质量分数；

a——符号函数，当为源时 $a=1$，当为汇时 $a=-1$。

2）基于相流动的组分数值模拟

CO_2 驱数值模拟区别于其他注气开发在于 CO_2—地层流体混合体系物化性质和物化反应的特殊性，譬如，剧烈相变导致的方程组的病态，以及因此而增加的数值模拟的难度和时间。虽然目前的模拟还不能考虑很多物理化学反应的所有细节，但油气田开发最为关注的结果还是能够提供的。事实上，比起地质模型的不确定性，这些被忽略的细节导致的误差往往要小得多。

多相组分注气数值模拟所需的理论如下：

油气扩散方程

$$\nabla \left[\frac{KK_{ro}}{\mu_o} \rho_o x_i \nabla \left(p_o + \rho_{om} gh \right) \right] + \nabla \left[\frac{KK_{rg}}{\mu_g} \rho_g y_i \nabla \left(p_o + P_{cgo} + \rho_{gm} gh \right) \right] +$$

$$x_{si} q_o \delta + y_{si} q_g \delta = \frac{\partial}{\partial t} \left[\phi \left(\rho_o S_o x_i + y_i \rho_g S_g \right) \right] \tag{2-4}$$

油扩散方程

$$\nabla \left[\frac{KK_{ro}}{\mu_o} \rho_o \nabla \left(p_o + \rho_{om} gh \right) \right] + q_o \delta = \frac{\partial}{\partial t} \left[\phi \left(\rho_o S_o \right) \right] \tag{2-5}$$

水扩散方程

$$\nabla \left[\frac{KK_{rw}}{\mu_w} \rho_w \nabla \left(p_w + \rho_w gh \right) \right] + q_w \delta = \frac{\partial}{\partial t} \left[\phi \left(\rho_w S_w \right) \right] \tag{2-6}$$

气扩散方程

$$\nabla\left[\frac{KK_{ro}}{\mu_o}\rho_{gd}\nabla\left(p_o+\rho_o gh\right)\right]+\nabla\left[\frac{KK_{rg}}{\mu_g}\rho_g\nabla\left(p_g+p_{cgo}+\rho_g gh\right)\right]+$$

$$R_s q_o\delta+q_g\delta=\frac{\partial}{\partial t}\left[\phi\left(\rho_{gd}S_o+\rho_g S_g\right)\right]$$ (2-7)

逸度方程

$$f_i^L=f_i^V$$ (2-8)

饱和度方程

$$S_o+S_w+S_g=1$$ (2-9)

归一化方程

$$\sum x_i=\sum y_i=\sum z_i=1$$ (2-10)

组分守恒方程

$$x_i L+y_i\left(1-L\right)=z_i$$ (2-11)

以上方程符号注释见文献［2］。除了上面的理论框架，还有用于描述组分性质的状态方程、注采井点的流量或流压限制条件以及各种经验公式等，这里就不再给出了。求解以上联立各式的过程，就是数值模拟，可获得任意时刻和剖分网格位置的流动情况。

二、气驱油藏工程方法

1. 气驱油藏工程方法概述

气驱油藏工程研究包括油藏工程方法研究、数值模拟技术和试井分析三部分内容。正因为意识到陆相低渗透油藏气驱数值模拟方法的可靠性不到50%，并且往往是指标过于乐观，人们不得不转向气驱油藏工程研究。气驱油藏工程研究需要用到油藏工程学。气驱油藏工程学以物理学和油藏工程基本原理为依据，以油藏工程、油层物理和渗流力学基本概念为研究基础；它的任务是研究注气驱油过程中油、气、水的运动规律和驱替机理，快速准确地获得注气工程参数、求取合理气驱采油速度和采收率、评价气驱开发效果，以及为气驱生产注采井工作制度的确定提供依据。

气驱油藏工程研究须要对油藏产状、井网井型、开发特征等有充分的认识。至于低渗透油藏气驱油藏工程研究要明确和论证注气提高采收率的主要机理。在此基础上，研究低渗透油藏气驱产量或气驱采油速度、低渗透油藏气驱采收率、气驱综合含水、气驱的见气见效时间、高压注气油墙规模与气驱稳产年限、气驱油墙物性与生产井的合理流压、气驱的合理井网密度与极限井网密度、适合 CO_2 驱低渗透油藏筛选、气驱注采比、水气交替注入段塞比等关键注气工程参数。这些都要以系统完整的低渗透油藏气驱开发成套理论为依据，才能快速编制可靠的注气开发方案。

2. 气驱油藏工程方法进展

王高峰依托国家科技重大专项"CO_2驱油与埋存关键技术"、重大开发试验跟踪评价研究（连续10年）等项目，围绕气驱生产指标可靠预测和效果评价技术难题开展了油藏工程方法研究，创造性提出了"气驱增产倍数、气驱油墙描述"等关键概念和研究思路，建立了基于产量预测的成套气驱油藏工程方法，在气驱油藏工程理论方面获得系统性创新，为大量实例验证。建立了包括气驱产能确定、开发阶段划分、配产配注设计，技术经济潜力评价，及多源汇系统开发规划在内的一整套气驱油藏工程方法，为气驱生产指标预测提供了有别于数值模拟技术的新途径。应该说，这是近 10 年来油藏工程学科取得的有特色且实用的研究进展，构成了中国特色气驱开发理论方法的主要内容。

三、非纯气体井筒流动剖面模拟

井筒—地层一体化组分模拟是油气藏多相多组分流数值模拟和油气井管流数值模拟的联合。它可以预测油井油压和注气井的注入压力，可为工程计算和分析提供更多有益信息。井筒传热方程、管流压力方程和 PR 状态方程三者构成非纯组分注气采气井流动剖面预测，可以用于预测井筒内出现相变的情况。

考虑局部损失的压力方程为：

$$\frac{dp}{dL} = \rho v \frac{dv}{dL} + \rho_g \sin\theta + 2f \frac{\rho v^2}{D} + \delta\xi \frac{\rho v^2}{2dL} \tag{2-12}$$

井筒传热模型：

$$\frac{dT}{dL} = -\frac{c_{Tw}}{\rho A v c_p}(T - T_e) - \frac{1}{c_p}\left(g\sin\theta + v\frac{dv}{dL}\right) - c_J \frac{dp}{dL} + \frac{1}{c_p}\frac{2f_T v^2}{D} \tag{2-13}$$

其中

$$c_{Tw} = \frac{2\pi r_{to} U_{to} k_e}{r_{to} U_{to} f_D + k_e}$$

$$f_D = \begin{cases} 1.1281\sqrt{t_D}\left(1 - 0.3\sqrt{t_D}\right) & t_D = \dfrac{\alpha t}{r_{wb}^2} \leqslant 1.5 \\ \ln t_D + 0.4063\left(1 + 0.6/\sqrt{t_D}\right) & t_D > 1.5 \end{cases}$$

$$\frac{1}{U_{to}} = \frac{r_{to}}{r_{ti} h_f} + \frac{r_{to}\ln(r_{to}/r_{ti})}{k_t} + \frac{r_{to}\ln(r_{ins}/r_{to})}{k_{ins}} + \frac{r_{to}}{r_{ins}(h_{anc} + h_{anr})} + r_{to}\sum_{j=1}^{nw}\left[\frac{\ln(r_{caso}/r_{casi})}{k_{cas}} + \frac{\ln(r_{cem}/r_{caso})}{k_{cem}}\right]_j$$

井筒流动视为一维时，可认为气液两相处于均匀掺混状态，压力方程中的压缩因子取为双相压缩因子：

$$z = e_V z_V + (1 - e_V)z_L \tag{2-14}$$

气、液相压缩因子应用 PR 状态方程得到：

$$p = \frac{RT}{V - b} - \frac{a(T)}{V(V + b) + b(V - b)} \tag{2-15}$$

物料守恒方程为：

$$z_i = e_V y_i + (1 - e_V) x_i \tag{2-16}$$

式中　t——时间，s；

　　　v——流速，m/s；

　　　R——普适常数，J/(K·mol)；

　　　$a(T)$，b——PR 方程参数；

　　　z，z_V，z_L——双相、气相和液相压缩因子；

　　　z_i，x_i，y_i——总组成、液相组成和气相组成；

　　　V——摩尔体积，m³；

　　　e_V——汽化分率；

　　　g——重力加速度，m/s²；

　　　θ——无量纲倾角；

　　　f——水力摩阻系数；

　　　f_c——壁面摩擦系数；

　　　D——油管内径，m；

　　　L——井筒长度，m；

　　　A——过流面积，m²；

　　　p——压力，Pa；

　　　T——温度，K；

　　　ρ——密度，kg/m³；

　　　j——钻井开数；

　　　r_{ti}，r_{to}——油管内外半径，m；

　　　r_{casi}，r_{caso}——套管内外半径，m；

　　　r_{ins}——绝热层外半径，m；

　　　r_{cem}——水泥环外半径，m；

　　　k_e，k_t，k_{cas}，k_{cem}，k_{ins}——地层、油管、套管、水泥环和隔热层热导率，W/(m·K)；

　　　f_D——无量纲温度函数；

　　　T_e——地层初温，K；

　　　U_{to}——综合传热系数，W/(m²·K)；

　　　c_p——比热容，J/(kg·K)；

　　　c_J——焦 – 汤系数，K/Pa；

　　　α——地层热扩散系数，m²/s；

　　　r_{wb}——参考井径，m；

　　　c_{Tw}——等效传热系数，J/(K·m)；

　　　t_D——无量纲时间；

　　　ξ——局部管损系数；

　　　δ——点源函数；

　　　h_f，h_{anc}——油管和环空对流换热系数，W/(m²·K)；

　　　h_{anr}——环空辐射换热系数，W/(m²·K)。

式（2-12）至式（2-16）构成了新的凝析气井流动剖面预测模型，其求解可用文献〔5〕介绍的对温度压力等变量构成的方程组应用四阶龙格—库塔格式一次性求解，也可对温度、压力变量进行交替求解。两方法本质相同，但前者编程较为简单。

第三节　典型碳捕集工艺原理

一、化学吸收法

1. 化学吸收法概述

回收 CO_2 工艺技术有传统的化学吸收法、物理吸收法和变压吸附法三种，本装置压力低、CO_2 含量相对较低，物理吸收法和变压吸附法通常都不适于低浓度低分压烟气，需要选择化学吸收法捕集回收 CO_2，化学吸收法也是最成熟、最常用、大规模捕集二氧化碳的方法[5-11]。

化学吸收 CO_2 的方法也较多，有传统的 MEA 法、FT-1 气标法、BV 法、空间位阻胺法等多种方法。低分压回收 CO_2 气体是指 CO_2 分压小于 0.1MPa 的混合气体，如：锅炉石灰窑气、烟道气、高炉气、煤气、碳化尾气等。国内外低分压回收 CO_2 主要采用 MEA 法。MEA 法回收 CO_2，具有吸收速度快、吸收能力强、CO_2 纯度高、投资少等优点。但 MEA 法存在能耗高、MEA 降解损失大、设备腐蚀问题等缺点。

针对上述情况，国内外多家公司通过不断的实验、研究和总结，研究出了适合低分压回收 CO_2 的方法，解决了 MEA 存在的溶液降解、设备腐蚀、能耗高等问题。本项目暂按重庆旭峰石化有限公司的专有复合 MEA 法开展研究。

2. MEA 吸收法代际差异

1）传统的 MEA 法（第一代工艺技术）

20 世纪 50 年代，美国为适应酸性天然气的净化，开发了 Girbotol 法—乙醇胺法，一乙醇胺法（MEA）法即属其中之一，适用于 CO_2 及 H_2S，早期的 Girbotol 法是采用三乙醇胺水溶液，但后来几乎完全由一乙醇胺所代替。其主要优点：溶液对 CO_2 的吸收能力高，对其他组分的吸收能力低；对 CO_2 的吸收速度快；CO_2 解吸彻底，贫液中 CO_2 含量可低于 500×10^{-6}；吸收过程中的循环量较低，动力消耗也小。主要的缺点是：再生所需的热量大，对碳钢的热交换设备腐蚀严重，不适宜从含氧气量较高的尾气中回收 CO_2，溶液易发生氧化降解和高温降解，溶液消耗量较大。第一代技术主要工艺配方是 MEA 水溶液。

2）改良的 MEA 法（第二代工艺技术）

针对 MEA 的腐蚀性问题，改良的 MEA 技术，是在溶液中加入一种缓蚀剂，解决系统腐蚀问题。主要工艺配方：MEA 水溶液＋缓蚀剂。

3）优化的 MEA 法（第三代工艺技术）

在 MEA 溶液中加入缓蚀剂，虽然解决了腐蚀问题，但溶液的降解问题未解决，导致 MEA 消耗高等问题，在系统中加入一种抗氧化剂解决此问题。

4）专有复合 MEA 法（第四代工艺技术）

专有复合 MEA 法尾气回收 CO_2 法是重庆旭峰石化有限公司在综合国内外、各生产厂家、多年研究的技术基础上的一种新工艺技术。该工艺在保留 MEA 法原有优点的基础上，对工艺技术，防腐技术，特别是针对高含氧的尾气、CO_2 回收率、蒸汽消耗以及系统清洁度等方面做了重大改进：加入缓蚀剂，解决了设备腐蚀问题，大大降低生产建设成本和运行成本；加入抗氧化剂，解决了气体中氧含量高对溶液的氧化问题，使溶液中 MEA 不会被降解，降低生产运行费用；加入活性胺，解决了热稳定盐的生成问题，使溶液的吸收能力增大，同时也使蒸汽的耗用量降低；优化了塔内件结构设计和填料选型；增加胺在线净化技术，彻底解决系统清洁度等问题。主要工艺配方是 MEA 水溶液 + 缓蚀剂 + 抗氧化剂 + 活性组分。主要设备优化或改进途径是塔内件优化 + 胺净化系统。

3. 化学吸收法工艺原理

专有复合 MEA 低分压 CO_2 脱除新技术采用 MEA 为主体，配入一定量的立活性胺等组成复合胺水溶液吸收剂。复合胺水溶液能强化吸收 CO_2 的效果，与 CO_2 反应生成碳酸盐化合物，同时可抑制难分解氨基甲酸盐生成，降低再生温度，节省能耗。

国内应用较早的单胺吸收工艺，MEA 碱性较强，能与 CO_2 生成比较稳定的氨基甲酸盐。MEA 与 CO_2 的反应式如下：

$$CO_2 + HOCH_2CH_2NH_2 \rightleftharpoons HOCH_2CH_2HNCOO^- + H^+ \qquad (2-17)$$

$$HOCH_2CH_2HNCOO^- + H_2O \rightleftharpoons HOCH_2CH_2NH_2 + HCO_3^- \qquad (2-18)$$

$$H^+ + HOCH_2CH_2NH_2 \rightleftharpoons HOCH_2CH_2NH_3^+ \qquad (2-19)$$

因为 MEA 与 CO_2 反应生成比较稳定的氨基甲酸盐，反应式（2-18）比反应式（2-17）要快得多，所以总反应式可以写为：

$$CO_2 + 2HOCH_2CH_2NH_2 + H_2O \rightleftharpoons HOCH_2CH_2HNCOO^- + HOCH_2CH_2NH_3^+ \qquad (2-20)$$

从化学反应计量关系可知道 MEA 的最大吸收容量为 0.5mol（CO_2）/mol（MEA），同时形成稳定的氨基甲酸盐，在再生过程中需要较多的能量才能分解，导致再生能耗较大。

氨基甲酸盐对设备的腐蚀性较强，又能形成水垢，因而一般采用 12%～15% 的水溶液来回收 CO_2，其酸性负荷为 0.3～0.4mol（CO_2）/mol（MEA）。

专有复合低分压 CO_2 回收新技术在 MEA 内加入了一种活性胺，形成了以 MEA 为主体的复合胺溶液，该复合胺与 CO_2 的反应机理与 MEA 不同，胺与 CO_2 反应不形成稳定的氨基甲酸盐，其最大吸收容量为 1mol（CO_2）/mol（MEA）胺。总反应方程式可以写为：

$$CO_2 + R_2NH + H_2O \rightleftharpoons R_2NH^{2+} + HCO_3^- \qquad (2-21)$$

因此使用该复合胺，在同摩尔浓度下与 MEA 法相比，吸收能力提高、再生能耗下降。

MEA 在回收 CO_2 过程中，易与 O_2、CO_2、硫化物等发生化学降解，也易发生热降解，尤其与裂解尾气中 O_2 的氧化降解居于首位。MEA 与 O_2 的降解产物主要有氨基甲醛、氨基乙酸、羟基乙酸、乙醛酸、草酸等，与 CO_2 的降解产物主要有恶唑烷酮类、1-（2-羟乙基）-咪唑啉酮和 N-（2-羟乙基）-乙二胺等。MEA 降解问题一直是 MEA 法存在的难以解决的技术难题。MEA 降解产物的形成，一方面促进胺损耗，另一方面加剧设备的腐蚀以及引起溶液发泡等问题，造成生产不稳定。另外，MEA 的降解与设备腐蚀相互促进，致使降解反应发展到一定程度时则无法用蒸馏回收来控制，此时只有停车更换溶液，造成较大的经济损失及废液处理难题。针对 MEA 易与 O_2、CO_2 等发生降解反应的特性，复合 MEA 低分压 CO_2 回收新技术选用了一套复合缓蚀剂，筛选了一种抗氧化降解剂，很好地解决了设备腐蚀及胺降解等问题。

二、低温甲醇洗工艺原理

低温甲醇洗是一种利用甲醇低温净化 CO_2、H_2S 和 COS 的工艺，属于物理吸附和解吸工艺，不涉及任何化学反应。它具有吸附能力强、选择性强、廉价易得、能耗低、工艺操作稳定等特点。

20 世纪 50 年代，德国林德公司和鲁奇公司联合开发了低温甲醇洗涤技术，萨索尔公司 1954 年在南非建立了第一个低温甲醇洗技术的工业装置。建成了世界上第一台低温甲醇洗涤工业装置。鲁奇公司低温甲醇洗工艺流程主要包括气化、脱硫、转化和脱碳。然而，林德的低温甲醇洗涤技术在转化过程中继续选择性地脱硫脱碳。随着工艺技术装置在工业中的广泛应用，各种工艺流程也在不断地发展和完善。不同原料的气化液化、工艺的不断优化和设备的进一步改进，使低温甲醇洗工艺越来越高效。20 世纪 70 年代，国外数百台低温甲醇洗涤技术净化装置引进我国，并在产业化领域得到应用。我国低温甲醇洗技术的研究始于 20 世纪 70 年代，与煤化工产业的发展基本同步。经过多年的理论探索和实践，已经取得了巨大的工业成就，目前几乎达到了与国外工业同等的水平。它已广泛应用于石油化工、煤化工、化肥工业等领域。特别是在煤化工领域，它已成为一种适合我国多煤少油资源结构的有竞争力的天然气净化技术。

低温甲醇洗是利用甲醇对 CO_2 和 H_2S 等酸性气体具有高溶解度，CO 和 H_2 等有效气体组分溶解度低，对杂质组分选择性好。吸附在低温高压下完成，解吸在高温低压下完成，从而达到脱除原料气中酸和杂质组分的目的。吸收过程遵循修正的亨利定律。低温甲醇洗除酸气的效果受温度、压力、甲醇循环和甲醇质量的影响。酸气在甲醇中的溶解度随着温度的升高而降低，因此在实际操作中，在尽可能降低综合能耗的前提下，尽可能降低甲醇的温度，可以有效地提高酸气的脱除率。提高吸收过程的压力，可以提高酸气组分的分压，从而提高吸收的驱动力和速度，同时提高甲醇对酸气的吸收能力。因此，在实际操作中，适当提高吸收压力，可以有效提高原料气的净化效果。在一定的温度和压力下，适当增加甲醇循环量，可以降低气液比，使气液两相充分接触，提高传质效果，提高净化效果。如果甲醇中的水、硫化物等杂质含量过高，甲醇的吸收能力将大大降低。当甲醇含水率达到 5% 时，CO_2 的吸收能力将降低 15% 以上。此外，如果焦炉煤气中的苯和萘不能有效去除，这些杂质会逐渐积聚在低温甲醇洗涤系统中，不仅会逐渐降低甲醇的纯度，影响其吸收效果，还会结晶出来，堵塞塔板和泵滤网，甚至导致紧急关闭。

三、变压吸附法原理

变压吸附法是利用吸附剂对混合气中不同气体与固态吸附剂表面活性点之间范德华力或化学键等相互作用的差异，选择性地捕集分离 CO_2；直接体现就是不同气体的吸附容量与压力关系曲线明显不同的特性。在吸附剂选择性吸附的条件下，加压吸附混合物中的易吸附组分，减压解吸这些组分而使吸附剂得以再生，以供下一个循环使用。为了能使吸附分离法经济有效地实现，除吸附剂要有良好的吸附性能外，吸附剂的再生方法具有关键意义。吸附剂的再生程度，决定产品的纯度，并影响吸附剂的吸附能力。吸附剂的再生时间，决定吸附循环周期的长短，也决定吸附剂用量的多少。选择合适的再生方法，对吸附分离法的工业化起着重要作用。常用的减压解吸方法有降压、抽真空、冲洗、置换等，其目的都是为了降低吸附剂上被吸附组分的分压，使吸附剂得到再生。

按照吸附操作方式的差别吸附分离包括变压吸附（PSA）、变温吸附（TSA）和变电吸附（ESA）。常用的吸附剂有活性炭、碳纳米管、X 型沸石分子筛、硅胶、金属氧化物、固体胺等。吸附法一般多台吸附器并联使用，以保证整个过程（吸附、漂洗、降压、抽真空和加压五步工艺组成）能连续进行。变压吸附工艺是目前较多工业应用的工艺，属于干法工艺，其优点在于工艺过程简单、装置操作弹性大、能耗低且无腐蚀和污染，但一直存在吸附剂选择性和产品气回收率不高的问题。

第四节 CO₂ 管道输送设计基础

CO_2 输送连接着碳捕集与地质封存，影响 CCUS 项目收益和安全性。目前世界上建成的或在建筹建的 CO_2 输送干线长度通常在 100km 以上，输送压力在 9MPa 以上，不采取保温措施，以超临界或高压液态形式输送，管材采用屈服强度较高的 X65 或 X70 型低合金钢。我国 CO_2 管道输送技术刚刚起步，仅在江苏油田、吉林油田、大庆油田等具有采用短距离管道将 CO_2 以气态或液态形式输送至油田的示范区，进行注 CO_2 提高原油采收率的现场应用。

当温度高于临界温度且压力高于临界压力时，任何一种气体都会进入超临界状态。CO_2 从气态绕过临界点进入超临界态，然后依次进入液态的过程中，其密度、黏度是可以呈现为渐变的；但当 CO_2 从气态穿过饱和线直接进入液态时，其密度和黏度也将发生跳跃。这种物理性质跃变会引起管道和压缩机震颤，引发事故，应予以避免。当多种气体共存时，相图将出现气液两相区，使得可操作的温度和压力范围缩小，将增加对 CO_2 输送工艺和操作要求[12-24]。

一、管道输送 CO₂ 相态

管道输送是长距离大规模输送 CO_2 时最经济常用的运输方式。CO_2 管道输送系统包括管道、中间加压站（压缩机或泵），以及辅助设备。CO_2 输送可通过三种相态实现。

1. 气态输送

CO_2 在输送管道内保持气相状态，通过压缩机压缩升高输送压力。若气井采出 CO_2 处于超临界状态，在进入管道之前需要进行节流，以符合压力要求。

2. 液态输送

输送过程中 CO_2 在管道内保持液相状态，通过泵送升高输送压力以克服沿程摩阻与地形高差。通常，要获得液态 CO_2，需要对其进行冷却，最为常见的方法是利用井口气源自身的压力能进行节流制冷，或者外加冷源制冷。为了保护增压泵，必须保证 CO_2 在进入之前，已转化为液态，同时在泵送增压之后，也有必要设置换热器冷却 CO_2。

3. 超临界态输送

输送过程中 CO_2 在管道内保持超临界状态，通过压缩机压缩升高输送压力。增压时，

必须将管道内的 CO_2 从稠密蒸汽状态转化为气态，方可进入压缩机。与气态输送不同，超临界输送需要设定最低运行压力。

4. 超临界—密相输送

在超临界输送过程中，CO_2 在管道内温度逐步下降，保持超临界状态的难度和成本越来越高。与一般的超临界输送不同，超临界—密相输送需要设定更高的运行压力，同时对管道设计、建设与运维的技术要求也有所提高。

以上 4 种方案中，气态 CO_2 在管道内的最佳流态处于阻力平方区，液态与超临界则在水力光滑区。从国外文献对三种管道输送方式进行了分析，其得出的结论是：超临界输送方式从经济性和技术性两方面都明显优于气相输送和液态输送，超临界输送相比于气相输送而言，在成本上要节约近 20%。另外，超临界输送管道末端的高压，可使 CO_2 在某些情况下直接注入地层，无须增设注入压缩机。具体采用何种输送方式，需根据 CO_2 气源、注入或封存场所实际情况研究确定。

二、非稳态 CO_2 管输动力学模型

输气管道仿真利用计算机模拟技术对管道在各种工况下的热力、水力及设备运行状态进行模拟，从而预测其在预期工况下的运行情况，以期迅速掌握管道实际运行时的全线动态变化过程为管道设计提供依据，为管道的安全、经济运行和管理提供有力支撑。近 20 年来，我国天然气工业进入快速发展期，管道仿真技术也迅速提高，国内油气储运领域内诸多学者对天然气管网动态仿真关键技术进行了深入研究，包括管网拓扑结构的逻辑表征、管道动态仿真模型和仿真运行控制逻辑等，实现了大型天然气管道仿真软件产品的国产化。CO_2 等流体在管道中流动，遵循质量守恒、动量定理和热力学第一方程（能量守恒原理），可由如下方程组描述：

根据质量守恒可以得到连续性方程为：

$$\frac{\partial(A\rho)}{\partial t} + \frac{\partial(A\rho v)}{\partial x} = 0 \tag{2-22}$$

根据动量定理可以得到水头或压力损失方程为：

$$\frac{\partial(\rho v)}{\partial t} + \frac{\partial p}{\partial x} + \frac{\partial(\rho v^2)}{\partial x} + \rho g \frac{\partial h_i}{\partial x} + \frac{f\rho v^2}{2D} + \delta\xi \frac{\rho v^2}{2dx} = 0 \tag{2-23}$$

根据热力学第一定律可以得到控制体能量变化关系：

$$-\frac{\partial Q}{\partial x}(\rho Av) = \frac{\partial}{\partial t}\left[(\rho A)\left(u + \frac{v^2}{2} + gh_i\right)\right] + \frac{\partial}{\partial x}\left[(\rho Av)\left(h + \frac{v^2}{2} + gh_i\right)\right] + \frac{2f_T v^3 \rho A}{D} \tag{2-24}$$

根据传热学理论可以得到流体通过管道与环境的换热量为：

$$\frac{\partial Q}{\partial x} = -4k_t D \frac{(T-T_0)}{\rho v d^2} \tag{2-25}$$

可以采用 BWRS 状态方程描述二氧化碳等混合流体的相态变化并计算热物性参数：

$$p = \rho RT + \left(B_0 RT - A_0 - \frac{C_0}{T^2} + \frac{D_0}{T^3} - \frac{E_0}{T^4} \right) \rho^2 +$$

$$\left(b_0 RT - a - \frac{d}{T} \right) \rho^3 + \alpha \left(a + \frac{d}{T} \right) \rho^6 + \frac{c\rho^3}{T^2} \frac{\left(1 + \gamma\rho^2 \right)}{e^{\gamma\rho^2}} \tag{2-26}$$

内能与焓的关系为：

$$H = u + \frac{p}{\rho} = H_0 + \left(B_0 RT - 2A_0 - \frac{C_0}{T^2} + \frac{D_0}{T^3} - \frac{E_0}{T^4} \right) \rho^2 +$$

$$\left(b_0 RT - a - \frac{d}{T} \right) \rho^3 + \alpha \left(a + \frac{d}{T} \right) \rho^6 + \frac{c\rho^3}{T^2} \frac{\left(1 + \gamma\rho^2 \right)}{e^{\gamma\rho^2}} \tag{2-27}$$

摩阻系数可以采用 Corebrok–White 关系式：

$$\frac{1}{\sqrt{f}} = -2\lg \left(\frac{\Delta}{3.7d} + \frac{2.51}{\sqrt{f}} \right) \tag{2-28}$$

式中　　x——管长，m；

A——管道截面积，m^2；

h_i——管道高程，m；

ρ——流体密度，kg/m^3；

p——流体压力，Pa；

v——二氧化碳在管道内的流速，m/s；

a（T），b——PR 状态方程参数；

V——摩尔体积，m^3；

g——重力加速度，m/s^2；

f——水力摩阻系数；

f_T——壁面摩擦系数；

D——油管外径，m；

d——油管内径，m；

k_t——总传热系数，W/（$m^2 \cdot K$）；

T_0——环境温度，K；

T——管道流体温度，K；

ξ——局部管损系数；

δ——点源函数；

H——流体比焓，kJ/kmol；

u——流体比内能，kJ/kmol；

R——气体常数，8.3143kJ/（$kmol \cdot K$）；

H_0——理想气体的比焓，kJ/kmol；

A，B，C，D，E，a，b，c，d——BWRS 状态方程式中的参数。

式（2-21）至式（2-27）构成了带相变的非纯 CO_2 管道输送动力学模型。根据拓扑排序的顺序按照设定的空间步长依次对每个管段进行空间离散，得到一系列计算节点，在每个计算节点管路流动的质量、动量、能量三大控制方程的数值形式建立方程组。对内部边界（截断阀、止回阀、调节阀、压缩机）、外部边界以及分支点建立上下游节点间的约束关系式。将以上每个计算节点所得的控制方程及边界约束关系式联立起来形成一个封闭的方程组，完成天然气管网的数值离散，建立了描述天然气管网流动规律的数学模型。

三、稳态 CO_2 管输模型

对于短距离输送，或输气管道未形成网络化的简单情况，可以采用稳态度方法近似研究。通过将上述非稳态普遍化模型中的时间项变量处理为零得到稳产管道输送模型。CO_2 输送管道的工艺计算可参照油气管道的计算方法，一般气相 CO_2 在管道内的最佳流态处于阻力平方区，而液态与超临界 CO_2 则在水力光滑区。应注意的是，按照国外已有经验，对于气相 CO_2 管道，一般要求管道内最大压力不超过 4.8MPa，对于超临界 CO_2 管道，一般要求管道内最小压力不低于 9.6MPa。

1. 气相 CO_2 管道工艺计算

1）管输量与压力的关系

在理想情况下或在短距离输送情况下，可以将输气管道近为处于平坦地区，此时的流量与压力的基本关系为：

$$Q_m = \frac{\pi}{4} \cdot \sqrt{\frac{\left(p_Q^2 - p_z^2\right)D^5}{\lambda z T L}} = Q\rho_{CO_2S} \quad (2-29)$$

输气管道路由往往存在地形的高低起伏现象，起伏地区输气管道流量与压力的关系为：

$$Q_m = \frac{\pi}{4} \cdot \sqrt{\frac{\left[p_Q^2 - p_z^2\left(1 + a\Delta S\right)\right]D^5}{\lambda z R T L\left[1 + \frac{a}{2L}\sum_1^n\left(S_i + S_{i-1}\right)L_i\right]}} = Q\rho_{CO_2S} \quad (2-30)$$

$$a = \frac{2g}{zRT} \quad (2-31)$$

式中　Q_m——管道质量流量，kg/s；

Q——管道体积流量，m^3/s；

ρ_{CO_2S}——标况下 CO_2 的密度，kg/m^3；

p_Q——输气管道计算段起点压力或上一压缩机站的出站压力，Pa；

p_z——输气管道计算段终点压力或下一压缩机站的进展压力，Pa；

T——管道的运行温度，K；

D——管道内径，m；

L——输气管道计算段的长度或压缩机站站间距，m；

S_i——管路沿线高程，m；

ΔS——管路起点与终点的高程差，m；

z——气体压缩因子；

a——中间变量，mmol/（J·s^2）；

λ——水力摩阻系数；

R——普适常数，J/（K·mol）。

摩阻系数影响压力计算结果。摩阻系数须根据流态和管壁粗糙度确定。流态又分为层流和紊流，紊流又分为水力光滑区、阻力平方区。实际管道中气体的流态大多处于阻力平方区，在计算水力摩阻系数时，可使用前苏联天然气研究所得出的近似公式。流态修正系数在处于阻力平方区时取为1；垫环修正系数，无垫环时取1；管道效率系数，在我国输气管道设计中DN300mm～DN800mm时取值0.8～0.9，DN＞899mm时取值0.91～0.94。

管道沿线压力分布计算公式为：

$$p_x = \sqrt{p_Q{}^2 - \left(p_Q{}^2 - p_z{}^2\right)\frac{x}{L}}$$　　　　（2-32）

式中　x——管段上任意一点至起点的距离，m；

p_x——管段上任意一点的压力，Pa。

管道平均压力计算公式为：

$$p_{cp} = \frac{2}{3}\left(p_Q + \frac{p_z{}^2}{p_Q + p_z}\right)$$　　　　（2-33）

式中　p_{cp}——管道平均压力，Pa。

2）气相管道热力计算

对气相输送管道进行热力计算，主要是为判断在管道中是否存在着相态的变化，是否需要为管道敷设保温层。考虑到气体的焦耳-汤姆逊效应，并认为压力沿管道近似线性分布，则管道的温降计算公式为：

$$T = T_0 + \left(T_Q - T_Z\right)e^{-ax} + D_J\frac{p_Q - p_Z}{aL}\left(1 - e^{-ax}\right)$$　　　　（2-34）

式中　T——管道任意位置的温度，K；

D_J——焦耳—汤姆逊系数，K/Pa；

T_0，T_Q，T_Z——环境、起点和终点温度，K。

管道平均温度计算公式为：

$$T_{cp} = T_0 + \left(T_Q - T_Z\right)\frac{1 - e^{-ax}}{aL} + D_J\frac{p_Q - p_Z}{aL}\left[1 - \frac{\left(1 - e^{-ax}\right)}{aL}\right]$$　　　　（2-35）

其中，a是为简化公式而设定，其表达式为：

$$a = \frac{K\pi D}{Q_m c_p}$$　　　　（2-36）

式中　K——管道总传热系数，W/（m^2·K）；

D——内径，m；

c_p——流体的比定压热容，J/（kg·K）。

对埋地输气管道而言，传热共分三个部分，即气体至管壁的放热，管壁、绝缘层、防腐层等 n 层的传热，管道至土壤的传热。故总传热系数 K 的计算式如下：

$$\frac{1}{KD}=\frac{1}{\alpha_1 D_n}+\sum_{i=1}^{N}\frac{1}{2\lambda_i}\ln\frac{D_{i+1}}{D_i}+\frac{1}{\alpha_2 D_w} \quad （2-37）$$

式中　α_1——气体至管内壁的放热系数，W/（m²·K）；

α_2——管道外壁至周围介质的放热系数，W/（m²·K）；

λ_i——第 i 层（管壁、防护层、绝缘层）导热系数，W/（m·K）；

D_n——管道内径，m；

D_w——管道最外层外径，m；

D_i——管道上第 i 层（管壁、防护层、绝缘层等）的外径，m；

D——确定总传热系数的等效计算管径，m。

通常，当 $\alpha_1\gg\alpha_2$ 时，D 取外径；当 $\alpha_1\approx\alpha_2$ 时，D 取平均值，即内外径和的一半；当 $\alpha_1\ll\alpha_2$，D 取内径。

对于较大直径的管道，可近似认为：

$$\frac{1}{K}=\frac{1}{\alpha_1}+\sum_{1}^{N}\frac{\delta_i}{\lambda_i}+\frac{1}{\alpha_2} \quad （2-38）$$

式中　δ_i——第 i 层管壁、防护层、绝缘层等的厚度，m。

管壁导热包括钢管、沥青绝缘层、防护层、保温层等的导热。钢材的导热能力很强，其导热系数达 46.50W/（m·K），故可忽略钢管壁的热阻。

气体至管内壁的放热系数可按下式计算：

$$\alpha_1=\frac{Nu\cdot\lambda}{D_1}=\frac{0.021Re^{0.8}Pr^{0.43}}{D_1} \quad （2-39）$$

$$Pr=\frac{\mu c_p}{\lambda}$$

式中　Nu——努谢尔特准数；

λ——气体导热系数，W/（m·K）；

Re——雷诺数；

Pr——普朗特数；

μ——气体的动力黏度，Pa·s；

c_p——气体比定压热容，J/（kg·K）。

传热学中将埋地管路的稳定传热过程简化为半无限大均匀介质中连续作用的线热源的热传导问题，并假设起始的均匀的土壤温度以及后来任一时刻土壤的表面温度都是 T_0，土壤至空气的放热系数趋近于无穷大。

在上述假设的基础上，可得管壁至土壤的表面传热系数 α_2 的计算公式为：

$$\alpha_2 = \frac{2\lambda_{t}}{D_{w} \ln\left[\frac{2h_{t}}{D_{w}} + \sqrt{\left(\frac{2h_{t}}{D_{w}}\right)^2 - 1}\right]} \qquad (2-40)$$

式中　h_{t}——管道中心埋深，m；

$\quad\quad\lambda_{t}$——土壤的导热系数，W/（m·K）。

2. 液相 CO_2 管道工艺计算

1）管输水力学计算

液态输送管道的水力计算与输油管道相类似，其压力能的消耗主要包括两个部分：其一是用于克服地形高差所需的位能；其二是克服 CO_2 液体沿管路流动过程中的摩擦及撞击产生的能量损失，因此管道的总压降中既包括摩阻损失，还要考虑起点至终点的高程差，其基础计算式如下：

$$H = h_{l} + \sum_{1}^{n} h_{mi} + \left(Z_{Z} - Z_{Q}\right) \qquad (2-41)$$

式中　$Z_{Z}-Z_{Q}$——管道终点与起点的高程差，m；

$\quad\quad h_{l}$——管道沿程摩阻损失，m；

$\quad\quad h_{mi}$——各站的站内摩阻之和，m。

对于 CO_2 液态输送管道，最经济的流态是在水力光滑区，因此摩阻损失可由列宾宗公式计算：

$$h_{l} = \beta\xi \frac{Q^{2-m} \cdot v_{L}{}^{m}}{d^{5-m}} \cdot L \qquad (2-42)$$

式中　Q——管路中流体的体积流量，m³/s；

$\quad\quad v_{L}$——流体的运动黏度，m²/s；

$\quad\quad d$——管道内径，m；

$\quad\quad L$——管线长度，m；

$\quad\quad m$，β，ξ——中间常数，取值见表 2-1。

表 2-1　列宾宗公式参数取值

流态		m	β	ξ
层流		1	4.15	1
紊流	水力光滑区	0.25	0.0246	1
	混合摩擦区	0.123	0.0802A	$\xi = A = 10^{0.127\lg(e/d)-0.627}$
	粗糙区	0	0.0826λ	$\xi = \lambda = 0.11(e/d)^{0.25}$

注：A 为无量纲中间参数；e 为管道粗糙度，m；d 为管道内径，m；λ 为水力摩阻系数。

在计算黏度时，根据本文之前对液态 CO_2 黏度的讨论可知，在液相管道管输压力变化范围内，介质黏度的变化很小，可认为其不随压力变化而改变。且 CO_2 的黏温曲线也很平缓，可用平均温度下的黏度作为整条管线的计算黏度值。对于长输管道，通常来说，局部摩阻只占管道总摩阻损失的很小一部分，所以在设计中按照经验可以取 1%～5%。

2）液相管道热力计算

对液态输送管道进行热力计算，同样是为判断管内是否存在相态的变化。在计算管道沿线温降时，采用下式：

$$T_x = \left(T_0 + b\right) - \left[\left(T_0 + b\right) + T_R\right]\mathrm{e}^{-ax} \tag{2-43}$$

$$a = \frac{K\pi D}{Q_m c_p} \tag{2-44}$$

$$b = \frac{g s_x Q_m}{K\pi D} \tag{2-45}$$

式中　T_x——距计算起点 x 处的流体温度，K；

　　　K——管道总传热系数，W/（$m^2 \cdot$ K）；

　　　Q_m——流体质量流量，kg/s；

　　　c_p——平均温度下 CO_2 的比定压热容，J/（kg·K）；

　　　D——管道外径，m；

　　　s_x——流体水力坡降；

　　　g——重力加速度，m/s^2；

　　　T_0——周围介质温度（其中的埋地管道取管中心埋深处自然地温），K；

　　　T_R——管道起点处的流体温度，K；

　　　x——管道降温输送的距离，m。

3. 超临界 CO_2 管道设计计算

1）超临界管道水力计算

以超临界状态输送的 CO_2 始终保持在致密的蒸汽状态，其密度接近于液体，黏度却与气体相近。超临界管道水力计算的方法、管道的摩阻损失同样使用达西公式。美国天然气协会 10# 报告中列举了超临界状态下 CO_2 管道水力计算公式，其中的许多参数是根据中间计算过程计算得出的，另有部分参数是经验值。利用该公式计算超临界 CO_2 流体时，特别需要注意 CO_2 的超压缩性以及温度、高差的影响。

$$Q_m = 0.089\frac{T_B}{p_B}\sqrt{\frac{1}{F}} \cdot \psi^{0.5} D^{2.5} \tag{2-46}$$

$$\psi = \frac{0.021\left(p_{1A}^2 - p_{2A}^2\right) - 1.033 \times 10^{-7}\rho\left(H_2 - H_1\right)\dfrac{p_{3A}^2}{ZT_{3A}}}{\rho T_{3A} Z} \tag{2-47}$$

$$p_{3A} = \frac{2\left(p_{1A}^3 - p_{2A}^3\right)}{3\left(p_{1A}^2 - p_{2A}^2\right)} \tag{2-48}$$

$$T_{3A} = \frac{T_{1A} + T_{2A}}{2} \tag{2-49}$$

式中 Q——超临界流体标准状态下的流量，m^3/d；

T_B——基本温度，K；

p_B——基本压力，kPa；

F——阻尼系数，据经验取 0.95；

p_{1A}，p_{2A}——管道计算段的起点和终点压力，kPa；

ρ——超临界流体标准状态下的密度，kg/m^3；

H_1，H_2——计算段起点和终点标高，m；

p_{3A}——计算段平均压力，kPa；

T_{3A}——计算段平均温度，K；

Z——流体的压缩因数；

L——计算段长度，km；

D——管道内径，mm；

T_1，T_2——管道计算段的起点和终点温度，℉。

2）超临界管道热力计算

美国天然气协会推荐的超临界管道温降计算公式为：

$$J_1 = J_T\left(p_1 - p_2\right) \tag{2-50}$$

$$J = \frac{-0.621J_1}{L} \tag{2-51}$$

$$\alpha = \frac{\pi DU}{12Q_m c_p} \tag{2-52}$$

$$T_2 = \frac{\left(T_1 - T_G - \dfrac{J}{\alpha}\right)}{e^{5280\alpha L}} + T_G + \frac{J}{\alpha} \tag{2-53}$$

式中 J_1——焦耳－汤姆逊温降，℉；

J_T——焦耳－汤姆逊系数，℉/psi；

p_1，p_2——计算段起点和终点压力，psi（表）（1psi=6.895kPa）；

J——每千米管道焦耳－汤姆逊温降（表），℉/km；

U——管道总传热系数，$Btu/\left(ft^2 \cdot h \cdot ℉\right)$ $\left[1W/\left(m^2 \cdot ℃\right)=4.8919 \times 10^{-4}Btu/\left(ft^2 \cdot h \cdot ℉\right)\right]$；

Q_m——流体质量流量，lb/h $\left[1kg/h=4.4092\left(lb/h\right)\right]$；

c_p——流体比热容，$Btu/\left(lb \cdot ℉\right)$ $\left[1J/\left(g \cdot ℃\right)=0.2389Btu/\left(lb \cdot ℉\right)\right]$；

T_G——土壤平均温度，°F。

大部分 CO_2 管道工程的首站流体均为含有饱和水的 CO_2，因此，其工艺计算最重要的是 CO_2 流的脱水计算。首站脱水均采用多级脱水方式，可用 ASPENHYSIS 进行首站脱水、压缩、空冷工艺的模拟计算。

由于在临界点附近 CO_2 热物理参数随温度的变化非常剧烈，尤其是在准临界点附近（在给定压力下，比热达到最大值时所对应的温度），如图 2-1 和图 2-2 所示，在设计超临界输送管道时，应该尽量避免管道在准临界点附近运行。

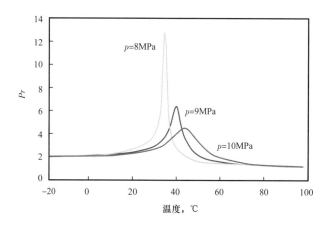

图 2-1 超临界压力下普朗特数随温度的变化情况

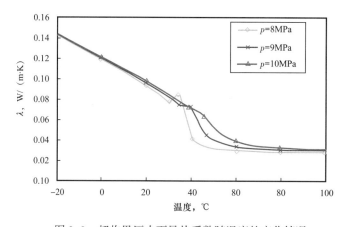

图 2-2 超临界压力下导热系数随温度的变化情况

由于超临界状态的特殊性，其内壁放热系数 α_1 中的各项准数在计算中有较大变动。总结前人提出的相关经验公式的基础上，对水平管道内超临界 CO_2 的传热进行了实验测定，并对其换热相关的准数关联式进行了结果对比和评价，得出了当压力在 $7.4\sim8.5$ MPa 之间，CO_2 温度在 $22\sim53$℃，质量流速为 $113.7\sim418.6$ kg/（$m^2 \cdot s$），表面热通量在 $0.8\sim9$ kW/m^2 时，小管径水平管中超临界 CO_2 的努谢尔特数计算式为：

$$Nu = 0.022186 Re_y^{0.8} Pr_y^{0.3} \left(\frac{\rho_y}{\rho_b}\right)^{-1.4652} \left(\frac{c_p}{c_{p,b}}\right)^{0.0832} \qquad (2-54)$$

$$\overline{c}_p = \frac{h_y - h_b}{T_y - T_b} \tag{2-55}$$

式中，角标 y 表示各参数取自流体的平均温度，角标 b 表示各参数取自管壁的平均温度。

　　总的来说，超临界 CO_2 的热力计算是复杂的，式（2-54）的适用条件也较苛刻，若管径较大或管道需经过起伏较大的地区，计算的精度就不能保证。由于在实际计算时，紊流状态下 α_1 对总传热系数的影响很小，所以可以忽略。同样，钢管壁导热热阻很小，也可忽略不计。由图 2-1 和图 2-2 可知，普朗特数和导热系数在准临界温度附近变化十分剧烈，而当压力在 10.0MPa 以上时，物性变化则趋于缓和。实际上，即使压力在 10.0MPa 以上，以现有公式对管外壁放热系数 α_2 进行计算仍然存在较大误差。在设计时常采用反算法确定管道的总传热系数 K，即将已投产热油管道稳定运行工况下的参数反带回温降公式，求出 K 值。对计算出的 K 值进行分析和归纳，总结出不同环境条件下 K 的取值范围。设计新管道的时候，只需从取值范围中任取一个数，并做适当加大即可。对于超临界 CO_2 输送管道而言，也可在大量的实践中总结出适用的数值。

　　3）超临界管道设计的建议

　　超临界 CO_2 管道设计中必须严格控制管输 CO_2 的含水量。在有水存在的条件下，CO_2 管道会被腐蚀，且可能形成水合物，或其他堵塞与后续影响，从而影响系统运行的安全性，水含量应低于 $0.3g/m^3$。CO_2 能使某些以石油为基础合成润滑剂变硬并失效，在压缩机润滑剂的选用上应避免。超临界 CO_2 会破坏人造橡胶密封材料，因此，规定用高硬度（>90）的人造橡胶来密封。干 CO_2 的润滑性质非常差，压缩机需要特别设计。在超临界状态下输送 CO_2 会加剧管道裂缝的延伸，注意采取相应设计措施进行防范，如增大材料的刻痕韧性、减小管道的操作压力，或采用机械的裂缝扩展控制等。

　　由于我国尚无超临界 CO_2 长输管道设计与建设经验，目前只是根据国外 CO_2 输送管道的设计及运行经验，给出了管道设计的一些具体做法。CO_2 管道设计必须考虑其相态变化，相态控制是管道设计的重要内容之一。CO_2 管道站场工艺系统设计应根据 CO_2 的含水量考虑脱水工艺，脱水工艺与 CO_2 的压缩工艺相结合形成一个系统。

4. 超临界—密相 CO_2 管道设计

　　根据国外 40 多年的 CO_2 管道输送经验，超临界—密相 CO_2 具有类似于液体的高密度和类似于气体的高扩散性与低黏度（图 2-3），被认为是最经济的管道输送方式。当前超临界—密相 CO_2 管道运输是影响 CCUS 工程项目开展实施的关键环节，在我国超临界—密相 CO_2 管道输送目前还处于起步阶段，但其主控因素单一明确，研究基础和工艺技术并不复杂，比较容易实现。随着我国 CCUS 走向规模化和商业化，超临界—密相 CO_2 输送管道的建设将是一个必然的选择。采用模拟软件对不同管径的超临界—密相 CO_2 管道在相同入口参数下进行模拟计算，分析研究不同管径下的管道压力、温度、密度与输送距离之间的变化规律，得出含杂质超临界—密相 CO_2 管道最优化的输送工艺参数，为我国 CCUS 项目推广和发展提供理论依据。

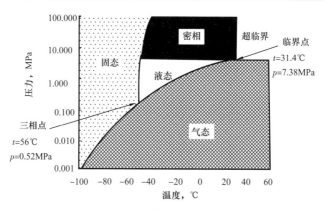

图 2-3　纯 CO_2 相态图

参 考 文 献

［1］李士伦，郭平，戴磊，等. 发展注气提高采收率技术［J］.西南石油学院学报，2000，22（3）：41-45.

［2］韩大匡，陈钦雷.油藏数值模拟基础［M］.北京：石油工业出版社，1993.

［3］王高峰，胡永乐.低渗透油藏气驱产量预测新方法［J］.科学技术与工程，2013，13（30）：8905-8911.

［4］王高峰，秦积舜，孙伟善.碳捕集、利用与封存案例分析及产业发展建议［M］.北京：化学工业出版社，2020.

［5］史建公，刘志坚，赵良英.二氧化碳有机胺吸收剂研究进展［J］.中外能源，2014，19（9）：16-25.

［6］赵运生.化肥厂脱碳操作中腐蚀问题的探讨［J］.气体净化，2008，8（3）：19-20.

［7］金秀明.煤化工行业中的低温甲醇洗技术［J］.气体净化，2018，18（3）：16-19.

［8］刘书群，王龙龙，刘理华.二氧化碳捕集技术研究进展［J］.广州化工，2014，42（2）：10-12.

［9］闵剑，加璐.我国碳捕集与封存技术应用前景分析［J］.石油石化节能与减排，2011，1（2）：21-27.

［10］Dean J A.兰氏化学手册［M］.2 版.魏俊发，译.北京：科学出版社，2003.

［11］安龙山，汪黎东，于松花.相变溶剂捕集 CO_2 记述的研究进展［J］.化工环保，2017，37（1）：31-37.

［12］陈兵，巨熔冰，白世星，等.含杂质超临界—密相 CO_2 管道输送工艺参数优化［J］.石油与天然气化工，2018，47（4）：101-108.

［13］陈陆诗建，张金鑫，高丽娟，等.不同管径和温压条件下的 CO_2 管道输送特性［J］.油气储运，2018，38（2）：151-158.

［14］李玉星，刘梦诗，张建，等.气体杂质对 CO_2 管道输送系统安全的影响［J］.天然气工业，2014，34（1）：108-113.

［15］鲁岑.CO_2 管道输送规律及运行参数［J］.油气储运，2015，34（5）：493-496.

［16］刘建武.二氧化碳输送管道工程设计的关键问题［J］.油气储运，2014，33（4）：369-373.

［17］李玉星，滕霖，王武昌，等.不同相态管输 CO_2 的节流放空实验［J］.天然气工业，2016，36（10）：126-136.

［18］郑建国，陈国群，艾慕阳，等.大型天然气管网动态仿真研究与实现［J］.计算机仿真,2012,29（7）：

354–357.

［19］张月静，张文伟，王彦，等.CO$_2$长输管道设计的相关问题［J］.计算机仿真，2014，33（4）：364–368.

［20］王楚琦，蒋洪，任琳，等.超临界二氧化碳的管道输送工艺［J］.油气田地面工程，2013，32（2）：48–49.

［21］廖清云，史博会，杨蒙，等.CO$_2$驱配套地面工艺技术研究现状［J］.油气田地面工程，2020，39（6）：1–9.

［22］龙安厚，狄向东，孙瑞艳，等.超临界二氧化碳管道输送参数的影响因素［J］.油气储运，2013，32（1）：15–19.

［23］叶建，杨精伟.液态二氧化碳输送管道的设计要点［J］.油气田地面工程，2010，29（4）：37–38.

［24］吴暇，李长俊，贾文龙.二氧化碳的管道输送工艺［J］.油气田地面工程，2010，29（9）：52–53.

第三章　关键技术与方法

国际上 CO_2 驱油技术是相当成熟的，从捕集到驱油利用的全流程都非常配套完善。我国借鉴了欧美的成功经验，并考虑了国情和油藏特点，发展和形成了多项 CCUS-EOR 的关键技术。

本章主要阐述了气驱关键生产指标预测油藏工程方法、主流的碳捕集技术、二氧化碳驱注采技术和地面工艺技术等 CCUS-EOR 主体技术。

第一节　气驱生产指标预测方法

我国气驱试验项目已有上百个，二氧化碳驱油开发试验项目也有数十个，气驱生产动态认识非常丰富。从理论高度理解气驱实践中出现的现象，找到气驱开发普遍规律，是气驱油藏工程研究主要任务。获取气驱生产指标的过程需开展油藏工程研究。油藏工程三级学科包括油藏数值模拟、油藏工程方法和试井分析三个研究方向；只有数值模拟技术和油藏工程方法可用于预测气驱开发生产指标。本节分析了气驱数值模拟的可靠性，着重介绍了几个关键气驱生产指标预测油藏工程方法[1-10]。

一、气驱油藏数值模拟可靠性

长久以来，气驱过程的复杂性使人们采用多组分气驱数值模拟技术预测气驱生产指标，数值模拟成为目前国内进行气驱油藏工程研究的主要手段。但多年来的工作经验表明，我国低渗透油藏气驱数模预测结果与实际不符问题突出。

从渗流力学方程组出发，对气驱数值模拟可靠性作出分析。数值计算的每一步需要用到相对渗透率曲线、油藏参数、相态参数这 3 类参数，以及 1 种渗流力学数学模型，那么结果的可靠性就取决于 4 种因素。与之对应，多组分气驱数值模拟技术融合了体现三维地质建模技术、注入气 / 地层油相态表征技术、油 / 气 / 水三相相对渗透率测定技术、多相多组分气驱渗流力学数学描述 4 项内容。

三维地质模型对于真实储层的反映程度对数值模拟结果有很大影响，测井解释模型和沉积相概念模式的可靠性决定了地质模型的可靠性，低渗透油藏测井解释模型符合率往往不高，势必影响所建立的地质模型对真实储层展布的反映。预测地质体展布的数学地质方法本身也有一定的不可靠性，并且基本上都是国外学者开发的方法，包括对关键参数的取值和砂体展布倾向性的处理，更加适合国外海相沉积油藏的储层预测。综合起来，我国陆相低渗透油藏地质模型对原型储层的反映程度按 70% 估计。

注入气 / 地层油及其混合物的相态表征依赖于状态方程的可靠性，取决于有限的实验结果和有限的地层流体样品；并且我们很少进行驱替过程流体取样并对状态方程进行二次标定。相应地，注入气和地层油各组分或者拟组分的状态方程参数和临界参数也不可能完全反映真实，基于状态方程的气液平衡计算结果经常在高压区出现失真问题。整体上，全压力域、全组成域相态计算的可靠性若能达到90%都是很理想的情况。

获得相对渗透率曲线的方法都有其局限性和片面性。比如实际油藏岩性和岩石表面的润湿性随着时间和空间都在很大的变化，进而影响油、气、水在岩石中的分布，任何方法不可能测定所有的可能性。实际气驱过程中，地层压力在变化、同一地点在不同时间的相态发生变化、各相流体组分组成都在变化，现有方法还无法体现这一点；此外，实际气驱过程中发生的流动是除了一般认识的油气水的流动，还会出现上油相／下油相／气／水／沥青5相流动，这是CO_2高压驱替的重要特征，目前还做不到如此复杂相对渗透率的测定。这个环节的可靠性可以按90%来估算。

对于气驱过程，油藏条件下的复杂相变导致会出现3相乃至4～5相流动，对于其中各种界面力之间的相互作用的描述方法，流固力场耦合方法、水—岩相互作用、吸附与解吸附过程描述、复杂的多相流动是否还服从连续流、线性流达西定律等都存在争议。气驱过程多相流数学模型本身取决于人们对客观世界的认识，还需进一步完善，这个环节的可靠性以按90%来估算。

显然，上述4个环节中的任何一个的发生都不依赖于其他任何一个或几个的组合；因此，上述4个环节是相互独立的。根据概率论，数值模拟结果正确的可能性应该等于上述4个环节描述的结果都正确的可能性之积；按照上文提出的4个环节描述结果正确的可能性，可以得到我国陆相低渗透油藏多组分气驱数值模拟预测结果正确的概率约为51%。王高峰在统计对比多个注气驱油项目后发现，低渗透油藏多相多组分数值模拟对气驱生产指标预测可靠性平均低于45%，主要原因就是上述4个独立的单项技术都存在程度不同的不确定性。

须指出，将数值模拟结果不可靠一概归因于数值模拟从业人员素质，或者推诿给现场实施没有遵守开发方案要求的做法，是极其不负责任的，也是不敢正视问题的态度。因为这样不但不能解决现场实际技术问题，也不利于气驱数值模拟在我国的进步，更不能推动油藏工程学科的良性发展。

二、气驱油藏工程方法体系的建立

由于气驱油藏数值模拟技术自身存在的上述问题，王高峰在基于油藏数值模拟编制了几个二氧化碳驱开发方案并跟踪对比注气矿场试验效果后，转向了油藏工程方法研究，历时10年终于建立了一套用于气驱生产指标可靠预测的实用油藏工程方法体系。

气驱油藏工程研究须要对油藏原始产状、注气前油藏开发特征，以及井网井型等有充分的认识。至于低渗透油藏气驱油藏工程研究更要明确气驱提高采收率机理，并对注气提高采收率的主要机理作出论证，以抓住主要矛盾或问题主要方面，这是开展研究的基本前提。在此基础上，研究低渗透油藏气驱产量或气驱采油速度、低渗透油藏气驱采收率、气驱综合含水及最大下降幅度、气驱油藏见气见效时间、高压气驱"油墙"几何规模与气驱稳产年限、气驱"油墙"物理性质与生产井的合理流压、气驱的经济合理井网密度与经济极限井网密度、适合CO_2驱低渗透油藏潜力评价与筛选方法、气驱全生命周期的注采比、单井日注气量、注入压力和井筒流动剖面、水气交替注入合理段塞比等关键注气工程参数。

这些参数的预测是气驱开发方案设计必须的，要以系统完整的低渗透油藏气驱开发理论方法为依据才能计算得到，以快速编制可靠的注气开发方案（基于气驱油藏工程方法的注气开发方案编制时间约需 2～3 周，而基于数值模拟技术的则需要 2～3 个月）。目前，已建立了成套的气驱生产全指标预测油藏工程方法体系，为气驱生产指标预测提供了有别于数值模拟技术的新途径。由于本书并非是气驱油藏工程方法专著，撷取若干气驱生产指标的预测方法进行重点介绍或说明。

1. 低渗透油藏气驱产量预测方法

在油藏注气过程中，相态变化和多相渗流耦合，气驱复杂性使人们对其生产动态的认识一直处于经验感知阶段。美国工程院院士 Larry Lake 的预测气驱产量预测方法无法从理论推导得到，开发时间节点确定方法相当烦琐，峰值产量的确定需要预知气驱采收率，适用于进行后评估，若用于预测需联合其他方法；加拿大 Koorosh Asghari & Janelle Nagrampa 等学者关联的预测 Weyburn 油田短期平均气驱产量经验关系不能描述产量随时间的变化，且该经验式仅适用于同 Weyburn 油田开发历程和性质都接近的油藏；具有明确物理意义的气驱产量预测油藏工程理论方法尚未见报道。为增加注气方案可靠性，从油藏工程基本原理出发，推导出气驱产量变化规律；提出气驱增产倍数及其工程计算方法，并以国内外多个注气实例验证理论可靠性。

1）理论推导

将转驱时油藏视为新油藏。将气驱波及体积与水驱波及体积之比称为气驱波及体积修正因子，根据"采收率等于驱油效率和体积波及系数的乘积"这一油藏工程基本原理，可得气驱阶段采收率计算式：

$$E_{Rg} = \eta \frac{S_o}{S_{oi}} \frac{E_{Dg}}{E_{Dw}} E_{Rwn} \tag{3-1}$$

式中 E_{Rg}——基于原始地质储量的气驱采收率；

         E_{Rwn}——基于转驱时剩余地质储量的水驱采收率；

         S_{oi}，S_o——原始与驱时平均含油饱和度；

         E_{Dg} 和 E_{Dw}——转驱时气和水的驱油效率（基于原始含油饱和度），%；

         η——气驱波及体积修正因子。

下面考察评价期内采出程度变化情况。根据岩心驱替实验成果，转驱时气和水的驱油效率显然可视为定值，气驱波及体积修正因子 η 亦视作常数。因采收率是由采出程度增长而来，将采收率指标视为变量，式（3-1）对时间求导数有：

$$\frac{dE_{Rg}}{dt} = \eta \frac{S_o}{S_{oi}} \frac{E_{Dg}}{E_{Dw}} \frac{dE_{Rwn}}{dt} \tag{3-2}$$

任意 t 时刻气驱采出程度的增量显然可写作：

$$dR_g = R_{vg} dt = dE_{Rg}(G_i) \tag{3-3}$$

任意 t 时刻水驱采出程度的增量可写作：

$$\mathrm{d}R_{\mathrm{wn}} = R_{\mathrm{vwn}}\mathrm{d}t = \mathrm{d}E_{\mathrm{wn}}\left(G_i\right) \tag{3-4}$$

式中　R_{g}——基于原始地质储量气驱采出程度；

　　　　R_{wn}——基于转驱时剩余地质储量的水驱采出程度；

　　　　R_{vg}——基于原始地质储量气驱采油速度；

　　　　R_{vwn}——基于转驱时剩余地质储量的水驱采油速度。

联立式（3–3）和式（3–4），得：

$$R_{\mathrm{vg}} = \eta \frac{S_{\mathrm{o}}}{S_{\mathrm{oi}}} \frac{E_{\mathrm{Dg}}}{E_{\mathrm{Dw}}} R_{\mathrm{Rwn}} \tag{3-5}$$

式（3–5）两端同乘以原始地质储量 $V_{\mathrm{p}}S_{\mathrm{oi}}$，有：

$$R_{\mathrm{vg}} V_{\mathrm{p}} S_{\mathrm{oi}} = \eta \frac{S_{\mathrm{o}}}{S_{\mathrm{oi}}} \frac{E_{\mathrm{Dg}}}{E_{\mathrm{Dw}}} R_{\mathrm{Rwn}} V_{\mathrm{p}} S_{\mathrm{oi}} \tag{3-6}$$

根据前述采油速度的含义，由式（3–6）可得到：

$$Q_{\mathrm{og}} = \eta \frac{E_{\mathrm{Dg}}}{E_{\mathrm{Dw}}} Q_{\mathrm{ow}} \tag{3-7}$$

式中　V_{p}——油藏孔隙体积，m^3；

　　　　Q_{og}——t 时刻气驱产量水平，m^3/d；

　　　　Q_{ow}——同期的水驱产量水平，m^3/d。

须指出，"同期的水驱产量"为假设油藏不注气而继续注水时油藏整体产量，可由水驱递减规律预测得到。

这里气驱增产倍数 F_{gw} 的定义是气驱产量水平与同期水驱产量水平的比值：

$$F_{\mathrm{gw}} = \frac{Q_{\mathrm{og}}}{Q_{\mathrm{ow}}} = \eta \frac{E_{\mathrm{Dg}}}{E_{\mathrm{Dw}}} \tag{3-8}$$

式（3–8）对时间取导数可得气驱产量绝对递减率：

$$\frac{Q_{\mathrm{og}}}{\mathrm{d}t} = F_{\mathrm{gw}} \cdot \frac{Q_{\mathrm{ow}}}{\mathrm{d}t} \tag{3-9}$$

式（3–8）和式（3–9）实质为评价期内气驱产量和水驱产量的一一对应关系：低渗透油藏气驱产量与同期的水驱产量之比为恒定值，且此值为气驱增产倍数，联合气驱增产倍数和水驱递减规律可在理论上把握气驱产量。水驱产量是长期摸索确定的合理值，气驱增产倍数为固定值，气驱产量可被唯一确定，水驱开发经验为气驱所借鉴。由式（3–9）知，当气驱增产倍数大于 1.0 时，比如混相驱产量绝对递减率将高于水驱情形，这解释了为什么绝大多数混相驱产量曲线比水驱产量曲线陡峭即递减快。

2）气驱增产倍数计算

（1）气驱波及体积修正因子取值。

由于驱油效率室内可测，若获知气驱波及体积修正因子，便可按照式（3-8）求算气驱增产倍数。气驱波及体积修正因子受重力分异、黏性指进和扩散作用影响，在此简要评述各个因素在油藏注气开发过程中所能起的作用。

① 浮力与毛细管力的对比。压汞曲线上"阈压"的存在表明多孔介质中非湿相驱替润湿相必须克服一定的启动压力，阈压用毛细管压力计算；气体作为非湿相上浮也是驱替行为，也须克服阈压。以油气接触弯月面为底面选择厚度为 dh 油相微元为研究对象。此微元原处于静水平衡态，当存在游离气时，微元在垂向上所受合力为下部气柱上浮形成的推力与毛细管力之差。国内低渗油层内单砂体有效厚度通常在 1.0m 左右，则微元下部单位长度气柱受到向上合力为浮力与自身重力之差，即有效浮力；作用于油相微元的垂向合力则为有效浮力与毛细管力之差。油气共存时，储层岩石为油湿，接触角小于 75°，现取 60°；以非混相 CO_2 驱为例，地下油气密度差取 210kg/m^3；油气界面张力通常小于 15.0mN/m，CO_2 非混相驱界面张力取值 6.0mN/m。浮力应用阿基米德原理计算，毛细管力应用 Laplace 公式计算，发现只有当孔喉半径超过 3.0μm，即储层为中高渗时，有效浮力才大于毛细管力，气体方能克服阈压推动油气界面上移。气体方能克服阈压推动油气界面上移。故在低渗介质中气顶无法仅靠浮力自然形成，这应是少见带气顶低渗透油藏的一个原因。

② 浮力与生产压差的对比。将进入油相的气泡分为若干高为 dh 的立方体微元。每个微元分担的有效浮力 $\Delta F_v = (\rho_o - \rho_g) g (dh)^3$，其中：$\rho_o$ 和 ρ_g 分别为油和气的密度，kg/m^3；g 为重力加速度，m/s^2；气泡在水平方向随油相一起运动，微元所受水平合力 $\Delta F_h = \mathrm{grad}p \cdot dh(dh)^2$，$\mathrm{grad}p$ 为注采压差梯度，MPa/m；则纵横力比 $\Delta F_v/\Delta F_h = (\rho_o - \rho_g) g/\mathrm{grad}p$。结合油田开发实际情况计算知注采压差梯度通常大于 0.02MPa/m，有效浮力梯度不足注采压差梯度 6%。因此，重力分异无法形成对生产有现实意义的驱替。开发地质专家薛培华教授统计分析喇嘛甸油田 11 口检查井资料提出"交互韵律式"剩余油分布模式，即未水洗层与水洗层多呈间互状分布，且水洗剖面韵律性与物性剖面韵律性一致，这也证明重力分异在油田开发中作用很小，更不存在依靠重力作用开发的低渗透油藏。

③ 垂向与水平渗透率之比。一般地，碎屑岩油藏物性越差，垂向与水平渗透率之比越小。对于特低渗透储层，垂向与水平渗透率之比通常在 0.01~0.1 之间，同样压力梯度下的垂向流速不足水平速度的 1/10；对于一般低渗透储层，此比值通常在 0.05~0.30 之间，同样压力梯度下的垂向流速不足水平速度的 1/3。

④ 小层内夹层的作用。渗透性极差的物性夹层或泥质夹层在低渗储层内是普遍存在的，构成流体上浮或下沉的天然地质遮挡，进一步限制重力分异对纵向波及系数的改变。

⑤ 气体蒸发萃取作用。油藏条件下，注入气不断蒸发萃取原油组分使自身被富化。实测和模拟计算知道气驱前缘附近气相黏度在 0.1mPa·s 附近，与地层水黏度为同一数量级（水黏度是前缘气相黏度的 3~6 倍），削弱了气体黏性指进对于波及体积修正因子的影响。

⑥ 水气交替注入的作用。水气交替注入是改善气驱效果的主体技术。水气交替可抑制黏性指进和控制气窜，扩大波及体积；气驱实践中多轮次的水气交替注入（交替周期一般为 2~4 个月）将使气驱波及体积与水驱趋同，气驱波及体积修正因子趋于 1.0。

⑦ 气相扩散作用。在漫长的成藏过程中，时间累积效应大，很多学者都认识到扩散作

用是地下天然气运移的一个普遍过程；但在油田开发这几十年内，扩散作用甚小。在油藏条件下测量 CO_2 在原油中的扩散系数及数值模拟研究均认为扩散作用对于孔隙型油藏注气开发的影响微不足道。

⑧ 气驱油藏物性下限。通常认为低渗透油藏实施注气能改善驱替剖面，矿场确有吸气剖面为证。但气体在微孔喉差油层中能运移多远并无结论。近年来，在吉林红岗和大庆宋芳屯两个超低渗区块（渗透率小于 1.0mD）的注气工作表明，物性过差油藏靠注气实现经济有效开发仍有极大困难。此外，在低渗油藏开发地质研究中，水驱的渗透率下限常取 0.1mD，此下限之下的储量占总地质储量比例甚小。即便这些极差储量有所动用，对采收率的贡献也非常小。

⑨ 对 GAGD 和 SAGD 的理解。在国内通常把它们翻译成重力气驱和蒸汽辅助重力驱，并不科学。因为 GAGD 原文是 Gas Assisted Gravity Drainage，即气驱被重力所辅助的驱替，而 SAGD 原文是 Steam Assisted Gravity Drainage，即蒸汽驱被重力所辅助的驱替。由于国外对辅助一词用的是被动语态，即 Assisted 在 Gas 和 Steam 之后，说明其本意是，气体/蒸汽注入的力是主要的，而重力作用是辅助的。应用外来语汇时，须完整而准确理解其本意。

⑩ 低渗油藏普遍油水同层。开发实践中发现，低渗透油藏往往一投产即含水，地层水普遍可动。在漫长的成藏过程中，油水都没能够实现分离，并无出现小层内上油下水的流体分布格局。

⑪ 岩心库没有落油一地。岩心库里的大量岩心长久地暴露于空气中，如果重力真的能够发生作用而启动驱替岩心里饱含的原油，岩心盒或岩心库地面上应该是洒落一地原油。事实上，并没有出现这种情况。即使创造油藏温度环境，也不会有此情况。

总之，重力分异和扩散作用不会对低渗透油层注气产生有现实意义的影响，注入气体黏性指进则被相态变化和水动力学调控等因素削弱，多轮次水气交替注入使气驱波及体积趋于水驱情形，这便是低渗透油藏气驱波及体积修正因子接近 1.0 的原因。另须指出，上述论证仅为气驱增产倍数的工程计算提供依据，而不是为了证明气驱和水驱波及体积完全相等。

（2）气驱增产倍数计算公式。

为便于应用，转驱时的驱油效率须与初始驱油效率（指油藏未动用时）和转驱时水驱采出程度相关联。驱油效率属微观层面上的概念，其近似值由岩心驱替实验给出（严格讲，岩心驱替中仍有波及体积概念）；多轮次水气交替注入又会消除注气时机对于残余油饱和度的影响，并且实验发现气驱残余油饱和度与交替注入的水气段塞比无关，故气驱残余油饱和度可视为定值。依据驱油效率定义得：

$$E_{Dg} = \frac{S_{oi}E_{Dgi} - S_{oi}R_{ews}}{S_{oi}} \tag{3-10}$$

根据水驱油效率的定义有：

$$E_{Dw} = \frac{S_{oi}E_{Dwi} - S_{oi}R_{ews}}{S_{oi}} \tag{3-11}$$

将式（3-10）、式（3-11）带入式（3-8），并将气驱波及体积修正因子 η 取值为 1.0 可得：

$$F_{\text{gw}} = \eta \frac{E_{\text{Dgi}} - R_{\text{ews}}}{E_{\text{Dwi}} - R_{\text{ews}}} \approx \frac{E_{\text{Dgi}} - R_{\text{ews}}}{E_{\text{Dwi}} - R_{\text{ews}}} \qquad （3-12）$$

式中　E_{Dgi}，E_{Dw}——气和水的初始驱油效率；

　　　R_{ews}——转驱时基于原始地质储量的波及区水驱采出程度。

由于采出原油仅来自注水波及区域，故波及区采出程度高于油层整体采出程度。关于波及区域的确定存在两种观点：一种认为波及系数为采收率与驱油效率之比，即实际波及系数严格等于理论波及系数；另一种则认为波及系数接近 1.0，此观点来自对油藏实际加密效果的分析。加密井含水率往往低于老井，却远高于油藏初始含水，并且具有初始产状的加密井比例极低，很难准确预测和钻遇。这表明剩余油分布并没有呈现大面积未动用或高度富集状态，波及区面积接近整个油层。

可见，上述观点都有理论和实验或油田开发实践方面的证据。综合这两种观点，应认为实际波及区域高于理论波及区域，并且波及区域不同位置动用程度存在差别。据此，可将实际波及系数表示为理论波及系数和剩余波及系数的加权平均：

$$E_{\text{V}} = E_{\text{V0}} + \omega (1 - E_{\text{V0}}) \qquad （3-13）$$

式中　E_{V}——实际波及系数；

　　　E_{V0}——理论波及系数；

　　　ω——权值，$0 < \omega < 1.0$。

权值 ω 反映了理论波及区域之外的储量动用程度，主要由注采参数变化对地下流场的水动力学调整引起（即液流方向改变），故其受控于储层物性级别和非均质性、井网砂体匹配程度以及油田开发时间等因素。开发时间越长，井网与砂体越匹配，注采参数变化的时间累积作用越大，ω 越大；另外，权值 ω 也反映了剩余油分布的均匀性，剩余油分布越均匀，ω 越大；对于采出程度很低的油藏和高采出程度的成熟油藏，剩余油分布总体上是均匀的，推荐 $\omega = 1.0$。

相应于式（3-13）中实际波及系数的波及区采出程度与油藏整体采出程度的关系可根据物质平衡得到：

$$R_{\text{ews}} = R_{\text{e0}} / E_{\text{V}} \qquad （3-14）$$

式中　R_{e0}——转驱时基于原始地质储量的油层整体采出程度，%。

理论波及系数等于基于原始地质储量的水驱采收率与初始水驱油效率之比：

$$E_{\text{V0}} = \frac{E_{\text{Rw}}}{E_{\text{Dwi}}} \qquad （3-15）$$

式中　E_{Rw}——转驱时基于原始地质储量的水驱采收率。

联立式（3-13）至式（3-15），得：

$$R_{\text{ews}} = \frac{R_{\text{e0}} E_{\text{Dwi}}}{E_{\text{Rw}} + \omega (E_{\text{Dwi}} - E_{\text{Rw}})} \qquad （3-16）$$

将式（3-16）代入式（3-12）得到：

$$F_{gw} = \frac{E_{Dgi} - \dfrac{R_{e0}E_{Dwi}}{E_{Rw} + \omega\left(E_{Dwi} - E_{Rw}\right)}}{E_{Dwi} - \dfrac{R_{e0}E_{Dwi}}{E_{Rw} + \omega\left(E_{Dwi} - E_{Rw}\right)}} \tag{3-17}$$

式（3-17）即为低渗透油藏气驱增产倍数计算式。将该式右端分子和分母同除以初始水驱油效率可以得到：

$$F_{gw} = \frac{R_1 - R_2}{1 - R_2} \tag{3-18}$$

其中，$R_1 = E_{Dgi}/E_{Dwi}$，即气和水初始驱油效率之比；$R_2 = R_{e0}/\left[E_{Rw} + \omega\left(E_{Dwi} - E_{Rw}\right)\right]$，可称之为广义可采储量采出程度。所以，气驱增产倍数由这两个比值唯一确定。

根据式（3-18）绘制了气驱增产倍数实用查询图版（图3-1）。图版横坐标为转驱时的广义可采储量采出程度 R_2；同一曲线上的数据点具有相同的初始驱油效率之比 R_1。可见，随着采出程度增加，气驱增产倍数呈快速增长趋势，这与实际气驱动态一致。国内大多数水驱开发油藏 R_2 值都低于 0.9，R_1 值通常在 1.5 附近，由式（3-18）可知，不应期待注气后油藏整体产量会超过注气前水驱产量的 3.5 倍。

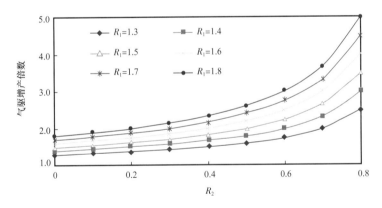

图3-1 气驱增产倍数查询图版

3）应用举例

（1）气驱油藏早期配产。

配产是油田开发设计的中心问题。结合多年来参与注气方案设计和跟踪注气动态的经验，统计了国内外 18 个成功的 CO_2 驱与烃气驱项目的产量变化情况，并应用气驱增产倍数计算式（3-17）和式（3-8）研究了这些注气项目的早期配产问题。将式（3-8）中气驱产量定义为注气后产量峰值附近一年内平均日产量，水驱产量则取为注气前一年内的平均日产量。注气实践表明，从开始注气到出现气驱产量峰值所需时间通常不超过两年，而大多数连续稳定注气项目所用时间为 6~8 个月，故此处忽略水驱产量递减因素，而直接用注气前水驱产量代替高峰期气驱产量对应的水驱产量（即同期水驱产量），简化计算。

首先应用式（3-17）计算出气驱增产倍数理论值（权值 ω 均取为 1.0）；再根据式（3-8）将气驱增产倍数理论值乘以注气前水驱产量得到气驱见效早期产量预测值，发现气驱产量预测值和实际值平均相对误差 6.90%（表 3-1）；然后将实际气驱产量除以水驱产量得到气驱增产倍数实际值，与其理论值对比得到平均相对误差 6.90%。这表明本文方法及其理论前提的有效性与合理性，也表明将低渗透油藏气驱波及体积修正因子作常数处理且取值为 1.0 的可行性。

表 3-1 中加拿大 Weyburn 油田，运行着全球上最著名的 CO_2 驱油与封存示范项目。实测初始 CO_2 驱油效率 85%，初始水驱油效率 60%，开始注气时水驱采出程度 26.0%。气驱增产倍数理论值为 1.73，实际值为 1.67，相对误差 3.59%。黑 79 南南区块实施近混相驱，CO_2 驱油效率 78.0%，初始水驱油效率 57.0%，开始注气时水驱采出程度 11.0%，计算出气驱增产倍数理论值为 1.47，实际值为 1.43，相对误差 2.8%。

根据注气时采出程度的不同，表 3-1 中注气项目大致分 4 种类型：

① Lost Soldier tensleep 油藏和濮城 1-1 区块注气时采出程度高于 40.0%，属高度成熟油藏注气类型，气驱增产倍数超过 3.0；

② Weyburn 油田转驱时采出程度在 20% 以上，属于近成熟油藏注气类型；

③ 黑 79 南南区块注气时水驱采出程度 12.0%，属于水驱动用到一定程度油藏注气类型；

④ 黑 59 区块和葡北油藏注气时采出程度低于 5.0%，属弱未动用油藏注气类型，由图 3-2 知，该类型的气驱增产倍数不会很高。

表 3-1 气驱见效早期合理配产计算结果

序号	油藏名称	气驱增产倍数		气驱产量		
		理论值	实际值	实际值 m³/d	预测值 m³/d	相对误差 %
1	Weyburn	1.73	1.67	4646	4813	3.59
2	Dollaride Devonial	1.8	1.64	190	209	9.76
3	Wertz tensleep	2.21	2.01	1598	1757	9.95
4	Lost Soldier tensleep	3.5	3.30	1574	1669	6.06
5	Means San andres	1.46	1.40	2226	2321	4.29
6	North Cross	1.85	1.70	378	412	8.82
7	Lick Creek Meakin	2.49	2.29	328	357	8.73
8	Slaughter Estate	2	2.10	70	67	4.76
9	North Ward Estes	1.74	1.62	1028	1104	7.41
10	Dever Unit-6P（MA）	1.96	1.75	111	125	12
11	Sacroc-4P	2.5	2.60	413	397	3.85

续表

序号	油藏名称	气驱增产倍数		气驱产量		
		理论值	实际值	实际值 m³/d	预测值 m³/d	相对误差 %
12	黑 59	1.48	1.59	80	74	6.92
13	黑 79 南南	1.47	1.43	92	95	2.8
14	树 101	1.43	1.51	49	47	5.3
15	萨南	1.47	1.36	35	38	8.09
16	濮城 1–1	3.38	3.07	15	16	10.1
17	草舍	1.74	1.61	77	83	8.07
18	葡北	1.39	1.34	566	587	3.73
	平均值	1.98	1.89	749	787	6.9

注：相对误差 =abs（预测值 / 实际值 –1 ）× 100%。

（2）气驱产量中长期预测。

低渗黑 59 油藏位于吉林油田，评价认为实施 CO_2 驱可使地层压力恢复到最小混相压力 22.5MPa 以上，实现混相驱开发。应用室内长岩芯驱替实验测得初始 CO_2 混相驱油效率 80.0%，初始水驱油效率 55.0%；该油藏开始注气时的水驱采出程度 3.0%，水驱采油速度 1.7%，标定水驱采收率 20.3%。应用本方法预测中长期气驱产量的步骤为：

① 首先借鉴同类型油藏水驱开发经验得到水驱产量变化情况；

② 再将初始驱油效率和水驱采出程度代入式（3–17）求出气驱增产倍数为 1.481（权值 ω =1.0）；

③ 最后根据式（3–11）将步骤①中水驱产量乘以气驱增产倍数即得气驱产量剖面（图 3–2 ）。

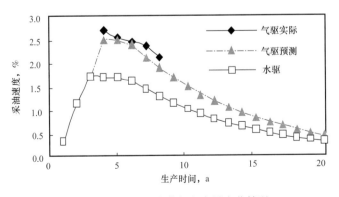

图 3–2　黑 59 油藏气驱产量变化情况

该方法预测该区块气驱采油速度能达到 2.5%，实际气驱采油速度达到 2.7%，气驱投产后实际产量情况和预测结果符合度较高。数值模拟法预测结果过分乐观（年采油速度达到 4.3%），不再给出。目前，对气驱过程中复杂相态变化、三相以上渗流和微观驱油机理不能完整而准确地进行数学描述，加上低渗透储层地质认识不确定性更大，三维地质模型难以真实反映储层非均质性等因素是造成低渗透油藏注气数值模拟结果不可靠的主要原因。根据本文油藏工程方法成功优化和控制了对该注气项目的投资额度。

（3）二氧化碳驱井网密度。

井网密度对气驱开发效果有决定性影响[5]，由于国内规模性气驱实践经验少加之气驱本身的复杂性，气驱井网密度的计算方法还未见报道。储层地质情况、转驱时剩余储量和气驱混相程度决定了注气的可行性，也决定了气驱井网密度。首次提出了考虑当前采出程度和混相程度的气驱采收率计算公式，在气驱采收率与水驱采收率之间建立了联系。以气驱采收率计算为基础，从技术经济学观点考察了注气项目在评价期内的投入产出情况，建立了气驱井网密度与净现值之间联系。应用微积分学驻点法求极值方法方法，得到了注气开发低渗透油藏油藏的经济最优和经济极限井网密度的数学模型，实际应用表明本文气驱井网密度数学模型可用于指导国内注气实践。注气项目在评价期内的总收入为原油及伴生气总销售收入与回收固定资产余值之和。总支出则包括总经营成本、固定投资及利息、总销售税金、资源税和石油特别收益金。净现值 NPV 等于总收入减去总支出。总利润最大时的井网密度就是经济最优井网密度。通过求解 $\mathrm{d}NPV/\mathrm{d}S=0$（其中，$S$ 为井网密度，口/km^2），可得经济最优井网密度 S_r。式（3–19）即为经济最优气驱井网密度数学模型[5]，用 Newton 法迭代求解，采油速度由气驱增产倍数或递减规律得到：

$$\begin{cases} S_\mathrm{r}^2 = \dfrac{\alpha N \displaystyle\sum_{j=1}^{n}\left\{\left[\left(1-r_\mathrm{st}\right)P_\mathrm{o}-P_\mathrm{m}-Q\right]\alpha_\mathrm{og}R_\mathrm{vg}\right\}_j\left(1+i\right)^{-j}}{A P_\mathrm{w}\left[\dfrac{\left(1-i_0\right)^{T_\mathrm{c}}}{T}\displaystyle\sum_{j=1}^{T}\left(1+i\right)^{-j}-0.03\left(1+i\right)^{-n}\right]} \\[4ex] E_\mathrm{Rg} = \eta\dfrac{E_\mathrm{Dg}}{E_\mathrm{Dw}}\dfrac{S_\mathrm{o}}{S_\mathrm{oi}} \quad E_\mathrm{Rw} = \displaystyle\sum_{j=1}^{n}R_{\mathrm{vg}\,j} \end{cases} \tag{3–19}$$

式中　α——常数；

$\quad\quad E_\mathrm{Rg}$，E_Rw——气驱和水驱采收率；

$\quad\quad E_\mathrm{Dg}$，E_Dw——气驱和水驱驱油效率；

$\quad\quad R_\mathrm{vg}$——气驱采油速度；

$\quad\quad n$——评价期，a；

$\quad\quad \alpha_\mathrm{og}$——油气商品率；

$\quad\quad T$——投资贷款偿还期，a；

$\quad\quad T_\mathrm{c}$——项目建设期，a；

$\quad\quad P_\mathrm{w}$——平均单井固定投资，万元；

$\quad\quad S_\mathrm{oi}$——原始含油饱和度，%；

$\quad\quad S_\mathrm{o}$——当前含油饱和度，%；

N——地质储量，10^4t；

A——含油面积，km^2；

P_o——油价，元/t；

P_w——单位操作成本，元/t；

r_{st}——增值税、教育费附加和城市维护建设"三税"税率之和；

S_r——经济最优井网密度，口/km^2；

i_0——固定投资贷款利率；

i——贴现率；

Q——吨油上缴资源税和特别收益金，元。

上下标j指第j年。

特低渗透油藏注气实践发现，气驱采取较大的井距，比如500m虽然可以见效，但井网密度还要考虑WAG阶段的注水对于井距的要求，过大的井距离对于水气交替注入阶段的水段塞注入和起作用是很难的。并且，井网过稀、井距过大，不利于获得较高的气驱或水驱采收率。某区块平均渗透率2.0mD，储量丰度50×10^4t/km^2，利用以上模型研究了CO_2驱经济性极限和经济最优井网密度随吨油操作成本的变化情况，发现经济合理井网密度为12～16口/km^2，并且经济极限和经济合井网密度窗口较狭窄，井距在250～300m之间可以接受，可以采取270m左右的井距（图3-3）。

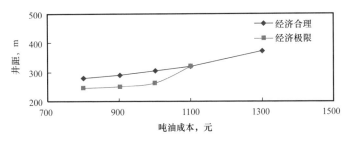

图3-3 气驱井距与吨油成本的关系

2. 低渗透油藏气驱生产气油比计算方法

在明确产出气构成的基础上，对不同开发阶段的生产气油比进行了研究：见气前生产气油比采用原始溶解气油比，见气后的油墙集中采出阶段借鉴气驱油墙描述方法预测生产气油比、气窜后的游离气形成的气油比则联合应用油气渗流分流方程、Corey模型和Stone方程、低渗透油藏气驱增产倍数，以及水气交替注入段塞比等概念进行直接计算。最终得到了注气混相驱项目全生命周期生产气油比计算方法，并介绍了新方法的应用，丰富了低渗透油藏气驱油藏理论方法体系。

1）气驱生产气油比的构成

气驱开发油藏产出气由原油溶解气和注入气构成。由于生产井见注入气时间和见气浓度存在差异，不同开发阶段的产出气组分组成亦有别，气驱生产气油比可按照见气前、见气后和气窜三个阶段进行预测。见气前产出气为原始溶解气；见气后产出气主要来自以溶解态存在于"油墙"的原始伴生气和注入气，也可能有少量游离气；而气窜后的产出气则包括沟通注采井的游离气和地层油中的溶解气。此外，在地层水中的溶解气也贡献一部分生产气油比。

油田开发实践中可假设井底流压位于泡点压力附近，则不同阶段的气驱生产气油比可表示为：

$$GOR = \begin{cases} R_{si} + R_{dsw} & \text{见气前} \\ R_{sob} + GOR_{pf} + R_{dsw} & \text{气窜前} \\ GOR_{pf} + R_{dsro} + R_{dsw} & \text{气窜后} \end{cases} \quad (3-20)$$

式中　R_{si}——地层油的原始溶解气油比，m^3/m^3；

R_{dsw}——水溶气等效生产气油比，m^3/m^3；

R_{sob}——注入气在油墙中的溶解气油比（根据油墙描述成果确定），m^3/m^3；

R_{dsr}——饱和溶解气油比，m^3/m^3；

GOR_{pf}——游离气相形成的气油比，m^3/m^3。

根据上式，气驱生产气油比由原始溶解气油比、水溶气等效生产气油比、"油墙"溶解气油比、游离气相形成的气油比，以及地层油饱和溶解气油比等4个变量确定。

2）水溶气等效气油比计算方法

地层水中存在溶解气，对生产气油比也有贡献，与地层水溶解气形成的等效生产气油比为：

$$R_{dsw} = \frac{f_{wgf}}{1 - f_{wgf}} R_{dswT} \quad (3-21)$$

式中　R_{dswT}——地层水气体总溶解度，m^3/m^3。

地层水中溶解的气体可能包括天然伴生气和注入气两部分。可以认为，在见气前仅溶解有天然伴生气；在见气后，由于气驱"油墙"中的溶解的注入气尚为达到饱和状态，注入气优先向地层油中溶解，地层水中亦仅溶解有天然伴生气；气窜后，地层出现游离气，地层油处于饱和溶解态，注入气在地层水中的溶解也处于饱和状态。

因此，不同开发阶段的地层水气体总溶解度可表达如下：

$$R_{dsw} = \begin{cases} R_{dswi} & \text{见气前} \\ R_{dswi} & \text{气窜前} \\ R_{dswi} + R_{dswing} & \text{气窜后} \end{cases} \quad (3-22)$$

式中　R_{dswi}——天然伴生气在地层水中溶解度，m^3/m^3；

R_{dswing}——注入气在地层水中的溶解度，m^3/m^3。

3）"油墙"溶解气油比预测方法

混相或近混相状态下，气驱油效率高于水驱油效率。随着被高压挤入油层并朝生产井运动，注入气将带动原油中的较轻组分在井间筑起一定规模的"油墙"，此区域含油饱和度高于水驱情形。高压气驱"油墙"形成过程可分解为"近注气井轻组分挖掘→轻组分携带→轻组分堆积→轻组分就地掺混融合"四个子过程。气驱"油墙"形成机制可概括为注入气与地层油混合体系相变形成的上、下液相之间的"差异化运移"和自由富化气相流动前缘由于压力降落梯度陡然增大引起的"加速凝析加积"。

根据"油墙"形成过程可知,"油墙"溶解的注入气有如下来源:

一是"差异化运移"机制成墙轻质液溶解的注入气;

二是"加速凝析加积"机制成墙墙轻质液溶解的注入气;

三是"加速凝析加积"机制凝析液加积后剩余富化气向"油墙"中溶解;

四是注入气以游离态形式向"油墙"中直接溶解。

对于基质型油藏,由于气窜之前"油墙"主体、油墙后缘混相带与注入气三者之间的前后序列关系始终存在,以及产生自由气相往往要求累积注入气量达到 0.3HCPV 以上,故在第四部分注入气在见气见效阶段"油墙"溶气量中占比很小或不存在,予以忽略。

基于简化实际气驱过程的"三步近似法"、物质平衡原理和基本相态原理,将"差异化运移"和"加速凝析加积"两种气驱"油墙"形成机制与挥发油藏和凝析气藏开发实际经验相结合,可得到见气后"油墙"的溶解气油比计算方法:

$$R_{\mathrm{sob}} = \frac{\chi_{\mathrm{s}} \dfrac{\rho_{\mathrm{oe}}}{\rho_{\mathrm{ob}}} \dfrac{B_{\mathrm{o}}}{B_{\mathrm{oe}}} R_{\mathrm{smc}} + R_{\mathrm{si}}}{\chi_{\mathrm{s}} \dfrac{\rho_{\mathrm{oe}}}{\rho_{\mathrm{ob}}} \dfrac{B_{\mathrm{o}}}{B_{\mathrm{oe}}} + 1} + \kappa B_{\mathrm{ob}} \dfrac{\rho_{\mathrm{gr}}}{\rho_{\mathrm{grs}}} \qquad (3\text{-}23)$$

式中 R_{smc}——成墙轻质液的溶解气油比,$\mathrm{m^3/m^3}$;

ρ_{ob}——"油墙油"密度,$\mathrm{kg/m^3}$;

ρ_{oe}——成墙液轻质液密度,$\mathrm{kg/m^3}$;

B_{o}——地层原油体积系数;

B_{oe}——成墙轻质液的体积系数;

B_{ob}——油墙体积系数;

ρ_{gr}——凝析后剩余富化气的地下密度,$\mathrm{kg/m^3}$;

ρ_{grs}——凝析后剩余富化气的地面密度,$\mathrm{kg/m^3}$;

χ_{s}——无量纲参数;

κ——经验常数。

必须指出,从见气到气窜阶段,由于"油墙"覆盖区域不存在游离气相,注入气在"油墙"中的溶解并未达到饱和状态。

4)饱和溶解气油比预测方法

饱和溶解气油比系指地层油中溶解注入气直至饱和状态时的溶解气油比。饱和溶解气油比可根据注气膨胀实验有关结果精确确定,亦可经过数学计算得到。根据物质的量与体积之间的换算方法,不难得到注入气在地层油中的摩尔含量与饱和溶解气油比之间的定量关系:

$$R_{\mathrm{dsr}} = \frac{22.4 n_{\mathrm{ing}}}{\dfrac{\left(1 - n_{\mathrm{ing}}\right) M_{\mathrm{Wo}}}{\rho_{\mathrm{o}} B_{\mathrm{o}}}} \qquad (3\text{-}24)$$

式中 n_{ing}——注入气在地层油中的摩尔分数；

ρ_o——地层油密度，kg/m^3；

M_{Wo}——地层油分子量。

5）游离气形成的生产气油比预测方法

将气窜后的游离气相流度记为 M_{gf}，油相流度记为 M_o，则根据油气渗流分流方程，游离气引起的气油比折算到地面条件下可写作：

$$GOR_{pf} = \frac{B_o}{B_g}\frac{M_{gf}}{M_o} = \frac{B_o}{B_g}\frac{\mu_o}{\mu_g}\frac{K_{rgf}}{K_{ro}} \quad (3-25)$$

式中 B_o——地层油的体积系数；

B_g——游离气相的体积系数；

K_{rgf}——游离气体的相对渗透率；

K_{ro}——地层油的相对渗透率；

μ_g——油藏条件下游离气相黏度，$mPa \cdot s$；

μ_o——地层油黏度，$mPa \cdot s$。

将气窜后油藏平均含气饱和度记为 S_g，三相共存时的气体相对渗透率根据油气两相和水气两相 Stone 模型的三次型乘积进行估算：

$$K_{rgf} = \frac{K_{rgow}\left(S_g - S_{gr}\right)^3}{\left(1 - S_{org} - S_{gr}\right)^2\left(1 - S_{wc} - S_{gr}\right)} \quad (3-26)$$

式中 K_{rgcw}——不可动液相饱和度时的气体相对渗透率，一般取 0.5；

S_g——平均含气饱和度；

S_{gr}——残余气（临界含气）饱和度；

S_{wc}——束缚水饱和度；

S_{org}——气驱残余油饱和度。

混相驱或近混相驱时，地层压力得以保持，可以近似认为采出流体腾退的油藏空间完全被注入的流体充填占据。水气交替注入的饱和度低于单相流体连续注入时的饱和度，能够年底含水率或者气油比，并扩大注入气的波及体积，因而成为低成本改善气驱效果的主要做法。将水气段塞比记为 r_{wgs}，则水气交替注入时的含气饱和度近似为：

$$S_g = \sum_{j=1}^{n}\frac{S_{oi}}{r_{wgs}+1}R_{vg}\left(B_o + \frac{f_{wgf}B_w}{1-f_{wgf}}\right)_j - S_{gp} \quad (3-27)$$

与某阶段采出游离气相应的含气饱和度为：

$$S_{gp} = \sum_{j=1}^{n}\frac{\left(Q_{og}GOR_{pf}B_g\right)_j}{OOIP/S_{oi}} \quad (3-28)$$

式中 $OOIP$——地质储量，t；

S_{oi}——含油饱和度；

j——气驱生产时间，a。

气驱含水率可由气驱增产倍数近似计算：

$$f_{wgf} = 1 - F_{gw}\left(1 - f_w\right)$$ （3-29）

式中 f_{wgf}——混相或近混相气驱综合含水率；

　　　　f_w——水驱综合含水率（可借鉴同类型油藏水驱经验）。

地层油的相对渗透率按 Corey 模型测算：

$$K_{ro} = \left(\frac{S_o - S_{org} - S_{gr}}{1 - S_{wc} - S_{org} - S_{gr}}\right)^2$$ （3-30）

式中 K_{ro}——地层油的相对渗透率；

　　　　S_o——某时刻的气驱剩余油饱和度。

某开发年末的气驱剩余油饱和度为：

$$S_o = S_{oi}\left[1 - \sum_{i=1}^{n}\left(R_{vg} B_o\right)_i\right]$$ （3-31）

式中 R_{vg}——气驱采油速度。

式（3-31）中的气驱采油速度计算方法为：

$$R_{vg} = Q_{og} / N_o$$ （3-32）

式中 N_o——原油地质储量，m^3。

根据采收率等于波及系数和驱油效率之积这一油藏工程基本原理可得到低渗透油藏气驱产量预测普适方法：

$$Q_{og} = F_{gw} Q_{ow}$$ （3-33）

式中 F_{gw}——低渗透油藏气驱增产倍数；

　　　　Q_{og}——某时间段的气驱产量水平，t/a；

　　　　Q_{ow}——"同期的"水驱产量水平，t/a。

式（3-33）中的低渗透油藏气驱增产倍数 F_{gw} 被严格定义为见效后某时间的气驱产量与"同期的"水驱产量水平之比（即虚拟该油藏不注气，而是持续注水开发），确定方法如下：

$$\begin{cases} F_{gw} = \dfrac{Q_{og}}{Q_{ow}} = \dfrac{R_1 - R_2}{1 - R_2} \\ R_1 = E_{Dgi} / E_{Dwi},\ R_2 = R_{e0} / E_{Dwi} \end{cases}$$ （3-34）

式中 R_1——气和水的初始驱油效率之比；

　　　　R_2——转气驱时广义可采储量采出程度；

　　　　E_{Dgi}——气的初始（油藏未动用时）驱油效率；

　　　　E_{Dwi}——水的初始（油藏未动用时）驱油效率；

R_{e0}——转驱时的采出程度。

根据式（3-34），若想获得气驱产量变化，就须知"同期的"水驱产量。由于注气之前的水驱产量是已知的，根据水驱递减规律（比如指数递减）即可预测后续开发年份的水驱产量水平：

$$Q_{ow} = Q_{ow0} \cdot e^{-D_w t} \qquad (3-35)$$

式中　t——开发时间，a；

　　　Q_{ow}——某年份的水驱产量水平，t；

　　　Q_{ow0}——注气之前一年内的水驱产量水平，t；

　　　D_w——水驱产量年递减率。

注气之前一年内的水驱采油速度为：

$$R_{vw0} = Q_{ow0} / N_o \qquad (3-36)$$

将式（3-32）至式（3-36）代入式（3-31）得到某开发年末的气驱剩余油饱和度为：

$$S_o = S_{oi} \left[1 - \sum_{i=1}^{n} \left(F_{gw} B_o R_{vw0} \cdot e^{-D_w t} \right)_i \right] \qquad (3-37)$$

将式（3-26）至式（3-30）、式（3-34）和式（3-37）代入式（3-25），即可得到游离气相引起的生产气油比。

6）CO_2 驱试验区气油比计算

（1）黑 79 南试验区生产气油比变化情况。

利用本文方法计算了吉林油田黑 79 南区块二氧化碳驱试验项目的生产气油比变化情况。相关中间参数取值：饱和凝析液与挥发油地下密度一般在 650～750kg/m³，建议成墙轻质液地下密度取值 700kg/m³；参照凝析气和挥发油组成及分子量分布特点，成墙轻质液分子量取值 50；地层原油体积系数 1.17；成墙轻质液体积系数 2.27；凝析后剩余富化气的地下密度 570kg/m³；凝析后剩余富化气的地面密度 2.0kg/m³；油墙体积系数 1.27；还可计算出油墙密度 752kg/m³，无量纲参数 χ_s 等于 0.13。将这些数据代入式（3-21）计算得黑 79 南 CO_2 驱试验区从见气到气窜前阶段生产气油比 88.1m³/m³，远高于原始溶解气油比 35m³/m³，这将造成泡点压力显著升高。

黑 79 南 CO_2 驱试验区地层油黏度 2.0mPa·s，注气时油藏综合含水率约 26%，注气前采出程度约 11%，CO_2 驱采油速度 2.0% 左右，束缚气饱和度 2.5%，气驱残余油饱和度 10%，初始含油饱和度 35%，可计算出气驱增产倍数 1.5，根据水驱开发经验和递减规律得到"同期的"水驱产量分布，再根据式（3-29）将"同期的"水驱产量乘以气驱增产倍数即得气驱产量剖面。进而利用这些参数预测 CO_2 驱气油比。根据式（3-20），综合原始溶解气油比、气驱"油墙"溶解气油比和游离气产生的气油比可预测黑 79 南 CO_2 驱试验区生产气油比。从图 3-4 可见，"三段式"气油比预测油藏工程方法可以捕捉到气驱生产气油比主要变化特征。

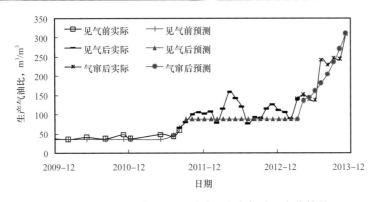

图 3-4　黑 79 南 CO_2 驱试验区生产气油比变化情况

（2）水气交替注入的影响。

某低渗透油藏实施 CO_2 混相驱，地层油黏度 1.80mPa·s，注气时油藏综合含水率约 45%，注气前采出程度约 3.5%，初始含油饱和度 55%，原始溶解气油比 34.5%；CO_2 混相驱油效率 80%，水驱油效率 54.8%，CO_2 地下密度 550kg/m³，CO_2 驱最小混相压力 23.0MPa，束缚气饱和度 4.0%，气驱残余油饱和度 11%，同类型油藏水驱稳产期采油速度约 1.7%，水驱产量年度综合递减率约 10%。利用式（3-31）计算得到该油藏 CO_2 驱增产倍数 1.51，利用式（3-30）求得该油藏 CO_2 驱稳产采油速度约 2.56%。将这些参数代入式（3-24）至式（3-26）和式（3-34），对水气交替注入条件下项目评价期（15 年）内生产气油比进行了研究。从图 3-5 可以看到，水气交替注入对生产气油比影响很大，水气段塞比为 1 时评价期末生产气油比为 924m³/m³，而连续注气时评价期末生产气油比为 2450m³/m³。

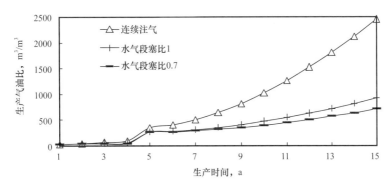

图 3-5　不同注入方式下的生产气油比变化情况

3. 低渗透油藏注采比与注气量设计方法

注气实践表明，混相驱增油效果好于非混相驱，提高驱油效率是注气大幅度提高低渗透油藏采收率的主要机理。对于埋藏深且驱替难度大的低渗透油藏，尽管实施混相驱对工程的要求更高，混相驱项目数仍然远多于非混相驱项目数。细管实验表明，地层压力水平决定混相程度和气驱油效率，为在给定时间内将地层压力抬高到目标水平，合理气驱注采比确定成为气驱开发方案编制的一个重要问题。本书根据物质平衡原理，较为全面地考虑多种影响因素，建立低渗透油藏气驱注采比和注气量确定油藏工程方法。

1）气驱注采比计算

考虑介质变形，忽略出砂因素，根据物质平衡原理，在某一注气阶段，油藏内注入与采出各相流体体积之间存在关系，其表达式为：

$$L_{pr} + G_{pf}B_g = \left(G_{innet} - G_{disv} - G_{solid}\right)B_g + W_{effin}B_w + \Delta L_{expand} + W_{inv} - \Delta V_P \qquad (3-38)$$

其中

$$L_{pr} = N_p B_o + W_p B_w \qquad (3-39)$$

$$N_p = \frac{L_{pr}\left(1 - f_{wr}\right)}{B_o} \qquad (3-40)$$

$$f_{wr} = \frac{1}{\dfrac{1 - f_w}{f_w}\dfrac{B_o}{B_w} + 1} \qquad (3-41)$$

$$G_{innet} = G_{in} - G_{indry} - G_{fraclead} \qquad (3-42)$$

$$\Delta V_P = \Delta V_{Pp} + \Delta V_{Pchem} \qquad (3-43)$$

$$\Delta V_{Pp} = V_p C_t \Delta p \qquad (3-44)$$

$$C_t = \phi\left(S_o C_o + S_w C_w + S_g C_g\right) + C_\phi \qquad (3-45)$$

$$\Delta V_{Pchem} = \int_0^{G_{innet}} V_{PchemG} \mathrm{d}G_{innet} \qquad (3-46)$$

式中　L_{pr}——采出液的地下体积，m^3；

　　　G_{pf}——采出游离气的地面体积，m^3；

　　　B_g——气相体积系数；

　　　G_{innet}——进入目标油层注入气的地面体积，m^3；

　　　G_{disv}——油藏流体溶解注入气体积，m^3；

　　　G_{solid}——成矿固化注入气的地面体积，m^3；

　　　W_{effin}——有效注水量（即扣除泥岩吸收和裂缝疏导至油藏之外部分的注入水量），m^3；

　　　B_w——水相体积系数；

　　　ΔL_{expand}——注入气溶解引发的油藏流体膨胀，m^3；

　　　W_{inv}——外部环境向注气区域的液侵量，m^3；

　　　ΔV_P——注气引起的孔隙体积变化，m^3；

　　　N_p——阶段采出油的地面体积，m^3；

B_o——油相体积系数；

W_p——地面采水量，m^3；

f_{wr}——地下含水率；

f_w——地面含水率；

G_{in}——注入气的地面总体积，m^3；

G_{indry}——干层吸气量，m^3；

$G_{fraclead}$——裂缝疏导气量，m^3；

ΔV_{Pp}——地层压力升高引起的压敏介质孔隙体积膨胀，m^3；

V_{Pchem}——注入气成矿反应引起的孔隙体积变化，m^3；

V_p——孔隙体积，m^3；

C_t——综合压缩系数，MPa^{-1}；

Δp——想要达到的地层压力增量，MPa；

ϕ——孔隙度；

S_o——含油饱和度；

C_o——油相压缩系数，MPa^{-1}；

S_w——波及区含水饱和度；

C_w——水相压缩系数，MPa^{-1}；

S_g——含气饱和度；

C_g——气相压缩系数，MPa^{-1}；

C_ϕ——岩石压缩系数，MPa^{-1}；

V_{pchemG}——注入气可能造成的酸岩反应所引起的孔隙体积变化速率，m^3/m^3。

随着注气量增加，受地层流体溶气能力限制，油藏会出现游离气。游离气油比可定义为采出游离气的地面体积与阶段采油量之比，其表达式为：

$$GOR_{pf} = \frac{G_{pf}}{N_p} \qquad (3-47)$$

产出气包括原始伴生溶解气和注入气，注入气组分贡献的生产气油比为：

$$GOR_{ing} = \frac{G_{ping}}{N_p} = GOR - R_{si} \qquad (3-48)$$

式中　GOR_{pf}——游离气油比，m^3/m^3；

GOR_{ing}——注入气组分贡献的生产气油比，m^3/m^3；

G_{ping}——注入气中被采出部分，m^3；

GOR——生产气油比，m^3/m^3。

若无溶解作用，注入气所波及区域的孔隙体积等于扣除采出部分后的注入气体积与含气饱和度之比，其表达式为：

$$V_{\text{Gsweep}} = \frac{G_{\text{innet}} B_{\text{g}} - G_{\text{ping}} B_{\text{g}}}{S_{\text{g}}} \quad (3-49)$$

在注入气波及区域，高压注气形成的剩余油饱和度近似为残余油饱和度，则该区域的含气饱和度为：

$$S_{\text{g}} = 1 - S_{\text{w}} - S_{\text{or}} \quad (3-50)$$

将式（3-65）代入式（3-64），得：

$$V_{\text{Gsweep}} = \frac{G_{\text{innet}} B_{\text{g}} - G_{\text{Ping}} B_{\text{g}}}{1 - S_{\text{w}} - S_{\text{or}}} \quad (3-51)$$

注入气驱离原地的水近似等于阶段产出水，注入气波及区含水饱和度可写为：

$$S_{\text{w}} = S_{\text{wi}} \left(1 - \Delta R_{\text{e}} \cdot \frac{S_{\text{oi}}}{S_{\text{wi}}} \frac{f_{\text{w}}}{1 - f_{\text{w}}} \frac{B_{\text{w}}}{B_{\text{o}}} \right) \quad (3-52)$$

注入气波及区域内的剩余油、水体积分别为：

$$V_{\text{o-insweep}} = V_{\text{Gsweep}} S_{\text{or}} \quad (3-53)$$

$$V_{\text{w-insweep}} = V_{\text{Gsweep}} S_{\text{w}} \quad (3-54)$$

实际上，注入气接触油藏流体，在压力和扩散作用下引起的溶解量为：

$$G_{\text{disv}} = V_{\text{o-insweep}} R_{\text{Do}} + V_{\text{w-insweep}} R_{\text{Dw}} \quad (3-55)$$

注入气溶解引发的油藏流体膨胀为：

$$\Delta L_{\text{expand}} = V_{\text{o-insweep}} \Delta B_{\text{oD}} + V_{\text{w-insweep}} \Delta B_{\text{wD}} \quad (3-56)$$

式中　V_{Gsweep}——注入气所波及区域的孔隙体积，m^3；

　　　S_{or}——残余油饱和度；

　　　S_{wi}——原始含水饱和度；

　　　ΔR_{e}——研究时域的阶段采出程度；

　　　S_{oi}——原始含油饱和度；

　　　$V_{\text{o-insweep}}$——注入气波及区剩余油体积，m^3；

　　　V_{Gsweep}——注入气波及体积，m^3；

　　　$V_{\text{w-insweep}}$——注入气波及区水相体积，m^3；

　　　G_{disv}——注入气在油藏流体中的溶解量，m^3；

　　　R_{Do}——注入气在地层油中的溶解度，m^3/m^3；

　　　R_{Dw}——注入气在地层水中的溶解度，m^3/m^3；

ΔB_{oD}——溶解注入气后地层油体积系数增量；

ΔB_{wD}——溶解注入气后地层水体积系数增量。

对于具有一定裂缝发育程度的油藏，可能存在注入气沿着裂缝窜进，并被疏导至注气井组以外区域的现象。需要对这部分裂缝疏导气量进行描述，其仍可按地层系数法表述为：

$$G_{fraclead} = \frac{G_{in} H d_{frac} h_{frac} w_{frac} v_{frac}}{2\pi r_w H v_{matrix} + H d_{frac} h_{frac} w_{frac}} \qquad (3-57)$$

基质吸气包括有效厚度段吸气和干层吸气2部分。单位时间内进入基质的体积，即基质吸气速度为：

$$2\pi r_w H v_{matrix} = 2\pi r_w h_e v_{effg} + 2\pi r_w (H - h_e) v_{dryg} \qquad (3-58)$$

实践中发现存在干层吸气现象，干层吸气量可以按照地层系数法进行描述：

$$G_{indry} = \frac{(G_{in} - G_{fraclead})(H - h_e) v_{dryg}}{(H - h_e) v_{dryg} + h_e v_{effg}} \qquad (3-59)$$

根据地层系数法，干层和有效厚度层段的吸气速度比值近似等于二者的平均渗透率比值，即：

$$\frac{v_{effg}}{v_{dryg}} \approx \frac{K_{eff}}{K_{drv}} \qquad (3-60)$$

式中　H——注气井段长度，m；

　　　d_{frac}——裂缝密度，条/m；

　　　h_{frac}——平均裂缝高度，m；

　　　w_{frac}——平均裂缝宽度，m；

　　　v_{frac}——裂缝内气体流速，m/s；

　　　v_{matrix}——基质内气体流速，m/s；

　　　r_w——井筒半径，m；

　　　h_e——有效厚度，m；

　　　v_{effg}——有效厚度内气体流速，m/s；

　　　v_{dryg}——干层段气体流速，m/s；

　　　K_{eff}——有效厚度层段渗透率，mD；

　　　K_{dr}——干层渗透率，mD。

若实施水气交替注入，地下水气段塞比定义为：

$$r_{wgs} = \frac{W_{effin} B_w}{G_{innet} B_g} \qquad (3-61)$$

式中　r_{wgs}——地下水气段塞比。

中国低渗透油藏地层压力往往低于原始压力。将注气井组区域视为一口"大井"，则"大井"井底流压等于注气井区的地层压力。如果注气井区的地层压力低于注气井区外部地层压力，则"大井"为汇；反之，"大井"为源。根据达西定律可以得到外部与"大井"换液量估算式：

$$W_{\text{inv}} = -198 r_e h_e \frac{K_w}{\mu_w f_{wr}} \frac{p_{rg} - p_{rex}}{L} \Delta t \qquad (3\text{-}62)$$

式中　r_e——试验区"大井"等效半径，m；

　　　K_w——水相渗透率，mD；

　　　μ_w——地层水黏度，mPa·s；

　　　p_{rg}——研究时间段内注气井区地层压力的平均值，MPa；

　　　p_{rex}——注气井区外部地层压力，MPa；

　　　L——平均注采井距，m；

　　　Δt——研究时间段，a。

联立式（3-38）至式（3-63），整理得到基于采出油水两相地下体积和采出油、水和气三相地下体积的气驱注采比分别为：

$$R_{\text{IPm2}} = \frac{1 + (1 - f_{wr}) F_{\text{CPGF}} - R_{\text{IPn}}}{(1 - F_{\text{dry\&frac}})(1 - F_{\text{SRB}} + r_{wgs})} \qquad (3\text{-}63)$$

$$R_{\text{IPm3}} = \frac{1 + (1 - f_{wr}) F_{\text{CPGF}} - R_{\text{IPn}}}{(1 - F_{\text{dry\&frac}})(1 - F_{\text{SRB}} + r_{wgs}) F_{3P}} \qquad (3\text{-}64)$$

其中

$$F_{\text{CPGF}} = F_{\text{BGRF}} + \frac{C_t}{S_{oi} R_{vgc}} \frac{\Delta p}{\Delta t} \qquad (3\text{-}65)$$

$$F_{\text{BGRF}} = \frac{B_g}{B_o} \left[GOR_{pf} - (GOR - R_{si}) F_{\text{SRB}} \right] \qquad (3\text{-}66)$$

$$F_{\text{SRB}} = \frac{S_{or} (R_{Do} B_g - \Delta B_{oD}) + S_w (R_{Dw} B_g - \Delta B_{wD})}{1 - S_{org} - S_w} \qquad (3\text{-}67)$$

$$F_{\text{dry\&frac}} = (1 - F_{\text{fracflow}})(1 - F_{\text{dryflow}}) \qquad (3\text{-}68)$$

$$F_{\text{Fracflow}} = \frac{F_{\text{dwK}}}{F_{\text{rNTGK}} + F_{\text{dwK}}} \qquad (3\text{-}69)$$

$$F_{\text{dryflow}} = \frac{1 - F_{\text{Fracflow}}}{1 + \dfrac{NTG}{1 - NTG} \dfrac{K_{\text{eff}}}{K_{\text{dry}}}} \tag{3-70}$$

$$F_{\text{rNTGK}} = 2\pi r_{\text{w}} \left[NTG + \left(1 - NTG\right) \frac{K_{\text{dry}}}{K_{\text{eff}}} \right] \tag{3-71}$$

$$F_{\text{dwK}} = d_{\text{frac}} h_{\text{frac}} w_{\text{frac}} \frac{K_{\text{frac}}}{K_{\text{eff}}} \tag{3-72}$$

$$R_{\text{IPn}} = \frac{W_{\text{inv}} f_{\text{wr}}}{N_{\text{p}} B_{\text{o}}} \tag{3-73}$$

$$F_{\text{3P}} = 1 + \frac{B_{\text{g}}}{B_{\text{o}}} GOR_{\text{pf}} \left(1 - f_{\text{wr}}\right) \tag{3-74}$$

式中　R_{IPm2}——基于采出油水两相地下体积的气驱注采比；

F_{CPGF}，R_{IPn}，$F_{\text{dry\&frac}}$，F_{SRB}，F_{3P}，F_{BGRF}，F_{Fracflow}，F_{dryflow}——中间变量；

R_{IPm3}——基于采出油、水、气三相地下体积的气驱注采比；

R_{vgc}——折算到研究时域的气驱采油速度；

F_{dwk}，F_{rNTGK}——中间变量，m；

NTG——净毛比（有效厚度与地层厚度之比）。

2）单井注气量设计方法

根据气驱增产倍数概念，单井日产液的地下体积可表示为：

$$L_{\text{rwell}} = \frac{q_{\text{og}} B_{\text{o}}}{1 - f_{\text{wr}}} = \frac{F_{\text{gw}} q_{\text{ow}} B_{\text{o}}}{1 - f_{\text{wr}}} \tag{3-75}$$

利用基于采出油气水三相的气驱注采比计算公式，可以得到相应的单井注气量：

$$q_{\text{inj}} = \frac{n_{\text{o}} L_{\text{rwell}} R_{\text{IPm3}}}{n_{\text{inj}}} \rho_{\text{g}} = \lambda L_{\text{rwell}} R_{\text{IPm3}} \rho_{\text{g}} \tag{3-76}$$

将式（3-75）代入式（3-76），可得到：

$$q_{\text{inj}} = \lambda \frac{F_{\text{gw}} q_{\text{ow}} B_{\text{o}}}{1 - f_{\text{wr}}} R_{\text{IPm3}} \rho_{\text{g}} \tag{3-77}$$

式中　q_{og}——气驱单井日产油量，m³/d；

q_{ow}——"同期的"水驱单井日产油量，m³/d；

L_{rwell}——单井日产液的地下体积，m³；

q_{inj}——单井日注气量，t/d；

n_o——生产井数，口；

n_{inj}——注气井数，口；

ρ_g——注入气的地下密度，t/m^3；

λ——生产井与注气井数之比。

3）应用举例

在获取背景资料后，吉林油田黑 59 区块 CO_2 混相驱提高采收率试验项目于 2008 年 5 月开始橇装注气，注气层位为青一段砂岩油藏，有效厚度为 10m，储层渗透率为 3.0mD，净毛比为 0.7；干层段渗透率为 0.1mD，裂缝发育密度为 0.25 条 /m，裂缝渗透率为 500mD，缝宽为 3mm，平均缝高为 0.3m。地层原油黏度为 1.8mPa·s，注气时油藏综合含水率约为 45%，注气前采出程度约为 3.5%，CO_2 地下密度为 550kg/m^3，CO_2 驱最小混相压力为 23.0MPa，开始注气时地层压力为 16.0MPa，气驱增压见效阶段地层压力升高约 8MPa，气驱增产倍数约为 1.5，束缚气饱和度为 4%，气驱残余油饱和度为 11%，初始含油饱和度为 55%，原始溶解气油比为 35m^3/m^3，游离气相黏度为 0.06mPa·s，CO_2 驱稳产期采油速度约为 2.5%。

应用式（3-64）和式（3-65）计算了该区块气驱注采比，其中的气驱生产气油比按式（3-38）计算。气驱注采比计算结果（图 3-6）表明，从开始注气到 2014 年间，早期高速注气恢复地层压力阶段的注采比高达 2.5，正常生产后开始下降，降低到 1.7 左右，计算的注采比与实际值比较吻合，显示文中提出注采比设计方法的可靠性。该区块在连续注气下，基于采出油水两相地下体积的气驱注采比变化曲线在气窜后呈现上翘态势（图 3-7），远大于基于采出油气水三相流体地下体积的气驱注采比。水气交替注入方式下，该区块基于采出油气水三相地下体积的注采比与基于采出流体中油水两相地下体积的注采比变化曲线比较接近（图 3-8），这表明水气交替注入方式下，由于生产气油比得以有效控制，不论是在注气早期（见气前）、中期（见气到气窜），还是后期（气窜后）按照基于采出油水两相地下体积的气驱注采比进行配注是可行的。

根据式（3-77）可以计算出注气早期单井日注量为 37.2t/d，与实际单井日注量为 40t/d 接近；根据式（3-77）计算见气后正常生产阶段单井日注量为 23.4t/d，与实际单井日注量为 25t/d 接近。

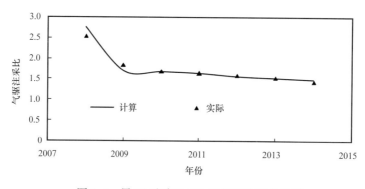

图 3-6　黑 59 试验区 CO_2 驱注采比变化情况

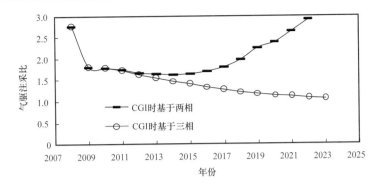

图 3-7 连续注气下基于两相和三相采出流体体积的气驱注采比

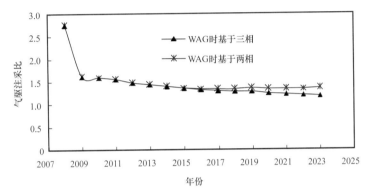

图 3-8 水气交替下基于两相和三相采出流体体积的气驱注采比

基于采出油水两相地下体积的和基于采出油气水三相地下体积的气驱注采比计算公式，进一步丰富了注气驱油开发方案设计油藏工程方法理论体系。连续注气时，基于采出油水两相地下体积的气驱注采比曲线在气窜后上翘趋势明显，在气窜后按照基于采出油水两相地下体积的气驱注采比进行配注将引起较大偏差，须按照基于采出油气水三相地下体积的气驱注采比进行配注。水气交替注入时，生产气油比升高得以有效控制，研究周期内按照基于采出油水两相地下体积的气驱注采比进行配注具有可行性。

4. 低渗透油藏 WAG 注入段塞比设计方法

注气方式仅分为连续注气（Contineous Gas Injection，CGI）和水气交替（Water Alternating Gas，WAG）注入两种。水气交替注入是与气介质连续注入相对的一个概念；周期注气或脉冲注气可视为水气交替特殊形式（水段塞极小）。这就涉及水、气段塞体积大小与比例问题。国际上认为最佳水气段塞比与储层润湿性关系密切，Jachson 等学者根据一注一采平板物理模型驱替实验发现：对于水湿油藏，当水气段塞比为 0∶1，即连续注气时的驱油效果最好；对于油湿储层，水气段塞比为 1∶1 时可获得最大采收率，并且 1∶1 的水气段塞比在气驱开发实践中最为常见。从岩心滴水实验知道，不含油孔隙常表现为对水速渗，含油性差的孔隙自吸能力较弱，而饱含油孔隙的吸水能力很弱或无明显的水相自渗吸发生。对于强水湿低渗透储层，水自渗吸作用可能超过甚至远大于注采压差驱替作用，采取连续注气方式有其必要性；对于无法正常注水的强水敏特低渗透储层，亦不得不采取连续注气方式；对于水相自渗吸微弱或部分油湿低渗透储层（通过岩心滴水实验判断），人工高压压注克服黏滞力是注气驱油的决定性动力，可以实施水气交替注入改善注气效果。本文亦针对第三类储层的水气交替问题进行研究，试图从理论上给出水气段塞比合理区间，为气驱实践提供油藏工程理论依据。

1）满足扩大波及体积要求

注入气波及体积大小决定了混相驱开发效果好坏。在低渗透油藏注气开发过程中，气体上浮和气相扩散对纵向波及系数对油藏开发影响甚微。由此，主要应关注平面波及系数的提高。多轮次水气交替注入正是起到了使气驱和水驱波及体积趋同的作用。只有每一个交替注入周期内气段塞的波及区域都能被紧接其后的水段塞覆盖了，才能及时保证注入气的波及体积得以扩大且接近水驱情形，这是扩大混相驱波及体积的充分条件。

记某个交替注入周期内的气段塞大小为 ΔV_{gs}，水段塞大小为 ΔV_{ws}，则地下水气段塞比：

$$r_{gws} = \Delta V_{ws} / \Delta V_{gs} \tag{3-78}$$

注入介质平面运移路径受控于注采压差、非均质性和黏性指标，注入水和气的宏观流向与分布基本一致。记气和水的平面波及系数分别为 E_{Vg} 和 E_{Vw}，选择流动路径上大小为 $\Delta V_{gs}/E_{Vg}$ 的控制体，则控制体内水的波及范围是 $\Delta V_{gs} E_{Vw}/E_{Vg}$，并且可认为水的波及范围覆盖了气段塞。因此，水段塞尺寸至少须满足：

$$\Delta V_{ws} \geqslant \Delta V_{gs} E_{Vw} / E_{Vg} \tag{3-79}$$

联立式（3-78）和式（3-79），可得到：

$$r_{wgs} \geqslant E_{Vw} / E_{Vg} \tag{3-80}$$

式（3-80）意味着，只有地下水气段塞比大于水和气的平面波及系数之比，才可能使每个交替注入周期内的气段塞为水段塞所俘获，使气的波及体积扩大至水驱情形。虽然蒸发萃取作用能使前缘气相黏度升高，混相条件下二者处于同一数量级，但气相黏度毕竟仍低于水相黏度，注入气的波及系数仍会小于水的波及系数，故水气段塞比大于 1.0，该认识得到大量实验验证。注气段塞的波及系数和注入水段塞波及系数之比可作为水气段塞比的下限。

2）满足提高驱油效率要求

气驱提高采收率主要得益于驱油效率的提高。尽可能将地层压力提高到最小混相压以上，实现混相驱才能获得理想的驱油效率。经验表明，气驱开发中后期地层压力常出现下降趋势，主要原因一是气窜后很难通过提高注气量补充地层能量；二是正常开发低渗油藏难以维持足够高的水驱注采比来保持混相驱所需的高地层压力；产液量的相对稳定将使早期注气补充的能量被逐步消耗，当然地层压力消耗还有其他原因。总之，为稳定地层压力，水段塞不宜过大。

国内低渗透油藏多属天然能量微弱油藏，采出 1.0% 地质储量引起的地层压力下降一般都会大于 1.5MPa。因此，水段塞连续注入时间不能过长，以免造成地层压力下降影响驱油效率。现假设注水条件下单位采出程度的地层压力降为 Δp_{wd}，单 WAG 周期内水段塞注入期间容许地层压力下降 Δp_{wsd}。根据气驱增产倍数概念，见效高峰期气驱单井产量近似为 $F_{gw}q_{ow0}$。为保持见气见效高峰期地层压力须：

$$\frac{n_o F_{gw} q_{ow0} T_w}{0.01 N_o} \Delta p_{wd} \leqslant \Delta p_{wsd} \tag{3-81}$$

根据定义，气驱见效高峰期的注气动用层位的采油速度为：

$$R_{Vgs} = \frac{365 n_o F_{gw} q_{ow0}}{N_{oi}} \tag{3-82}$$

将式（3-82）代入式（3-81）得到：

$$T_w \leqslant \frac{3.65}{R_{Vgs}} \frac{\Delta p_{wsd}}{\Delta p_{wdd}} \tag{3-83}$$

低渗透油藏气驱增产倍数计算方法为：

$$\begin{cases} F_{gw} = \dfrac{R_1 - R_2}{1 - R_2} \\ R_1 = E_{Dgi} / E_{Dwi}, R_2 = R_{e0} / E_{Dwi} \end{cases} \tag{3-84}$$

式中　F_{gw}——低渗透油藏气驱增产倍数；

E_{Dgi}，E_{Dwi}——气和水的初始（系指油藏未动用时）驱油效率；

R_1——气和水初始驱油效率之比；

R_2——转气驱时广义可采储量采出程度；

q_{ow0}——注气之前一年内的正常水驱单井产量，t/d；

n_o——生产井总数，口；

N_o——注气时的地质储量，10^4t；

R_{e0}——开始注气时采出程度；

R_{Vgs}——气驱见效高峰期或稳产期采油速度。

假设交替注入单个周期内采出物地下总体积为 ΔN_p，压敏效应引起孔隙体积收缩 ΔV_p。根据物质平衡原理，采出物地下体积为地层压力下降引起的油藏流体（油、气、水）膨胀 ΔV_{rfe}、孔隙体积收缩与注入气水段塞占据体积三者之和，即：

$$\Delta N_p = \Delta V_{rfe} + \Delta V_p + (\Delta V_{gs} + \Delta V_{ws}) \tag{3-85}$$

将式（3-78）代入式（3-85）后，整理得：

$$r_{wgs} = \frac{\Delta N_p - \Delta V_{rfe} - \Delta V_p}{\Delta V_{gs}} - 1 \tag{3-86}$$

根据式（3-86），当忽略油藏流体膨胀和孔隙体积收缩亦即地层压力稳定时，可以得到水气段塞比的最大值：

$$r_{wgs} \leqslant \frac{\Delta N_p}{\Delta V_{gs}} - 1 \tag{3-87}$$

单个交替周期内的产出物等于水、气段塞分别注入期间的阶段产出量之和：

$$\Delta N_{\mathrm{p}} = \Delta N_{\mathrm{ptws}} + \Delta N_{\mathrm{ptgs}} \qquad (3-88)$$

引入水段塞注入期间的水驱注采比：

$$r_{\mathrm{ipws}} = \Delta V_{\mathrm{ws}} / \Delta N_{\mathrm{ptws}} \qquad (3-89)$$

引入气段塞注入期间的气驱注采比：

$$r_{\mathrm{ipgs}} = \Delta V_{\mathrm{gs}} / \Delta N_{\mathrm{ptgs}} \qquad (3-90)$$

联立式（3-87）至式（3-90）可得水气段塞比上限：

$$r_{\mathrm{wgs}} \leqslant \frac{r_{\mathrm{ipws}}}{r_{\mathrm{ipgs}}} \frac{1}{(r_{\mathrm{ipws}} - 1)} \qquad (3-91)$$

式（3-91）表明，在满足稳定地层压力需要时，水气段塞比上限受控于单交替周期内的水气两驱注采比。

3）满足预防自由气连续窜进要求

在单个交替注入周期内，气段塞注入时间越长，气窜越严重，换油率越低，注气项目经济效益越差。在进入见气见效阶段后，为防止过度气窜，须对单交替周期内的注气时间进行严格控制。

现仅考察最先气窜的路径，即主流线（流管）上的气体运动情况。首先对低渗透油藏最先气窜主流管分布与物性特征进行界定：主流管在纵向上位于高渗段的最高渗部位，平面上沿着高渗条带最优势流动方向；物性级别为最先气窜主流管最好，高渗段次之，二者都高于储层平均值。由于波及区可划分为大量流管，假设最先气窜主流管半径足够小，其平均孔喉半径近似等于主流喉道半径。研究表明，主流喉道半径约为储层平均孔喉半径的两倍，则主流管渗透率为储层平均值的 4 倍。将油层孔隙度平均值记为 ϕ_{av}，绝对渗透率平均值为 K_{ar}；而主流管平均孔隙度 ϕ_{sl}，绝对渗透率为 K_{sl}，气体相对渗透率 K_{rg}，注采压力差梯度 $\mathrm{grad}p$。在见气见效之后，气体沟通注采井形成连续流动。根据达西定律，主流线上任意位置处的气相真实流速 v_{g} 可表示为：

$$v_{\mathrm{g}} = \frac{K_{\mathrm{sl}} K_{\mathrm{rg}}}{\phi_{\mathrm{sl}} \mu_{\mathrm{g}}} \mathrm{grad}p \qquad (3-92)$$

自由气沿主流管流过特定距离所用时间：

$$t_{\mathrm{gsl}} = \int_0^{L_{\mathrm{gsl}}} \frac{1}{v_{\mathrm{g}}} \mathrm{d}x \qquad (3-93)$$

式中　L_{gsl}——自由气相沿主流管流过距离，m；

　　　t_{gsl}——气体流过给定距离所用的时间，s。

当地层压力基本稳定时，可忽略孔隙度和绝对渗透率的变化；对于气驱，近井压力梯度小；对于低渗透油藏，压降漏斗范围小；将压力梯度和气相黏度取值为井间广阔区域的平均值；作为近似，见气见效时压降漏斗以外波及区域的含气饱和度和相对渗透率均取平均值。据此，将式（3-92）代入式（3-93）得到：

$$t_{gsl} = \frac{\phi_{sl}\mu_g L_{gsl}}{K_{sl}K_{rg}\text{grad}p} \qquad (3-94)$$

将见气见效时的含气饱和度记为 S_g，流线上的气相相对渗透率由 Stone 模型估算：

$$K_{rg} = K_{rgcw}\left(\frac{S_g - S_{gr}}{1 - S_{wc} - S_{gr} - S_{org}}\right)^{n_g} \qquad (3-95)$$

式中 K_{rgcw}——不可动液相饱和度时的气体相对渗透率，一般取 0.5；

  S_g——平均含气饱和度；

  S_{gr}——残余气（临界）含气饱和度；

  S_{wc}——初始含水饱和度；

  S_{org}——气驱残余油饱和度；

  n_g——气体相渗曲线幂指数，取值 1.0～3.0。

利用式（3-95）回归出相对渗透率与含气饱和度和主流管绝对渗透率的关系：

$$K_{rg} = \left(1.75S_g - 0.25\right)K_{sl}^{-0.2} \qquad (3-96)$$

高压注气驱油过程会产生成墙轻质液，运移于井间形成一定厚度的"油墙"。混相驱见气见效时的"油墙"厚度由下式计算：

$$\begin{cases} \dfrac{W_{ob}}{L_{sl}} = 1\Big/\left[1 + \dfrac{2}{3}S_o\,/\left(S_o - \Delta S_{gdo}\right)\right] \\ \Delta S_{gdo} = 0.3\mu_o^{-0.25}S_o \end{cases} \qquad (3-97)$$

式中 W_{ob}——不可动液相饱和度时的气体相对渗透率，一般取 0.5；

  S_o——转驱时的含油饱和度；

  ΔS_{gdo}——完全非混相气驱油步骤形成的平均含气饱和度；

  μ_o——地层油黏度，mPa·s。

根据上式，可计算出混相驱见气见效时"油墙"厚度。见气见效后，单交替周期内自由气相运动的最长距离仅限于从注入井到"油墙"后缘的距离：

$$L_{gsl} = L_{sl} - W_{ob} \qquad (3-98)$$

式中 L_{sl}——主流管线长度，m。

不妨将最先气窜主流管渗透率（K_{sl}）与储层平均渗透率（K_{ar}）之比称为主流管突进系数（c_{kt}）：

$$c_{kt} = K_{sl}\,/\,K_{ar} \qquad (3-99)$$

将式（3-96）至式（3-99）代入式（3-94），整理得到混相驱见气见效后气体窜进至油井所用的时间：

$$t_{\text{Mgsl}} = \frac{\phi_{\text{sl}} \mu_{\text{g}} L_{\text{sl}} \cdot K_{\text{ar}}^{-0.8}}{c_{\text{kt}}^{0.8} \text{grad} p \cdot (3.5 S_{\text{g}} - 0.5)} \qquad (3\text{-}100)$$

前已说明，低渗透油藏主流管突进系数 c_{kt} 通常大于 4.0，且此突进系数随物性变差呈增大趋势，因为特低渗油层突进系数高达几十者很常见；压力梯度取 0.03MPa/m，连续游离气相黏度取 0.05mPa·s，按（3-115）式计算了自由气相流过 300m 不同物性级别低渗透主流管的时间。当储层平均渗透率 1.0mD 时，见气见效后连续注气 5.2 个月气体即可窜进油井；当储层平均渗透率 3.5mD 时，见气见效后连续注气 2.7 个月气体即可到达油井；而一般低渗透油藏，当见气见效后连续注气 2 个月注采井为气路沟通（表 3-2）。

表 3-2　长度为 300m 主流管见气见效后气体窜进用时

储层渗透率，mD	1	3	10	30
储层孔隙度	0.1	0.125	0.157	0.19
主流管突进系数	15	9	5	3
气窜用时，月	7.4	4.5	2.7	1.7

显然，连续注气时间是储层物性的函数：

$$T_{\text{Mgsl}} = 86400 t_{\text{Mgsl}} = 200 K_{\text{ar}}^{-0.336} \qquad (3\text{-}101)$$

式中　T_{Mgsl}——自由气相给定距离所用的时间，d。

气驱前缘不断向油井推进，主流管内气体窜进用时将持续缩短。交替注入单周期内注气时间 T_{g} 应将逐步缩小，相当于气段塞须要持续减小，这是必须采取锥形段塞序列的原因。采用正比例关系修正式（3-101），得到混相驱见气见效后的交替注入单周期内气段塞连续注入至气窜所用时间上限：

$$T_{\text{btg}} < \frac{2L_{\text{sl}}}{300} T_{\text{gsl}} = 1.333 K_{\text{ar}}^{-0.336} L_{\text{sl}} \qquad (3\text{-}102)$$

式（3-102）便是 WAG 注入单周期内的气段塞连续注入时间上限计算式。单交替注入周期内三个时间的关系如图 3-9 所示。

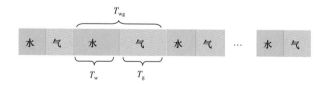

图 3-9　单交替注入周期内三个时间的关系

4）满足水气段塞比约束连续注气时间

由于日注气和日注水量有别，水和气地下密度也不同，水段塞和气段塞注入时间之比并不等同于水气段塞体积之比。在特定水气段塞比下的注气注水时间存在如下关系：

$$r_{\text{wgs}} = \frac{\rho_g q_{\text{inw}} T_w}{\rho_w q_{\text{ing}} T_g}$$ （3-103）

式中 ρ_g——注入气地下密度，t/m^3；

　　　ρ_w——水相地下密度，t/m^3；

　　　q_{inw}——每天注入油层的水的质量，t；

　　　q_{ing}——每天注入油层的气的质量，t；

　　　T_w——单交替注入单周期内水段塞连续注入时间，d；

　　　T_g——单交替注入单周期内气段塞连续注入时间，d。

式（3-103）又等价于：

$$T_g = \frac{1}{r_{\text{wgs}}} \frac{\rho_g q_{\text{inw}} T_w}{\rho_w q_{\text{ing}}}$$ （3-104）

式（3-104）乃是水气段塞比约束下的交替注入单周期内气段塞连续注入时间。

5）水气段塞比合理区间

将满足扩大注入气波及体积的水气段塞比作为下限，并将满足提高驱油效率的水气段塞比作为上限可得到低渗透油藏 WAG 注入阶段水气段塞比的合理区间。据此，联立式（3-81）、式（3-82）、式（3-82）、式（3-83）和式（3-84），可以得到确定低渗透油藏合理水气段塞比与合理水气段塞比约束下的单个 WAG 周期内水、气段塞连续注入时间的数学模型：

$$
\begin{cases}
\dfrac{E_{\text{Vw}}}{E_{\text{Vg}}} \leqslant r_{\text{wgs}} \leqslant \dfrac{r_{\text{ipws}}}{r_{\text{ipgs}}} \dfrac{1}{\left(r_{\text{ipws}} - 1\right)} \\[3mm]
T_w \leqslant \dfrac{3.65}{R_{\text{Vgs}}} \dfrac{\Delta p_{\text{wsd}}}{\Delta p_{\text{wdd}}} \\[3mm]
T_{\text{btg}} < \dfrac{2L_{\text{sl}}}{300} \dfrac{\phi_{\text{sl}} \mu_g L_{\text{sl}} \cdot K_a^{-0.8}}{c_{\text{kt}}^{0.8} \left(3.5 S_g - 0.5\right) \text{grad} p} \\[3mm]
T_g = \dfrac{1}{r_{\text{wgs}}} \dfrac{\rho_g q_{\text{inw}} T_w}{\rho_w q_{\text{ing}}}
\end{cases}
$$ （3-105）

显然，式（3-80）左端项即水气段塞比下限不低于 1.0。在水气交替注入早期，根据 Habermann 等学者的研究结果可估计出混相驱条件下水和气的波及系数之比约为 1.25；经过若干周期的交替注入，后续气、水段塞会与前面若干轮次注入的水气段塞出现一定程度的掺混，气段塞和水段塞波及系数之比将会是一个比较接近于 1.0 的数值。由于实际气驱实践中要经历多轮次（几十到上百）注入，故可将水气段塞比下限稍微弱化取为 1.0。为确保混相，笔者提出一个较为严格的限制：在 WAG 单周期内水段塞连续注入期间容许的地层压力降不超过 0.5MPa；对于适合注气低渗透油藏，将 Δp_{wd} 取为 1.5MPa。若水气交替太过频繁，容易加速腐蚀，除了给注入系统造成负担，也会徒增加现场人员管理工作量和生产成本。根据以上论述，将相关数据代入式（3-105），可得到确定低渗透油藏合理水气段塞比和的单个 WAG 周期内水、气段塞连续注入时间的简化模型：

$$\begin{cases} 1.0 \leqslant r_{wgs} \leqslant \dfrac{r_{ipws}}{r_{ipgs}} \dfrac{1}{\left(r_{ipws} - 1 \right)} \\[2mm] T_{btg} < 1.333 K_a^{-0.336} L_{sl} \\[2mm] T_w \leqslant 1.2167 / R_{vgs} \\[2mm] T_g = \dfrac{1}{r_{wgs}} \dfrac{\rho_g q_{inw} T_w}{\rho_w q_{ing}} \end{cases}$$ （3-106）

6）应用举例

以 CO_2 驱为例说明如何确定低渗透油田混相驱的水气段塞比（图 3-10）。所需数据包括气驱见效高峰期亦即稳产采油速度为 0.026 或 2.6%（在此强调该采油速度必须基于注气动用层位而非全油藏的地质储量）；单井日注 CO_2 量 30t［相当于吸气强度 3t/（d·m）］，单井日注水 30t，注入 CO_2 地下密度为 600kg/m³，水地下密度 1000kg/m³；储层平均渗透率为 3.5mD，注气层位有效厚度 10m，注采井距离为 280m；经验水驱注采比为 1.4，CO_2 驱注采比为 1.7～2.3。

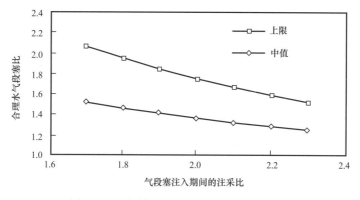

图 3-10　不同气驱注采比下的合理水气段塞比

将这些数据代入式（3-106）可得到水气交替单周期水气段塞比中值在 1.3～1.5，水段塞连续注入时间须小于 47d，水气段塞比中值约束的气段塞连续注入时间为 20 天左右。对于 3.5mD 的特低渗透油藏，刚进入见气见效阶段时连续注气时间为 123 天，防气窜连续注气时间随时间缩短，基本上整个油墙集中采出阶段的连续注气时间都高于水气段塞比中值约束的气段塞连续注入时间，气段塞基本上不必缩小。对于 20mD 一般低渗透油藏，WAG 单周期连续注气时间亦随时间逐渐缩短，并且在油墙集中采出的中后期阶段，防气窜连续注气时间开始小于水气段塞比约束的气段塞连续注入时间，这就须要减小水、气段塞体积，缩短 WAG 周期，提高交替频率。

可以推论，驱替流度比控制水气交替注入单周期的水、气段塞的波及系数，注入水和气的波及系数决定了 WAG 注入单周期的水气段塞比下限。在满足稳定低渗透油藏地层压力需要时，水气段塞比的上限受控于单交替注入周期内的水气两驱的注采比。水气交替注入单周期内地层压力的维持是通过气段塞对地层能量的补充和水段塞注入期间的地层能量损耗实现的，维持地层压力须控制水段塞注入时间。油墙集中采出阶段（稳产期主体）气段塞连续注入时间存在上限，避免自由气段塞窜进生产井。对特低渗油藏，油墙集中采出阶段的气段塞注入时间可采取水气段塞比约束下的注气时间上限；对于一般低渗透油藏，油墙集中采出阶段中后期气段塞须采用时间序列上的锥形气段塞组合。

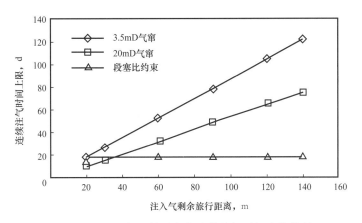

图3-11 见气见效后防窜连续注气时间变化情况

5.CCUS-EOR 项目实际减排效果评估方法

根据 2018 年 IPCC 研究报告，1.5℃目标下全球 CO_2 排放路径中，到 2100 年全球 CCS 累计减排 $5500 \times 10^8 \sim 10170 \times 10^8 t$（其中，BECCS 为 $3640 \times 10^8 \sim 6620 \times 10^8 t$）。清华大学张希良教授研究认为，2060 年碳中和情景下，我国 CCS（包括 BECCS 和 DACCS）年减排量需达到约 $16 \times 10^8 t$。可以讲，社会各界对 CCS 特别是 CCUS 的减排潜力寄予了巨大希望，认为 CCUS 是实现碳中和目标技术组合的重要构成，特别是化石能源大规模低碳利用不可或缺的技术选项，未来减排潜力巨大、成本下降空间可观、技术发展路径多样。CCUS/CCS 还被认为是钢铁水泥等难以减排行业深度脱碳的技术可行方案，也是非化石新能源"碳元素"获取和循环利用的重要技术手段。

国内预期 2050 年 CCS/CCUS 可以贡献每年 10 亿吨级的减排规模，我国目前捕集能力仅 $300 \times 10^4 t/a$，2020 年我国 CO_2 封存量不过 $100 \times 10^4 t/a$ 规模，实际的减排贡献与百亿吨级的总排放规模相对比可以说是微乎其微。也正是因为上述因素，国家在"十四五"乃至中长期仍然持续加大 CCUS 技术研发投入，加快成本及能耗的降低，特别是开展大规模全链条集成示范，超前部署了新一代低成本、低能耗 CCUS 技术研发。

学术界认为，CCUS/CCS 在碳中和中的贡献须要达到 20%。然而，我们对于 CCUS 过程能够达到的实际减排效果还缺乏更为深入论证，特别是对于全流程项目实际减排效果的评估还缺乏方法学依据。明确实际达到的减排效果，对于以 CCUS 减排应对气候变化碳中和目标的实现，对于规范社会各界对 CCUS 应用的预期，对于将 CCUS 项目纳入碳排放权交易市场，对于国家出台支持 CCUS 产业发展政策都有很重要的意义。在此，对基于电厂低浓度烟气碳源捕集的驱油类 CCUS 全流程系统的实际减排效果，进行初步的评估，为将来可能的第三方量化核查工作提供一种必要的方法依据。

1）CCUS 各环节碳排放测算方法

以燃煤电厂烟气化学吸收法碳捕集、驱油利用与封存的全流程一体化密闭系统为例，进行系统能耗分析，量化 CCUS 全过程新增碳排放，为量化核查提供一种方法依据。

全流程 CCUS-EOR 项目都存在碳捕集、碳运输、碳注入、碳驱油埋存与碳循环利用等产业链条。捕集环节的碳排放量主要是由化学吸收溶剂再生耗能引起的，输送环节新增的碳排放主要是由输送过程的燃料动力消耗引起的，注入环节向油藏注入二氧化碳引起的碳排放主要是由高压注入耗电耗能引起的，驱油与埋存过程的环节新增碳排放主要是产出流体集输送处理存在燃料动力消耗引起的，在与原油同时采出二氧化碳的处理与循环利用过程也存在耗电耗能引起的碳排放。

（1）捕集环节的碳排放。

不论是电力行业，还是石化行业，二氧化碳主要是以低浓度的烟气排到大气的，我国碳排放也是这个情况。从低浓度烟气中捕集二氧化碳的化学吸收法是化工行业的成熟技术，捕集环节耗能与碳排放主要是由化学吸收溶剂再生耗能引起的。以火电厂低浓度烟气的化学溶剂吸收法为例，捕集单位质量二氧化碳所需的溶剂再生耗能约 2.4～3.2GJ/t，此处以 2.7GJ/t 的先进捕集技术指标为例来说明问题。

我国规定每千克标准煤的热值为 7000Cal（约 30MJ/kg），若用热值 5000Cal 的普通原煤供热，锅炉热效率按 93%，则捕集每吨二氧化碳需燃煤 0.138t，新增碳排放 0.373t；若用热值 6300Cal 的洗精煤供热，锅炉热效率按 93%，则捕集每吨二氧化碳需燃煤 0.126t，新增碳排放 0.296t。当然，除了溶剂再生能耗，碳捕集环节的其他工艺流程也存在一些能耗，只不过我们主要关注前者。在碳源捕集环节捕集每吨二氧化碳的碳排放量 E_{uCC} 近似等于 0.37t，则捕集 M_{netCO_2inj} 吨二氧化碳的能耗为在捕集环节的碳排放量为 $0.37M_{netCO_2inj}$。

然而，如果用电加热产生蒸汽使吸收剂溶液再生，每度电热值按 3.6MJ，则捕集每吨二氧化碳需用电 750kW·h，相当于新增碳排放 0.675t，显然是不可接受的（除非是用风光等绿电）。

（2）运输过程碳排放。

输送环节运输每吨二氧化碳同样存在燃料动力消耗与新增碳排放。实际生产过程中存在二氧化碳的气态管输、超临界管输送、超临界—液相管接续输送、液态罐车拉运，以及气液组合输送等多种形式。在此，只对单一相态输送进行简要说明。不论哪种输送方式，都需要将捕集的二氧化碳液化或加压，以方便后续运输。

① 液态槽车拉运：液化每吨二氧化碳用电 100kW·h 左右，排放二氧化碳 0.09t。在槽车运输环节，吨公里拉运新增排放 0.00005t 二氧化碳（可一次性拉运 20t 二氧化碳的罐车百公里耗油 37L，排放 0.1t，相当于吨公里拉运新增排放 0.00005t）。若拉运输距离为 L（单位：km），液相拉运每吨二氧化产生的碳排放量 $E_{uCT}=0.09+0.00005L$。

② 气态管道运输：在管道输送首站，低压气态输送每吨用电 20kW·h 左右，排放二氧化碳 0.018t；高压超临界输送每吨用电 80kW·h 左右，排放二氧化碳 0.072t。进入管道的输送过程，吨公里管输等效耗电 0.4kW·h，排放二氧化碳 0.00036t。假设管道入口压力为 p_{in}（单位：MPa），若管道输送距离为 L，则每吨二氧化碳引起的碳排放量 $E_{uCT}=0.006p_{in}+0.00036L$。

（3）注入环节碳排放。

二氧化碳运输到达井口后，将以液态或超临界态形式被高压注入油藏。若注入 1t 二氧化碳耗电 100kW·h，相应的二氧化碳排放量 E_{uCinj} 为 0.09t，则注入 $S_{CO_2/oil}$ 吨二氧化碳新增的二氧化碳排放量 $E_{Cinj}=0.09S_{CO_2/oil}$。

（4）驱油与封存环节的碳排放。

包括注入—驱替—采油—集输处理等过程在内的 CO_2 驱环节产出 1t 油的用电量比较复杂，受油井含水率、油藏埋深、生产气油比等多种技术因素影响。该环节的综合能耗若按 300kW·h 电测算，相当于排放 0.27t 二氧化碳；若按 500kW·h 电测算，相当于排放 0.45t 二氧化碳；若按 800kW·h 电测算，相当于排放 0.72t 二氧化碳。假设油藏埋深为 H（单位：km），综合含水率为 f_w，生产气油比为 GOR，为了下文研究方便，根据经验给出一个关系式用于概算驱油与封存环节的采出 1t 原油新增能耗引起的碳排放量 $E_{COPT}=0.36H(0.5+0.012e^{0.052f_w})/(1+10GOR^{-0.3})$。

（5）产出二氧化碳循环利用系统碳排放。

油田开发过程中通常会有溶解伴生气与原油一道被采出，二氧化碳驱过程也存在此事，注入二氧化碳总有一天会运移到油井被采出，显然这来源不同于油藏天然伴生的烃类气。被采出的注入二氧化碳，中国石化通常称之为刺穿气。与油井生产 1t 原油同时会采出二氧化碳，这部分二氧化碳的处理与循环利用过程存在耗电耗能，相应的碳排放量 $E_{CRecycle}=0.154M_{CO_2peroil}$。

2）驱油类 CCUS 项目净注入量确定方法

对于连续性的二氧化碳驱生产过程，存在着换油率的概念，也就是说必须注入足够量的二氧化碳才能驱替置换出 1t 原油。在驱油与埋存一体化密闭系统中，实际注入二氧化碳大致可分为两部分：一部分是与原油同步采出的，这部分二氧化碳将在地面处理后被循环注入油藏，相应于这部分二氧化碳的能耗与碳排放通常局限于驱油与埋存环节；另一部分是扣除循环利用部分后需要从碳源地输运至注气站或注入井口的，这一部分才是净注入量，是需要在碳捕集环节的捕集增量，相应于这部分的能耗与碳排放则贯穿整个 CCUS 流程。显然，对油田企业来说，将油井采出二氧化碳的循环回注油藏并不属于减排活动。

与采出 1t 原油同时被采出的二氧化碳质量 $M_{CO_2peroil}$ 可近似等于（$GOR-R_{si}$）/520。

$$M_{CO_2peroil} = \frac{\rho_{injs}}{1000}(GOR - R_{si})$$

式中 GOR——CO_2 驱生产气油比，m^3/m^3；

R_{si}——原始溶解气油比，m^3/m^3；

ρ_{injs}——注入 CO_2 地面密度，一般可取值为 $1.9kg/m^3$。

假设换油率为 $S_{CO_2/oil}$，即采出 1t 原油须注入 $S_{CO_2/oil}$ 吨二氧化碳，则与该换油率相对应的净注入量 M_{netCO_2inj} 就等于 $S_{CO_2/oil}-$（$GOR-R_{si}$）/520。

$$M_{netCO_2inj} = S_{CO_2/oil} - \frac{\rho_{injs}}{1000}(GOR - R_{si})$$

此净注入量实质上就是王高峰等提出的同步埋存量概念[7]。

3）CCUS 全流程碳排放评估框架公式

以燃煤电厂烟气化学吸收法碳捕集、驱油利用与封存的全流程一体化密闭系统为例，进行系统能耗分析，量化 CCUS 全过程新增碳排放，为量化核查提供一种方法依据。

假设捕集环节捕集每吨二氧化碳的碳排放量 E_{uCC}，输送环节运输每吨二氧化碳新增的碳排放量为 E_{uCT}，注入环节向油藏注入 1t 二氧化碳引起的碳排放量 E_{uCinj}，驱油与埋存生产过程的集输送处理与循环利用环节产出 1t 原油新增能耗引起的碳排放量 E_{COPT}，与原油同时采出 1t 二氧化碳的提纯干燥等循环处理过程的碳排放量为 $E_{uCrecycle}$。

因此，CCUS 全过程因注入二氧化碳 $S_{CO_2/oil}$ 吨新增的碳排放量 ES_{CU} 可以分为 4 个相对独立的部分：第一部分是捕集输送和驱油利用 M_{netCO_2inj} 吨二氧化碳相应的碳排放；第二部分是为了集输处理采出的这 1t 原油形成的碳排放；第三部分是刺穿二氧化碳处理与循环利用系统的能耗与排放；第四部分是碳捕集、运输、处理与地质封存全过程中存在的泄漏量（本书予以忽略）。

$$ES_{CU} = M_{netCO_2 inj}\left(E_{uCC}+E_{uCT}+E_{uCinj}\right)+E_{COPT}+M_{CO_2 peroil}\left(E_{uCrecycle}+E_{uCinj}\right)$$

上式就是全流程 CCUS-EOR 项目的碳排放评估框架公式。

将各环节碳排放测算方法、驱油类 CCUS 项目净注入量确定方法带入 CCUS-EOR 项目的碳排放评估框架公式，即可得到用于评价 CCUS-EOR 项目新增碳排放的实用计算方法。

下面以综合含水率 80%，换油率 4t(CO₂)/t(Oil)，液态槽车拉运 200km 的 CCUS 项目为例，说明不同气油比下的生产 1t 原油的碳排放情况并折算到注入 1t 二氧化碳新增的碳排放情况。从图 3-12 可以知道，生产气油比高于 1000 后，净注入 1t 二氧化碳新增的碳排放将高于 1t，这也说明，气驱生产气油比过高时，CCUS-EOR 项目将没有净减排效果，这一认识对于确定合理二氧化碳驱开发技术政策界限也是一个新的依据。另一个提示是，与风光电等新能源耦合的 CCUS 负排放技术才是真正实现碳中和目标的托底技术保障。

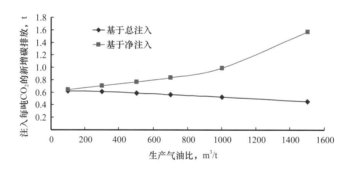

图 3-12　液相槽车拉 CCUS-EOR 项目注入 1t 二氧化碳新增的碳排放

第二节　CO₂ 驱注采工程关键技术

CO₂ 驱注采工程技术需要充分考虑 CO₂ 的物理、化学性质和井筒腐蚀问题，进行注采井井口、管柱及井下工具优化设计，实现高效安全运行。[11-18]

一、CO₂ 驱注采井防腐工程技术

CO₂ 腐蚀是石油天然气工业中常见的一种腐蚀类型，也是制约我国石油天然气工业发展的一个极为突出的问题。由于腐蚀是不可逆的，一旦发生腐蚀，会改变材料本身力学性质，影响系统的安全生产，严重时可能引起重大的环境污染和人员伤亡等危害，存在重大安全隐患。

国内 CO_2 驱低渗透油田单井产量低，如果采用国外的技术思路，各个环节都应用高等级材料防腐，则无法满足效益开发的需要，在试验探索中，形成了"普通碳钢＋防腐药剂"、关键部位使用防腐材料的低成本防腐技术路线，为 CO_2 驱技术能够效益推广提供了可行的参考。

1. CO_2 腐蚀评价方法

CO_2 驱工况变化复杂，腐蚀评价方法是正确认识腐蚀规律、做好材料、缓蚀剂选择、防腐效果评价的重要手段，为 CO_2 驱油与埋存腐蚀主控因素认识、材料、缓蚀剂优选及防腐对策制定，提供总体原则及设计指南。目前我国的 CO_2 腐蚀评价方法分为室内腐蚀实验评价法和矿场中试试验腐蚀评价方法两种。

CO_2 腐蚀室内实验评价方法主要包括静态腐蚀评价方法和动态腐蚀评价方法两种。室内静态腐蚀评价方法是将实验样品和腐蚀实验介质均置于腐蚀评价装置内，模拟温度、时间、压力等参数，评价系统服役环境下静态腐蚀规律及材质、药剂的防腐性能。室内动态腐蚀评价方法则是利用高温高压动态评价装置，将实验样品和腐蚀实验介质均置于腐蚀评价装置内，模拟不同流动状态（旋转流、管流）、流速、温度、时间及压力等参数，评价系统服役环境下动态腐蚀规律及材质、药剂的防腐性能。

矿场中试试验蚀评价方法是利用 CO_2 腐蚀模拟中试试验装置，在全尺寸管柱条件下，模拟研究材料、工艺和药剂防腐技术在矿场工况条件下（温度、压力、矿场水及 CO_2 流量等参数组合）的腐蚀规律及防腐性能。吉林油田建成了国内首套 CO_2 腐蚀模拟中试试验装置。

2. CO_2 腐蚀机理及规律

1）CO_2 腐蚀机理

CO_2 腐蚀是一个极其复杂的过程，只有在有水存在的条件下才会引起碳钢腐蚀，是化学、电化学和质量传输等子过程在钢材表面和近表面同时发生的一个综合过程。其基本过程为：

阳极反应

$$Fe \longrightarrow Fe^{2+}+2e$$

阴极反应

$$CO_2+H_2O \longrightarrow HCO_3^-+H^+$$

总腐蚀反应式为

$$CO_2+H_2O+Fe \longrightarrow FeCO_3+H_2$$

2）CO_2 腐蚀规律

（1）CO_2 分压。

CO_2 分压对碳钢及低合金钢的腐蚀速率有较大的影响。随着 CO_2 分压增大，CO_2 溶解度增大，溶液中参与阴极还原反应的 H^+ 的浓度增大，总的腐蚀速率加快。目前，在油气工业中常根据 CO_2 分压判断 CO_2 腐蚀程度的经验规律：当 CO_2 分压低于 0.021MPa 时，不产生 CO_2 腐蚀；当 CO_2 分压处于 0.021～0.21MPa 时，发生中等腐蚀；当 CO_2 分压大于

0.21MPa 时，发生严重腐蚀。

（2）温度。

温度对 CO_2 腐蚀的影响主要体现在两个方面：一是温度影响各单个反应的速度，温度升高，各反应进行的速度加快，促进腐蚀反应的进行；二是温度影响腐蚀产物的成膜机制，可能抑制腐蚀，也可能促进腐蚀，视其他条件而定。

（3）流速。

流速影响腐蚀一般有两种形式：一种是流速诱导腐蚀，另一种是磨损腐蚀。流速诱导腐蚀比较复杂，一般情况下，这种腐蚀主要发生在流道结构发生变化（如流道直径突变、转向等）的区域，由于流场突变，在局部区域出现严重的涡流现象，加速管壁的冲蚀，抑制腐蚀产物膜与缓蚀剂保护膜的形成，导致严重的局部腐蚀。磨损腐蚀是由于腐蚀介质与金属表面的相对运动引起的金属腐蚀和破坏现象。磨损腐蚀一般伴随着金属表面保护膜的机械磨损和腐蚀介质的电化学反应的联合作用。由于金属保护膜和腐蚀介质的冲刷力不均匀，因此受到该类腐蚀的金属表面并不均匀，其腐蚀形式一般表现为槽、沟、波纹、圆孔和山谷形，并常常显示有方向性。

（4）pH 值。

介质的 pH 值是影响材料腐蚀速率的一个重要因素。pH 值大小直接关系着溶液中的 H^+ 浓度，随着 pH 值的升高，H^+ 降低，H^+ 的阴极还原速率降低，$FeCO_3$ 的溶解度下降，有利于 $FeCO_3$ 保护膜的生成，进而影响膜的保护作用。

（5）含水率的影响。

CO_2 在水中的溶解度主要取决于 CO_2 分压和温度。无论在气相还是液相中，CO_2 腐蚀的发生都离不开水对金属表面的润湿作用。因此，水在介质中的含量是影响 CO_2 腐蚀的一个重要因素，在油井中当水含量小于 30%（质量）时，会形成油包水型（W/O）乳液，这时水相对金属表面的润湿将会受到抑制，发生 CO_2 腐蚀的倾向较小。

（6）SRB 细菌与 CO_2 共存条件的影响。

硫酸盐还原菌（SRB）是一类能够将 SO_4^{2-} 还原成 S^{2-} 的细菌的总称，易在管柱内壁滋生，形成生物膜，促进基体材料发生局部腐蚀。在 CO_2 和 SRB 共存体系中，硫酸盐还原菌（SRB）在无氧及适宜温度下，更容易产生垢下腐蚀，与 CO_2 产生协同腐蚀作用（表 3-3）。

表 3-3 CO_2 与细菌腐蚀规律评价

实验类型	材质	时间，h	腐蚀速率，mm/a
CO_2 腐蚀	N80		0.4871
	P110		0.4848
SRB 腐蚀	N80	143	0.0859
	P110		0.0905
CO_2+SRB 腐蚀	N80		0.9404
	P110		1.1008

3. CO₂ 驱腐蚀防护技术

为了减缓井筒腐蚀，延长使用寿命，防止生产过程中因腐蚀而导致的安全事故，采用的腐蚀防护方法主要有材料防腐、缓蚀剂防腐和工艺防腐技术。具体设计需要结合油田开发特点、腐蚀工况环境、现场工人操作水平及工程技术管理水平等综合考虑防腐技术路线，既要考虑应用成本，又要考虑矿场应用的效果。

1）材料防腐技术

在油田生产过程中，材质的选择是功能性、经济性与耐蚀性等多种因素共同决定的。如果忽略成本因素，选用高等级材质是防腐最有效的手段之一。如在水驱老井上进行 CO_2 驱，套管为普通碳钢材质，则无法整体选用材料防腐技术。

（1）耐蚀合金。

采用相应的耐蚀合金可以大大降低腐蚀速率。一般说来，油气井管柱及输油管线的材质多为碳钢和低合金钢，抗 CO_2 腐蚀性能较差。合金元素对 CO_2 的腐蚀有很大的影响，通过实验验证，随着 Cr 在合金中含量的增加，抗 CO_2 腐蚀性逐渐增强。因此 CO_2 腐蚀选材工作主要是通过在钢材冶炼过程中加入一些能抗 CO_2 腐蚀或减缓 CO_2 腐蚀的合金元素来达到防腐目的。

（2）防腐涂层。

为了有效防止管柱腐蚀，国外普遍采用防腐涂层，通过相应的工艺处理，在金属的表面形成一层具有抑制腐蚀的覆盖层，可直接将金属与腐蚀介质分离开来。防腐涂层主要有金属涂层和非金属涂层两类，金属涂层采用电镀或热镀的方法实现，非金属涂层采用喷涂或内衬的方法实现。不同涂层的结合力、耐温、耐压、耐侵蚀性能差别较大，在管材伸缩和温度变化下容易破损与脱落，因此只适应于一些井下作业少以及螺纹腐蚀不严重的注采井。

2）缓蚀剂防腐技术

利用缓蚀剂的成膜作用来减缓油气生产系统的腐蚀，是目前应用最广泛的防腐手段之一，其特点是通过在腐蚀介质中添加某种物质或某些物质来抑制金属的腐蚀过程，使腐蚀介质中氢离子的氧化还原电位发生变化，或者与腐蚀介质中一些具有氧化性的物质相互作用而使其电极电位下降最终起到缓解腐蚀作用，具有用量少、见效快、成本较低、使用方便等优点。针对水驱老井防腐需求，吉林油田选用了自主研发的抗 CO_2 缓蚀剂体系。

（1）缓蚀剂作用机理。

缓蚀剂的作用机理主要是通过缓蚀性基团在金属表面上的吸附或使金属表面上形成某种表面膜，阻滞腐蚀过程的进行。按照缓蚀剂成膜特征，可以将缓蚀剂分成三类：氧化膜型缓蚀剂、沉淀膜型缓蚀剂和吸附膜型缓蚀剂。

氧化膜型缓蚀剂：这类缓蚀剂能使金属表面生成致密而附着力好的氧化物膜，从而抑制金属的腐蚀。这类缓蚀剂有钝化作用，故又称为钝化膜型缓蚀剂。

沉淀膜型缓蚀剂：这类缓蚀剂本身无氧化性，但它们能与腐蚀介质中腐蚀产物离子（如 Fe^{2+}、Fe^{3+}）或结垢性离子（如 Ca^{2+}、Mg^{2+}）生成沉淀，能够有效地修补金属氧化膜的破损处，起到缓蚀作用。

吸附膜型缓蚀剂：多数有机缓蚀剂是由亲水的极性基和亲油的非极性基组成的表面活性物质，所以当缓蚀剂分子进入腐蚀介质中时，亲水的极性基会定向的吸附在金属表面，形成致密的吸附层，亲油非极性基形成疏水层，使金属表面与 H_2O 和 H^+ 等诱导腐蚀的介质隔绝，延缓腐蚀发生。

（2）缓蚀剂选择。

近年来，针对 CO_2 防腐需求，国内外研究人员研发了一系列抑制 CO_2 腐蚀的缓蚀剂，常用的缓蚀剂有咪唑啉、季铵盐、多胺类、松香衍生物、亚胺乙酸衍生物等。这些缓蚀剂的分子结构中大多含 N、P、S 等元素，缓蚀剂能迅速吸附在钢材表面发生电荷转移，形成非常牢固的化学键，在钢材表面形成牢固的缓蚀剂膜，达到防腐蚀目的。

对于抗 CO_2 腐蚀缓蚀剂的选取应注意以下几个方面的问题：一是高速生产流体对管壁产生较大剪切应力，导致缓蚀剂成膜性能变差。因此，针对特定高流速系统工况下的 CO_2 腐蚀，应充分考虑流速产生的剪切应力的影响，寻找吸附成膜性能好的缓蚀剂。二是缓蚀剂的选取应考虑腐蚀产物膜的影响。缓蚀剂在有腐蚀产物（$FeCO_3$、FeS 和 $CaCO_3$ 等）的金属表面和光亮清洁的金属表面上的防蚀性能不同。有些缓蚀剂在光洁的金属表面上防蚀性能较好，但在有腐蚀产物的金属表面防蚀性能很差。因此，应针对 CO_2 腐蚀环境和材料表面状态的具体情况合理选择缓蚀剂。三是井筒流体为油气水多相流体系，腐蚀大多发生在水相，缓蚀剂只有溶解或分散在腐蚀介质中（如水相中）才能发挥其缓蚀作用，要考察缓蚀剂是否会完全溶于油相，从而导致防腐效果下降。

（3）工艺防腐技术。

根据腐蚀规律认识及注采井井身特点，使用针对性工艺防腐技术方法，减少 CO_2、水质、细菌等腐蚀介质与井筒管柱的接触，改善注采井筒服役环境，实现系统的工艺防腐。

CO_2 驱注采井固井时需选用 CO_2 防腐水泥，将油层套管外的水泥返高尽量设计高一些，阻止外部水源及 CO_2 侵入引起的套外腐蚀。注采井筒采用气密封管柱与气密封封隔器，避免 CO_2 及注入水渗入油套环空，引起油套管腐蚀结垢。

4. 注采井综合防腐技术路线

腐蚀防护的本质就是在保证安全的前提下对初期投资成本和后期维护成本之间权衡的结果。使用耐蚀合金管材的防腐效果好，在其有效期内，无须其他配套措施，但合金钢管材价格较高，初期投资大，不太适合低产油田。使用普通碳钢油管成本较低，但防腐性能差，结合低渗透油田的生产现状和 CO_2 驱注采井工况特点，实际工程运用时，单一的腐蚀防护技术通常难以取得很好的效果，通常采取材料防腐、缓蚀剂防腐、工艺防腐等多种方法联合使用，其优点是初期投入小，保护效果较为可靠，但需要配套稳定的药剂、人工及管理维护费用。

1）注气井防腐技术路线

对于常规水驱注入井转注气井，由于之前使用的是非防腐、非气密封套管，所以存在腐蚀和漏气的风险，在生产运行过程中要加强监测跟踪评价，保障安全生产。对于新钻井完井时要求油层套管生产层顶界 50~100m 以下使用套管耐蚀合金钢气密封套管，以上使用碳钢气密封套管，使用 CO_2 防腐水泥浆，水泥返高至井口，油套环空添加环空保护液防腐。

材质防腐：注气井长时间停注或采取水气交替时，井筒内会出现饱和 CO_2 湿气，产生腐蚀，因此井口采用防腐井口，封隔器本体及胶筒采用耐 CO_2 腐蚀材料，提高关键部位防腐性能。注入井口考虑到气水交替，加装气水切换装置，将井口气水共通阀门管线更换为不锈钢（316L）。

缓蚀剂防腐：封隔器以上环空加注油套环空保护液，避免 CO_2、注入水渗入后油套管腐蚀问题，保障油套管防腐效果。水气交替时加注缓蚀剂段塞，避免 CO_2 与水频繁接触导致油管内腐蚀结垢问题，延长注气井检管周期。注气井环空缓蚀剂的注入一般采用泵车注入，完井时从油套环空注入环空保护液，至油管返出后，坐封封隔器。在生产运行阶段，利用液面测试仪器测液面高度，定期利用泵车进行补加。

工艺防腐：选择气密封螺纹类型油管和封隔器，防止腐蚀介质进入油套环空，引起油套环空压力上升和油套管 CO_2 腐蚀问题，保障井筒完整性。

2）油井防腐技术路线

对于常规水驱老井转 CO_2 驱采油井，由于使用非气密封套管，存在腐蚀和漏气的风险，在生产运行过程中要加强监测跟踪评价，保障安全生产。对于新钻井完井时要求二开井身结构，油层套管使用碳钢气密封扣套管，使用 CO_2 防腐水泥浆，水泥返高至井口，油套环空投加缓蚀剂防腐。

材质方面，由于采油井含水、CO_2、矿化度高，较易发生腐蚀，因此井口采用防腐井口，抽油泵选择防腐耐磨泵，柱塞、阀球、座、气锚等部件需抗 CO_2 腐蚀（不锈钢），提高关键部位防腐性能。采油井口将井口阀门更换为不锈钢（316L）。

药剂方面，为避免 CO_2 对油井杆管的腐蚀，需要从环空投加针对性防腐药剂，保障油套管防腐效果，提高油井免修期和生产安全性。根据连续或间歇加药工艺原理，建议采用连续加药工艺为主体，间歇加药为辅助的加药模式，满足矿场药剂防腐需求。

3）加药方式

连续加药方式是将药剂按一定浓度连续均匀注入井筒，在井筒中维持成膜浓度达到缓蚀剂膜的动态修复平衡。利用恒流加药装备，根据产液量和加药量的变化，智能化调节加药控制频率和流量，实现采油井油套环空的精确加药，旁通设置快速加药流程，保证大剂量加药需求。

间歇加药方式用于套压较高或连续加药装置维护期间的油井，采用高压加药车将高浓度药剂（吸附性型、成膜型缓蚀剂）按周期一次投加，使缓蚀剂在管柱表面吸附，形成药剂保护膜，缓蚀剂的膜维持的时间决定了加药周期，保证矿场防腐效果。

表3-4为 CO_2 驱注采井防腐措施。

表3-4 CO_2 驱注采井防腐措施

井别	材质防腐	缓蚀剂防腐	工艺防腐
注气井	防腐井口、封隔器、涂层	水基环空保护液	抗 CO_2 防腐水泥、气密封管柱、气密封封隔器
		油基环空保护液	
采油井	防腐井口、不锈钢金属复合防腐耐磨泵、抗 CO_2 腐蚀气锚	抗 CO_2 缓蚀剂	抗 CO_2 防腐水泥、气密封套管
		复合型缓蚀剂	

5. CO₂驱腐蚀监测技术

1）腐蚀监测的功能

腐蚀监测评价是防腐技术矿场试验的重要环节，通过矿场监测评价，可以了解整个防腐工程的实施状况及实施效果，通过腐蚀风险的评估和预警，及时调整防腐方案设计，减少腐蚀危害，预防事故发生。通过腐蚀监测掌握腐蚀趋势和动态，有利于油气田防腐管理工作的提升，保障各系统处于安全可控状态。

2）腐蚀监测的方法

目前腐蚀监测方法总体可分为直接测试腐蚀速率的方法和间接判断腐蚀倾向的方法。直接测试腐蚀速率的方法包括井口在线探针监测技术、超声波测厚技术、井下挂片挂环腐蚀监测技术、井下弱极化腐蚀监测技术、井下存储式腐蚀监测技术、井下在线直读腐蚀监测技术。间接判断腐蚀倾向的方法主要有 pH 值测试法、细菌含量测试法、总铁含量检测法、测定水中溶解性气体法、软件预测法、现场残余浓度检测技术。常用的有注采井腐蚀监测技术如下：

挂片、挂环监测技术也称失重法监测技术，是石油生产中应用最广泛的设备腐蚀监控方法之一。根据挂片、挂环在服役工况环境下前后质量的变化，计算金属材料的平均腐蚀速率（单位：mm/a）。同时可以提供较多的腐蚀信息，比如，点蚀速率、腐蚀类型、腐蚀产物等情况。

电阻探针监测技术是电化学监测法的一种，常被称为可自动测量的失重法。常用的主要是电阻探针法和线性极化电阻法。电阻探针具有信号反馈时间短、测量迅速，能及时反映出服役工况下的腐蚀情况，可以实时监测系统的腐蚀状况。

铁离子检测法：油套管腐蚀后，将以 Fe^{2+}、Fe^{3+} 及腐蚀产物形式存在，通过井口定期取样检测水中铁离子含量，可有效评估井下管柱腐蚀变化规律及腐蚀程度，同时可间接评价防腐技术的应用效果。

缓蚀剂残余浓度检测：缓蚀剂最佳使用浓度是实现有效防腐的前提，缓蚀剂井口返排浓度大小是保障防腐效果的关键，目前 CO₂缓蚀剂多为有机含氮类物质，在紫外或可见光波长范围内存在显著的官能团吸收峰，其吸光度与缓蚀剂浓度在一定浓度范围内符合朗伯—比尔定律。通过返排液中残余浓度检测，可以判断矿场药剂防腐状况，为矿场加药浓度和加药制度优化提供依据。

吉林油田自主研发了 CO₂防腐药剂体系，形成了以"碳钢＋缓蚀剂"为主，关键部位采用耐腐蚀材料的低成本防腐技术路线，适合 CO₂驱单井产量低的特点。黑59、黑79及小井距、黑46试验区注采系统监测表明，起出管柱、泵筒等部件均未发现明显腐蚀，井下监测取出 129 个监测点，矿场腐蚀监测数据总体低于行业标准（0.076mm/a），满足矿场防腐、安全需求（表3-5和图3-13）。

表3-5　注采井系统防腐应用效果

名称	材质	主要接触介质	监测/检测
CO₂注入井	碳钢	CO₂、水、SRB、溶解氧	挂环、探针、残余浓度
采油井	碳钢	含CO₂、油、水、SRB	挂环、挂片、探针、残余浓度

 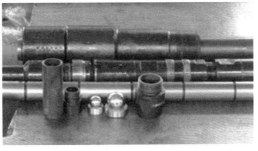

(a) CO₂注气井服役6年起出油管形貌 　　 (b) 油井免修期700天检泵分析形貌

图3-13 注采系统起出管柱防腐效果

二、CO₂驱注入工艺设计

由于 CO_2 物理、化学性质的特殊性，注 CO_2 驱油有别于常规水驱和其他气驱，因此，需要考虑 CO_2 相变对注气井筒温度、压力的影响，建立适应于 CO_2 驱注气井筒流体动态模型和注气优化设计方法，设计 CO_2 驱注气工艺，从而保障注气驱油效果，实现安全注气。

1.注气参数优化设计方法

1）注气井筒流体动态计算方法

CO_2 在注入过程中，随着井筒深度的增加，温度、压力都产生很大变化。根据 CO_2 相图，CO_2 在井筒中将可能存在相态变化，而 CO_2 相态的变化又会对温度、压力的分布产生较大影响。通过温度、压力、质量含气率等模型的推导，预测得出流体密度和相态，再与PR-EXP状态方程相结合，综合对比考虑，建立了 CO_2 注入井筒温度压力场精度比较高的耦合计算模型。

2）CO_2 注入井吸气能力计算

根据 CO_2 驱矿场试验区块实际情况，结合试验区的原油物性、井筒流体相态、地层压力、渗透率等参数，通过区块动态数据数值模拟，对模拟数据归一化处理，最终建立了普遍性的注入动态方程，见式（3-107），与数值模拟重新计算对比分析表明，该方程计算结果误差较小。

$$\frac{p_{wf}^2 - p_r^2}{p_F^2 - p_r^2} = 0.252 \frac{Q_g^2}{Q_{g\,max}^2} + 0.748 \frac{Q_g}{Q_{g\,max}} \qquad （3-107）$$

式中　p_{wf}——井底流压，MPa；

　　　p_r——地层压力，MPa；

　　　p_F——破裂压力，MPa；

　　　Q_g——注气量，m³/d；

　　　$Q_{g\,max}$——最大注气量，m³/d。

3）CO_2 嘴流压降和温度计算模型

水驱分注多采用水嘴，利用水嘴分层注气尚无成功的先例，因此，依据热力学、结合 CO_2 稳定流动等相关理论，进行推导计算，得出适应于 CO_2 驱嘴流压降、温度计算模型：

$$q_{sc} = 95.903 \frac{C_d d_2^2}{\rho_{sc}} \sqrt{p_1 \rho_1} \sqrt{\left(\frac{K}{K-1}\right) \frac{\left(\frac{p_2}{p_1}\right)^{\frac{2}{K}} - \left(\frac{p_2}{p_1}\right)^{\frac{K+1}{K}}}{1 - \left(\frac{d_2}{d_1}\right)^4 \cdot \left(\frac{p_2}{p_1}\right)^{\frac{2}{K}}}} \quad (3-108)$$

$$h_1 - h_2 = \frac{K}{K-1} p_1 V_1 \left(1 - \gamma^{\frac{K-1}{K}}\right)$$

式中 ρ_{sc}——标况下的密度，kg/m^3；

d_1——嘴前直径，mm；

d_2——气嘴开孔直径，mm；

p_1——气嘴前端压力，MPa；

p_2——气嘴出口端面压力，MPa；

ρ_1——气嘴入口状态下流体的密度，kg/m^3；

K——气体绝热常数；

C_d——流量系数；

V_1——气嘴入口端面的比容，m^3/kg；

γ——相对密度。

结合先导试验区块 CO_2 驱现场实际，利用建立的温压、吸气能力等参数计算模型，优化组合形成 CO_2 驱注入井优化设计方法。包括：合理注入压力的确定、合理注入量的确定、合理注入温度的确定三部分内容，其主要优化设计思路如下：

利用形成的 CO_2 驱注气井参数设计方法，对试验区块注入井进行注气参数设计。以先导试验区块注气井为例，CO_2 注入参数优化设计主要内容包括合理注入压力的确定、合理注入量的确定及合理注入温度的确定等内容。通过优化得出，井口注入压力为 16MPa 条件下，对比注入量 40t/d 和 55t/d 的合理注入温度发现，在相同井口注入压力下，若注入量增大，那么合理注入温度的上下限同时也随之升高。在合理注入量为 40t/d 和 55t/d 时，合理井口注入温度的范围分别为 $-20 \sim 30℃$ 和 $8 \sim 34℃$。

2. CO_2 驱笼统注气工艺设计

1）笼统注气井口设计

综合防腐技术部分已经提到注气井井口需要考虑防腐，新钻注气井直接按照要求设计，水驱转 CO_2 驱老井普遍采用 AA 级井口，无法满足防腐要求，需要进行更换。注气井口的设计依据 GB/T 22513《石油天然气工业 钻井和采油设备 井口装置和采油树》，对井口压力级别、材质级别、温度级别、性能级别、规范级别、密封方式、结构设计、连接方式等方面进行研究设计。

井口压力设计：根据标准要求，井口的工作压力应大于井口实际关井压力，并能够满足最大作业工作压力 $1.3 \sim 1.5$ 倍，在有腐蚀环境下应大于 1.5 倍。试验区注气井口最高注气压力为 23MPa 左右，井口压力级别选择为 5000psi。

井口材质级别设计：由于井口涉及的材质较为复杂，主要结构以金属为主，同时存在密封胶圈等非金属结构，依据 GB/T 22513 标准要求，结合 CO_2 驱注气井井口服役环境，重点考虑抗 CO_2 腐蚀性能，因此，选择井口材质级别为 CC 级。

注气井口额定温度设计：CO_2 驱注气井口不但需要考虑环境温度变化，还需要考虑 CO_2 在井口位置压力、相态变化对井口温度的影响，CO_2 驱采取液态注入和超临界注入两种注入方式，液态注入温度较低，到达井口位置温度在 $-10\sim-5℃$，同时，需要考虑自然条件等因素进行设计；例如吉林 CO_2 驱油试验区，冬季温度较低，可达到 $-30℃$ 以下，因此，温度级别选择 L-U（$-46\sim121℃$）。

井口规范级别设计：依据 GB/T 22513 井口装置和采油树规范要求内容规定了四种不同技术要求的产品规范级别（PSL）。井口装置总成的主要零件包括：油管头、油管悬挂器、油管头异径连接装置及下部主阀等。其他次要零件的规范级别与主要零件相同或低于其级别来确定。根据井口使用环境、压力级别等因素考虑，井口规范级别设计为 PSL-3。

井口性能级别确定：性能要求是对产品在安装状态特定的和唯一的要求，所有产品在额定压力、温度和相应材质类别以及试验流体条件下，进行承载能力、周期、操作力或扭矩的测试。性能要求分 PR1 和 PR2 两级，PR2 具有更严格的要求。井口性能级别的确定需要考虑到气井阀门的操作频次、服役环境等条件，根据试验区实际情况及工作环境，井口的性能级别选择为 PR1。

井口结构设计：注气井注气过程井筒内介质为 CO_2 气体，对井口密封性要求较高，因此，井口结构参考采气井口设计，采用双翼双阀结构，主阀应设计安装 1 个安全阀，配备控制系统，实现高、低压自动关井及远程关井功能。注气井口共计 11 阀，井口具体结构如图 3-14 所示。

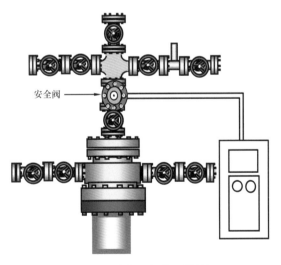

图 3-14　笼统注气井口结构图

2）笼统注气管柱设计

管柱设计方面，目前气密封螺纹油管种类繁多，但其基本形式大体相同，一般来讲，气密封螺纹由三部分构成：连接螺纹、抗扭矩台肩和密封面。密封面是气密封的主要结构，多采用复合多重密封，即以径向金属对金属密封为主，辅以一个或多个端面密封。国外广泛应用的气密封螺纹有 NK3SB、FOX、NSCC、WAM 等，国内气密封螺纹有 BGT，通过对密封原理对比分析及气井应用分析来看，国外气密封螺纹密封性有一定优势，但成本较高，国内气密封螺纹密封性可以满足 CO_2 驱试验需求，而且经济方面具有一定优势，管柱设计选择 BGT 螺纹油管。

气密封封隔器：气密封封隔器推荐采用压缩式液压坐封可回收封隔器，避免因压力波动而失效。根据井下服役环境，设计耐腐蚀、防垢、耐高温 120℃。在注入过程中，管柱受外挤、内压、螺纹连接屈服强度、弯曲载荷以及封隔器等作用力；管柱的应变有重力引起的轴向伸长量、摩阻力引起的轴向伸长量、封隔器作用力引起的轴向伸长量等应变。因此，需要进行正常注入过程的封隔器受力计算，从而设计合理的封隔器解封力，通过计算封隔器的解封力为 16tf。

防腐措施：在水气交替注入过程、CO_2 转注水或注水转 CO_2 停注过程均存在气液混合环境，环境腐蚀性较强，因此，在这两个过程需要加注缓蚀剂段塞，以保证井口设备以及井下管柱的安全；缓蚀剂类型根据不同区块进行现场试验评价后确定。前期现场实施 WAG 工艺试验井数较少时，可采用流动泵车在井口加注缓蚀剂。在 WAG 规模扩大后，从成本考虑，在注水间设计加药流程，以满足水气交替情况下的加药需求，可以根据水气交替变化随时进行加药。

3. CO_2 驱分层注气工艺设计

1）CO_2 驱同心双管注气工艺设计

CO_2 驱同心双管分层注气是利用两套同心管柱来实现地面分注的注气工艺，在工艺设计上需要考虑两个注气管柱的尺寸大小和优选问题，现场实施需要安全可靠。

同心双管分层注气井口与笼统注气井口的压力级别、材质级别、温度级别、性能级别、规范级别、密封方式等设计要求相同，仅需要针对分注的特殊要求进行结构设计、连接方式研究设计。井口结构设计主要在井口内部设计上下两个油管挂结构，底部油管挂悬挂外油管，顶部油管挂悬挂内油管，井口结构如图 3-15 所示。

同心双管分层注气工艺是通过在油管内下入中心管，用封隔器将两油层封隔开来，利用中心管注下部油层，中心管和油管中间注上段油层（图 3-16）。主要管柱结构分为油管管柱和中心管管柱。管柱主要由气密封油管、双封隔器、防返吐配注器、井下插入式密封短节、底阀、球座等组成，对上部油层的进行注气；中心管管柱主要由小油管、中间承接短节插入密封段等组成对下层油层进行注气。

注气管柱尺寸大小的优化设计：在 $5\frac{1}{2}$in 套管内实施同心双管分层注气，主要有两种方案：一是采用 1.9in 管和 $2\frac{7}{8}$in 管组合；二是采用 1.9in 管和 $3\frac{1}{2}$in 管组合（图 3-17 和图 3-18）。

以上两种方案的优选重点：一是两种方案在管柱搭配上是否可以进行施工；二是两种方案都能进行正常作业的前提下哪种更优。首先从施工角度考虑，中心管和油管在考虑了外径接箍和摩擦力、井斜、油管/套管内壁结垢等情况下能否顺利下入，能否施工，能否正常注气，以及风险性评估情况；如果两者都能进行正常施工，那就需要考虑两种方式注气哪个方案更优。这需要从正常注气工艺的参数及成本上进行考虑。详细对比还需结合注气量、注气压力、流体温度等来具体分析。试验区块综合考虑施工、注气参数、成本等角度，设计采用 1.9in 管和 $3\frac{1}{2}$in 管柱组合。

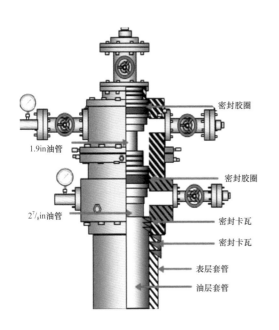

图 3-15　CO_2 驱油双管分层注气井口结构

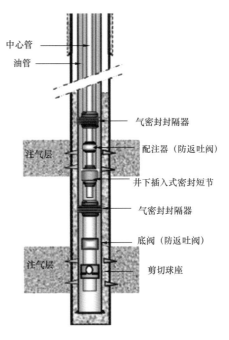

图 3-16　同心双管注气工艺管柱

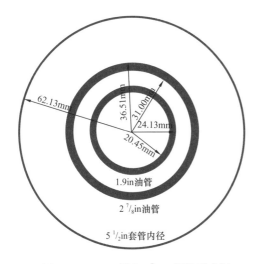

图 3-17　1.9in 管和 $2\frac{7}{8}$in 管柱示意图

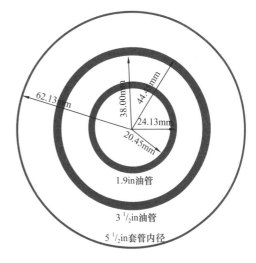

图 3-18　1.9in 管和 $3\frac{1}{2}$in 管柱示意图

2）CO_2 驱单管多层分注工艺管柱

为了满足三段及以上分层注气需求，设计了 CO_2 驱单管多层分注工艺（图 3-19）。单管多层分注工艺关键在井下工具，井口结构及要求与笼统注气工艺相同，因此，井口参考笼统注气井口设计。

单管多层注气管柱设计考虑，单管多层注气工艺是基于偏心分层注水的基础上，进行优化设计的偏心分层注 CO_2 工艺，井下用封隔器进行封隔，应用多级串联气嘴进行流量调

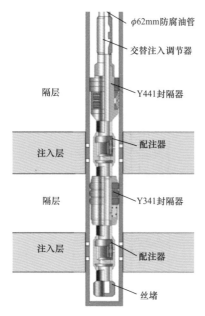

图 3-19　单管多层分注工艺管柱

（左侧管柱标注，自上而下）
φ62mm防腐油管
交替注入调节器
隔层
Y441封隔器
注入层
配注器
隔层
Y341封隔器
注入层
配注器
丝堵

节，可以实现多段分注。管柱主要由交替注入调节器、双封隔器、防返吐配注器、丝堵等组成。气嘴采用多级文丘里管串联气嘴结构。

3）防返吐工艺设计

在先导试验区块对注气井井筒温度、压力、吸气剖面等进行测试过程中，多次出现工具受沥青质影响遇阻现象，分析研究认为注气井井壁的沥青质是由于在停注 CO_2 过程中油层中的流体反吐入井筒内，停注后再注 CO_2 过程中由于温度降低、CO_2 对轻质组分的抽提等作用使胶质、沥青质等成分凝结在油管内壁，导致严重的井筒阻塞，从而引起测试工具遇阻。因此，注气工艺需要进行防返吐设计。

在注气工艺管柱上设计应用防返吐配注器，在实施注气过程中，只允许 CO_2 气从井筒流向地层，防止在停注或转注过程中，地层流体倒流向井内，从而避免因 CO_2 抽提作用产生沥青质沉淀堵塞井筒。

4）分层注 CO_2 气嘴实验装置设计

气嘴优化设计是单管多段分注工艺的关键，合理的气嘴设计不仅需要气嘴参数优化设计模型计算，还需要开展 CO_2 分层嘴流特性模拟实验，明确 CO_2 嘴流特性规律，优化参数计算模型，指导单管多层分注工艺参数的优化设计。CO_2 流体由来气端进入装置，然后经调压阀调节稳压后进入装置，设计采用"V 锥流量计 + 质量流量计"双流量计进行校正，再进入孔板模型气嘴，利用压差传感器及温压传感器进行计量，得出气嘴嘴径和流量、温度、压力等各参数之间的关系，具体装置如图 3-20 所示。

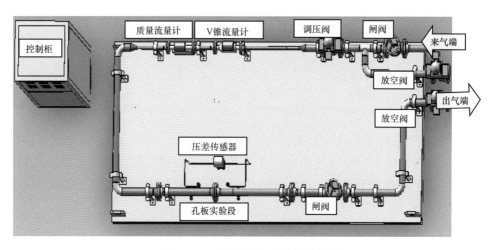

图 3-20　分层注气气嘴实验装置图

三、CO_2 驱采油工艺设计

随着 CO_2 驱油试验的进行，采油井陆续见到了驱油效果，逐渐出现 CO_2 含量升高、气油比升高、套压升高等问题，影响油井产能的保持和发挥。为了更好地保障 CO_2 驱的效果，需要进行采油井举升参数优化，确定合理工作制度，来缓解平面矛盾；同时，进行高套压、高气油比油井举升技术设计，解决 CO_2 气窜、套压升高等引起的油井举升问题。

1. 采油参数优化设计

1）CO_2 驱采油井井筒流体动态模型

CO_2 驱前期，采油井井筒流体动态与水驱采油井井筒计算相同，但随着油井见效，CO_2 溶于原油，改变了原油的性质，目前黑油模型对含 CO_2 原油物性计算将不再适用。因此，考虑试验区块原油组分、CO_2 原油混合体系的物性变化、气体质量流速变化远小于其密度变化，同时忽略液体压缩性，建立了井筒压力计算模型；通过状态程与常规井筒温度模型联立，得出井筒温度计算模型；两个模型与 PR 状态方程即组成了含 CO_2 原油混合体系井筒流动压力、温度分布计算综合模型：

$$\begin{cases} PR-EXP方程 \\ \dfrac{\mathrm{d}T_f}{\mathrm{d}z} = \dfrac{T_{ei}-T_f}{M} - \dfrac{g\sin\theta}{\overline{C_{pm}}} + \left(\overline{J_t} + \dfrac{v_m v_{sg}}{pC_{pm}}\right)\dfrac{\mathrm{d}p}{\mathrm{d}z} \\ -\dfrac{\mathrm{d}p}{\mathrm{d}z} = \dfrac{g\sin\theta\left[\rho_L H_L + \rho_g(1-H_L)\right] + \dfrac{fGv_m}{2d}}{1 - \dfrac{\left[\rho_L H_L + \rho_g(1-H_L)\right]v_m v_{sg}}{p}} \end{cases} \quad (3-109)$$

从图 3-21 可以看出，井底流压 14MPa 时，不同二氧化碳含量下混合体系的举升高度。从图中可以看出，随着二氧化碳含量的增加，井筒中混合体系举升高度增加，当二氧化碳摩尔含量为 50% 时，井筒中流体能够举升到地面，也就是此时油井能够达到自喷。

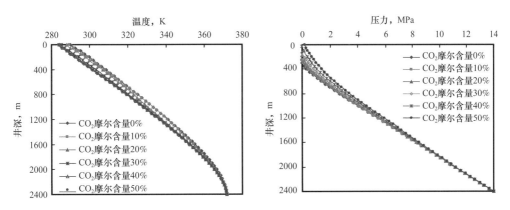

图 3-21　不同 CO_2 含量下的井筒流温、流压分布

2）采油井地层流入动态计算模型

不同区块 CO_2/ 原油混合体系无量纲 IPR 曲线是不同的，主要是曲线上每一点的曲率不

同。对于吉林油田大情字井地区，将多个区块不同 CO_2 含量下的无因次产量和流压数据点投放在一张图进行回归，得到如下公式：

$$\frac{Q_o}{Q_{max}} = 1 - 0.511\frac{p_{wf}}{p_r} - 0.489\frac{p_{wf}^2}{p_r^2} \tag{3-110}$$

当 $p_r > p_b > p_{wf}$ 时，流入动态方程为：

$$Q_o = Q_b + (Q_{max} - Q_b)\left(1 - 0.511\frac{p_{wf}}{p_b} - 0.489\frac{p_{wf}^2}{p_b^2}\right) \tag{3-111}$$

3）举升参数优化设计

CO_2 驱机抽系统优化设计包括确定油井供液能力、预测不同流压下的产液量，确定抽油设备和工作参数，其目标是抽油生产系统在高效、安全的条件下稳定工作（图3-22）。

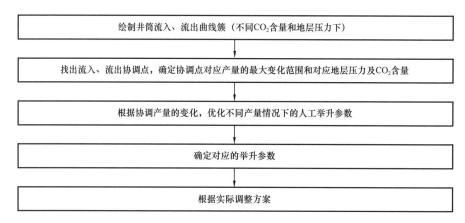

图3-22　CO_2 驱采油井优化设计流程

以黑59-1井为例，经过统计分析，选取了含水44.7%，产液量在7.96t/d，动液面距井口距离为938m，生产气油比为111.5m³/m³，井口油压0.7MPa，套压1.9MPa生产情况下的数据作为合理的测试点。产液量7.96t/d折合体积9.47m³/d。根据分析得出地层合理产液量在0.5~4.5m³/d之间变化，将产液量划分为1m³/d、2m³/d、3m³/d 和4m³/d 4 种情况，并据此对每种产量进行举升参数优化。表3-6为下泵深度1800米时最优生产举升参数组合。

表3-6　下泵深度为 **1800m** 时最优生产举升参数组合

产量 m³/d	19mm×1050m+22mm×750m D 级杆柱组合							
	泵径 mm	冲程 m	冲次	泵效 %	最大载荷 N	最大扭矩 N·m	电动机功率 kW	抽油机型
1	32	2.4	2	18	52578	9199	1.28	8 型
2	32	2.4	2	36	52578	9199	1.28	8 型
3	32	2.4	2	54	52578	9199	1.28	8 型
4	38	2.4	2	51	57704	11980	1.67	8 型

2. 机抽采油工艺设计

1）泵外高效防气举升工艺设计

高效防气装置螺旋管设计：高效防气装置螺旋管是在抽油泵外面套有外管，抽油泵下端连接螺旋管。该装置使气液进入泵筒前实现4次分离，即气液进入套管后首先在油套环空，产生一次重力沉降分离；然后分离后的气液混合物从外管上部的进液孔进入抽油泵和外管之间的环空，产生第二次气液分离；气液继续沿环空向下流动，由于气液密度差作用，气液产生第三次沉降分离，一部分气体向上流动，从外管排气孔排出；气液向下流动进入抽油泵下端的螺旋管，产生第四次离心分离，分离出的气体经螺旋管上的缝隙向上流动，从排气孔排出，如图3-23所示。分离后的液体经螺旋管中心孔道进入抽油泵。

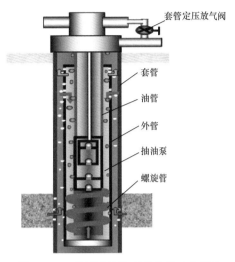

图3-23 高气油比生产井举升工艺管柱

套管定压放气阀
套管
油管
外管
抽油泵
螺旋管

高气油比生产井防气举升工艺措施控制图如图3-24所示，根据高气油比井高效防气装置螺旋管室内实验和现场试验效果分析，不同参数的螺旋管适应条件不同，推荐参考防气举升工艺措施控制图对不同气油比、产液量和沉没压力的生产井进行设计。

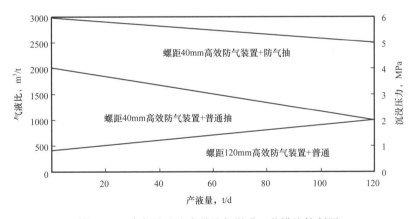

螺距40mm高效防气装置+防气抽

螺距40mm高效防气装置+普通抽

螺距120mm高效防气装置+普通

气液比, m³/t

沉没压力, MPa

产液量, t/d

图3-24 高气油比生产井防气举升工艺措施控制图

2）气举—助抽—控套一体化高效防气举升工艺

气举—助抽—控套一体化举升工艺是泵下安装气液分离器，将气液进行分离，减少进入抽油泵的气体量；气体进入套管后将出现套压升高现象，设计应用控气阀，当环空套压高于控气阀打开压力时，气体通过控气阀进入油管，降低油管内流体的密度，实现携液举升；当套压低于阀打开压力时，阀关闭。以合理控制环空压力，使系统始终处于动态平衡过程。泵的充满程度得到改善，并降低了抽油泵的排出压力，既可在更大范围内优选抽油杆柱组合，也使得抽油杆柱冲程损失下降，最大扭矩降低，抽油效率提高。该工艺可以有效提高举升效率，也降低了环空带压风险 (图 3-25)。

气举—助抽—控套一体化举升工艺初步解决了气油比高、套压高油井举升问题，但随着气油比的进一步增加，泵效明显降低。可应用防气泵提高泵效，推荐应用中空防气泵，主要利用柱塞的往复运动将气体和液体在重力条件下分离，并通过中空管与油管连通将混合在油中的气体排出。上行程时，柱塞上行，固定阀开启进油，上、下游动阀关闭排油。当柱塞下端离开下泵筒并进入中空管时，中、下腔室连通，泵内液体中的气体上升，直至上冲程结束。下冲程时，柱塞向下运动，固定阀关闭，游动阀打开出油，当柱塞的上端进入中空管时，中空管便与油管连通，这时存在于中空管内的气体上逸，同时中空管被井液充满，直至下冲程结束，这样便完成了一个抽汲过程（图 3-26）。

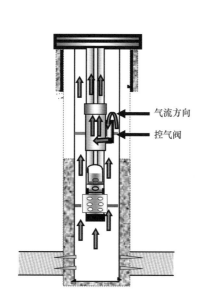

图 3-25　气举—助抽—控套一体化举升工艺

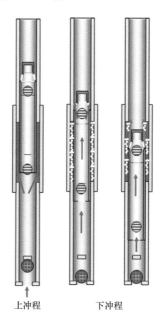

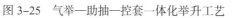

图 3-26　中空防气泵举升工作原理

中空管的设置给泵内气体提供绕行通道，从而增加了工作筒内液体的充满系数，降低了泵内的气油比，排除了气体的干扰，有利于泵效的提高。

四、井筒完整性评价与和控制

CO_2 驱油井筒完整性风险评价和控制方法是提高注采井筒完整性、保障注采井安全平稳运行的重要手段，新钻注气井主要做好安全风险控制，水驱老井转注气井由于固井水泥、井筒都不是按照 CO_2 驱要求设计施工，安全风险较高，在做好安全风险控制基础上，需要进行安全风险评价、井筒状况评价等，从而提高井筒完整性。

1. 井筒安全风险评价技术

针对目前水驱老井转 CO_2 驱现状，从注采井生产情况、注采井井筒本身状况以及注采工程设计等三方面评价注采井的井筒风险。

注采井安全评价重点不同，注气井重点考虑环空带压情况，采油井重点考虑 CO_2 是否突破；但注采井均需要针对井筒安全屏障、井口压力变化等进行分析，根据分析结果划分风险级别，从而指导措施的制定，具体井筒完整性评价工艺流程及注采井筒泄漏分析模板如图 3-27 和图 3-28 所示。

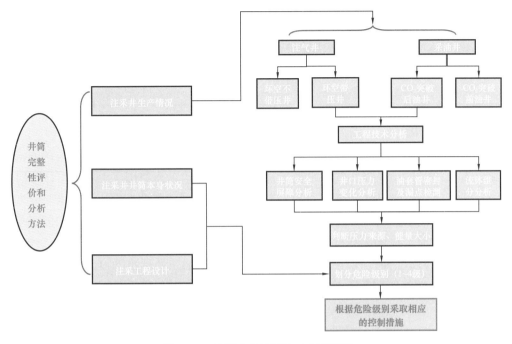

图 3-27　井筒完整性评价工艺流程图

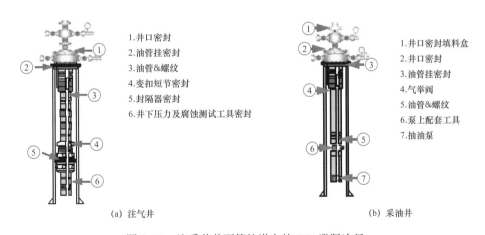

(a) 注气井　　　　　　　　　　　(b) 采油井

图 3-28　注采井井下管柱潜在的 CO_2 泄漏途径

2. 井筒状况评价方法

井筒状况评价方法主要评价水驱老井转 CO_2 驱可行性，需要对固井质量、油套管气密封、腐蚀等状况进行评价，评价方法包括：固井质量检测、井下套管状况监测、气密封检测、井下漏点检测和井下窜槽测试等技术（表 3-7）。

表 3-7　井筒完整性检测技术与方法一览表

序号	技术	工艺方法
1	固井质量检测技术	声幅、变密度测井、八扇区水泥胶结测井
2	井下套管状况监测技术	多臂井径仪 + 电磁探伤
3	气密封检测技术	氦气检测
4	井下漏点检测技术	温度测井、超声波测井
5	井下窜槽测试技术	封隔器卡封层位试压

3. 环空带压评价

CO_2 驱注气井井筒完整性是否失效首先反应为环空带压，正确认识环空带压原因，进行正确、有效的管理是保障注气井平稳运行的关键。环空带压原因主要有施工作业时的环空压力，温度效应引起流体膨胀压力和 CO_2 驱注采井泄漏引起的环空压力。由于温度效应影响，这类井通过风险评估和环空压力管理就可以消除，能达到正常开井生产的要求；针对完整性失效引起带压的高压注气井，解决隐患最根本的办法是通过修井作业重新完井。参照 API RP 90《海上油气井环空压力管理》和挪威石油工业标准 D-101《油气井钻井完井作业中的完整性》等国际标准，推荐利用 CO_2 驱注采井临界环空压力值进行管理，见表 3-8。

表 3-8　CO_2 驱注采井临界环空压力值

A：推荐以下 4 个压力中的最小值作为油套环空最大许可压力的上限			
生产套管最小内压力屈服值 50%	外层套管抗内压力的 80%	油管抗外挤值的 75%	油管头工作压力的 60%
B：推荐以下 4 个压力中的最小值作为生产套管环空最大许可压力上限			
裸眼井段地层破裂压力的 80%	表层套管最小内压力的 50%	生产套管抗外挤的 75%	套管头工作压力的 60%

通过对试验区注气井的环空液面和环空压力恢复测试数据分析，借鉴天然气井井筒完整性管理和 API RP 90 标准，将环空带压分 4 级（图 3-29）。

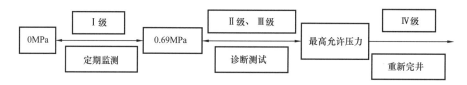

图 3-29　环空带压风险级别评价流程

4. 安全风险控制措施

根据上文确定的 CO_2 驱注采井安全风险影响因素，需要从方案设计源头、施工质量、生产管理等方面采取控制措施。

1）注气井井筒安全控制措施

严格注气工艺设计，按照方案设计执行，井口采用 5000psi CC 级井口，双翼对称结构，安装井口安全阀，配套安控系统；油管挂密封采用多级密封结构，提高密封效果。采用带封隔器气密封完井管柱，油套环空添加保护液，完井时循环空保护液保护油管外壁和套管内壁，生产时测液面和补加环空保护液。

严格施工过程质量控制，施工前严格进行油管挑选，剔除不合格产品；气密封管柱下井过程中进行洗上扣、气密封检测。

严格生产运行过程管理，定期监测环空压力变化情况，严格控制注气井环空压力，保持压力低于最大许可压力。对于注气管柱微渗井，井口安装针形阀，长期放压，以保证井口套管头安全和避免套管腐蚀。

2）采油井井筒安全控制措施

采油工艺设计方面：井口更换为 CC 级井口，配套高压防腐密封盒。采油管柱防腐和安全设计，设计采用涂层油管，使用防腐耐磨泵，柱塞、阀等使用不锈钢材质。加注缓蚀剂防腐设计，采用连续加药，配合加药车加药，从环空加注缓蚀剂防止井下油套管柱和工具腐蚀。井筒状况监测设计，采用多臂井径仪和电磁探伤对套管内壁腐蚀状况定期进行检测。

生产运行过程管理方面，对于不同套压井采取不同的控制办法和防腐措施，套压高于 2MPa 的采油井安装控气阀，将套压控制在 0～2MPa。对于不同套压采油井采取不同加药方式，套压在 0～4MPa、动液面在 1500m 左右的油井采取连续加药方式；套压高于 4MPa、动液面较低，采取车载高压泵密闭间歇加药方式；套压较高、液面在井口，采取泵车大循环预膜加药方式。

第三节 碳捕集技术

目前脱碳工艺技术主要分为溶剂吸收法（包括热钾碱法、醇胺法、物理溶剂法）、膜分离法、变压吸附法及低温分馏法等几大类[19-24]。从这些工艺发展和工业应用的经验可知，目前适用于油气田的脱碳工艺技术主要有以下几类：溶剂法中的醇胺法和物理溶剂法工艺、膜分离法、变压吸附法和低温分馏法。

一、化学溶剂吸收法

化学溶剂吸收法是天然气脱碳工艺中应用最广泛的方法，并且在合成氨、制氢等石油化工工业中也普遍应用。目前工业上经常使用的化学溶剂吸收法主要有两大类：热钾碱法；以（甲基二乙醇胺（MDEA）溶剂为基本组成的）活化甲基二乙醇胺法、混合胺法为代表的醇胺法。

1. 热钾碱法

热钾碱法是一系列加有不同活化剂的碱液脱碳法工艺的总称，较著名的有 Benfield 法、Catacarb 法等，此类方法因其吸收塔在较高的温度下操作，故具有节能优势，但设备腐蚀严重，必须使用特殊的缓蚀剂。同时，因其操作条件比较适于合成氨等工业中的脱碳，故在天然气脱碳中极少应用（除 20 世纪 60 年代的个别情况外，近几十年未见采用此法建工业化天然气处理装置的实例报道）。近年来，国外根据活化 MDEA 工艺的开发经验，正在对热钾碱法的活化剂作重大改进，并准备将此新工艺应用于电站排放尾气的脱碳。

2. 醇胺法

目前应用最多的天然气脱碳工艺是醇胺法。

一乙醇胺（MEA）是最早使用的醇胺溶剂，早在 20 世纪 50 年代就广泛应用于天然气脱碳。由于 MEA 的碱性强，与 CO_2 的反应速率也很高，故此法能够达到的净化度在醇胺法中是最高的；但因其相当高的能耗（$5.3 \sim 6.4 MJ/m^3$）和严重的设备腐蚀问题，制约了该工艺的推广应用。

20 世纪 80 年代以来，MDEA 溶剂因其性质稳定、能选择性地脱除 H_2S 和具备节能优势而在天然气净化装置上迅速推广。但是，常规的 MDEA 水溶液在用于需要大量脱除 CO_2 的情况下，不仅因其与 CO_2 的反应速率较低而受到极大限制，且此类方法的能耗仍可能达到接近 $5MJ/m^3$ 的水平。为了加速 MDEA 溶剂吸收 CO_2 的速率，1990 年后美国的研究机构大力开发了以 MDEA/DEA 为代表的混合胺工艺，其实质是以 DEA 为活化剂加快 MEDA 吸收 CO_2 的速率。早期，MEA 也曾用作活化剂，组成 MDEA/MEA 混合胺溶剂。活化 MDEA 法是近年来开发的新型天然气脱碳工艺，其能耗与原料气中的 CO_2 分压直接有关，当其值超过 0.5MPa 时能耗有望降到约 $2MJ/m^3$（CO_2），是目前国内外处理含 CO_2 原料气比较理想的工艺。德国 BASF 公司开发的活化 MDEA 脱碳工艺目前应用非常广泛，总共有 $01 \sim 06$ 等 6 种牌号，$01 \sim 03$ 主要应用于合成氨工业，$04 \sim 06$ 主要应用于天然气工业，并按不同的原料气条件，安排相应的流程。

我国在 20 世纪 90 年代曾引进过 BASF 活化 MDEA 溶剂，应用于天然气脱碳。在消化吸收引进技术的基础上现已自行开发了配方溶剂，并成功地应用于工业装置。

总的来讲，醇胺法是目前应用最多最重要的脱碳工艺。MEA、DEA 水溶液脱除 CO_2 效果理想，应用广泛。MDEA 工艺具有使用溶剂浓度高、酸气负荷大、腐蚀性低、抗降解能力强、脱 H_2S 选择性高、能耗低等优点。基于 MDEA 的各种配方型溶剂，比单独 MDEA 溶液具有的 CO_2 选择性更高；采用不同的添加剂，可使溶剂适用于脱除更多的 CO_2 或者 CO_2 含量按要求进行调节以及脱除有机硫；另外，配方型溶剂工艺不但将醇胺法脱碳工艺所面临的设备腐蚀、溶液降解等诸多问题和困难降到最低水平，而且使装置的能耗大幅度下降，显著地降低装置的投资及操作费用，成为目前技术水平最为先进的脱碳工艺。

二、物理溶剂吸收法

1. 物理溶剂吸收法概述

物理溶剂法是利用 CO_2 在有机溶剂中的物理溶解而将其脱除的一类脱碳工艺，已工业应用的溶剂有甲醇、碳酸丙烯酯（PC）、N- 甲基吡咯烷酮（NMP）、聚乙二醇二甲醚和磷酸三正丁酯（TBP）等。CO_2 在物理溶剂中的溶解遵循亨利定律，故在原料气中 CO_2 分压甚高的条件下采用物理溶剂吸收法是有利的；且此类方法具有工艺流程简单，降压闪蒸（或仅用少量热能）即可再生等优点，尤其适合应用于原料气中仅含微量 H_2S 或不含 H_2S 的情况。物理溶剂法脱碳工艺于 20 世纪 60 年代就已经大量应用于工业过程，技术较为成熟，但应用范围远不及化学吸收的醇胺法广泛，国外主要用于合成气及煤气的脱碳，应用于天然气脱碳的装置不多，国内则尚未在天然气工业中应用过。物理溶剂法存在的主要缺陷是烃类的共吸收率较大，且在不使用热能进行再生的情况下净化度受限制；在国内应用时，还将受到有机溶剂价格普遍较高的限制。

2. 低温甲醇洗技术

以应用最为广泛的低温甲醇洗技术为例，其工艺流程主要分为 7 个阶段：第 1 步，原料气通过管道输送到换热场所，换热场所加入净化气。换热后用氮气冷却，温度控制在 8～12℃。第 2 步是脱除原料气中的氢和硫，即从吸收塔底部吸入原料气至预清段脱除污染气体。吸收塔分为两级。不同阶段对污染气体的处理是不同的。经过两个阶段的清洗和更换，可以完成清除污染气体的任务。第 3 步是清除一氧化碳。经吸收塔处理后的气体除去了相关的硫化氢等污染气体，但仍含有氧化塔的气体。因此，需要通过粗洗、主洗、精洗三种方式送至氧化塔吸收塔进行一氧化碳的洗涤。净化后的气体从一氧化碳吸收塔顶部排出。第 4 步是有效的气体再生，即两组洗涤器完成的净化气体经管道送至冷却器冷却，冷却后的气体送至闪蒸塔闪蒸，以利于部分二氧化碳和氮气的回收。第 5 步是有效气体的处理。经过两轮处理和吸收，有效气体可通过两种方式处理。首先，将甲醇吸收的纯有效气体输送到后段，将甲醇吸收的另一部分含其他气体的有效气体重新吸收后排放到尾气塔，完成尾气洗涤。第 6 步是甲醇的再利用。从解吸塔出来的甲醇在一定温度下加热，释放出被吸收的酸性气体，成为甲醇和酸性气体的分离形式，甲醇被送回吸收塔再利用。第 7 步是净化甲醇。由于所用甲醇中含有一部分水，在处理过程中需要将甲醇送入精馏塔进行蒸馏分离，将蒸馏后的甲醇作为吸收塔的气体介质送入热再生塔。

该工艺运行经常遇到净化气总硫超标、劣质甲醇水含量超标、CO_2 产品气量不足、甲醇消耗高等问题。这些常见问题及应对方法介绍如下：

如果净化气总硫超标，将导致催化剂中毒和设备腐蚀。主要原因如下：甲醇循环量太低；甲醇再生效果不好；甲醇中有水或其他杂质积聚，导致甲醇纯度降低；甲醇吸收温度过高；实际运行中设备泄漏等，控制总硫含量可采取以下措施：适度增加热再生塔和甲醇/水精馏塔负荷，根据甲醇纯度排放和更换，保证甲醇质量；合理调整甲醇循环和吸收温度；保证氮气的抽气量；适度减少酸气的抽气量；防止原料气/净化气换热器等泄漏的措施，净化气中总硫含量可控制在指标范围内（$\leqslant 1mg/m^3$）。

劣质甲醇水含量超标会降低甲醇吸收能力，使净化气中酸性气含量超标。甲醇含水量超标的主要原因是：整个系统干燥不合格；甲醇/水精馏塔运行不稳定；转化气含水量高；新鲜甲醇含水量高；换热器内漏，等在实际运行中，可采取以下措施控制含水量：在系统初次启动前或长期停车（甲醇排放）后，用氮气彻底吹扫并干燥系统；停车后完全再生甲醇；甲醇/水精馏塔稳定运行；根据实际情况更换酒精排放口；防止换热器泄漏；保证进料系统新鲜甲醇含水率不超标，将贫甲醇水分控制在指标范围内（<1.5%）。

CO_2 产品气量不足的主要原因是：中压闪蒸塔压力控制低，导致部分 CO_2 闪蒸出系统放空；H_2S 吸收塔上部甲醇主洗量控制过大，导致酸性气体中二氧化碳含量增加。在实际操作中，为保证 CO_2 产品的含气量，可采取以下措施：适当减少 H_2S 吸收塔上部甲醇主洗量；在净化气总硫、CO_2 含量不超标的前提下，适度增加 CO_2 吸收塔甲醇量，减少中压闪蒸塔第一段再吸收量；适当增加中压闪蒸压力等。

甲醇损失主要来自：净化气、二氧化碳产品气及尾气的输送；甲醇/水从塔排污口的输送；甲醇从甲醇热再生塔回流罐的输送；运行、排放，在实际运行中，可采取以下措施降低甲醇消耗：适当提高吸收压力，降低吸收温度；根据原料气体积和具体情况及时调整甲醇消耗量酒精循环；消除泄漏；含酒精废水的回收甲醇等。

3. 聚乙二醇二甲醚法（NHD）

中国南京化学工业集团公司研究院对各种溶剂进行了筛选，得出用于脱硫脱碳的聚乙二醇二甲醚较佳溶剂组分。命名为 NHD 溶剂，并成功地用于以煤气化制得合成气脱离脱碳的工业生产装置。NHD 是一种优良的物理吸收溶剂，溶剂的主要成分是聚乙二醇二甲醚的同系物，其沸点高，冰点低，蒸汽压低，对 H_2S 和 CO_2 及 COS 等酸性气体有很强的选择吸收性能，脱除二氧化碳效率在物理吸收法中较高。在物理吸收法中，由于 CO_2 在溶剂中的溶解服从亨利定律，因此仅适用于 CO_2 分压较高的条件。聚乙二醇二甲醚溶剂有如下特点：溶剂对二氧化碳，硫化氢等酸性气体吸收能力强；溶剂的蒸汽压很低，挥发性小；溶剂具有很好的化学和热稳定性，不氧化、不降解；溶剂对碳钢等金属材料无腐蚀性；溶剂本身不起泡，具有选择性吸收硫化氢的特性，并可以吸收有机硫；溶剂具有吸水性，可以干燥气体、无嗅、无毒。

整体上，物理吸收技术较为成熟，流程简单。气体组分吸收在低温、高压下进行，吸收能力大，吸收剂用量少，再生容易；在净化度要求不高时不需要加热再生，因而能耗较低，投资及操作费用也较低。溶剂再生通常采用降压闪蒸或常温气提的方法，尤其适用于原料气中仅微含或不含 H_2S 的情况。特别适用于 CO_2 分压较高的气体脱碳，主要用于合成氨以及制氢装置的过程气脱碳。该工艺在一些特定的情形，如气体 CO_2 含量较高，压力也较高，而且含有机硫以及处理量不是特别大，如在海上平台，装置空间受到限制等方面还是具有较明显的优势。

三、变压吸附法

变压吸附（PSA）法是利用吸附剂对天然气不同组分的吸附容量随压力不同而有差异的特性，在吸附剂选择吸附的条件下，加压吸附混合物中的杂质（或产品）组分，减压解吸这些杂质（或产品）组分而使吸附剂得到再生，从而达到原料气中各种组分相互分离的目的。常用吸附剂有沸石分子筛、活性炭、硅胶、活性氧化铝、分子筛等，对不同的分离对象选择不同的吸附剂是 PSA 法工艺的核心技术，然而这些技术往往已经专利化。

变压吸附工艺通常有吸附、减压（包括顺放、逆放、冲洗、置换、真空等）、升压等基本步骤组成。二段法变压吸附脱碳技术，其主要特点是脱碳过程分两段进行。第一段脱除大部分二氧化碳，将出口气中二氧化碳控制在 8%～12%，吸附结束后，通过多次均压步骤回收吸附塔中的氢氮气。多次均压结束后，吸附塔解吸气中的二氧化碳含量平均大于 93%，其余为氢气、氮气、一氧化碳及甲烷。由于第一段出口气中二氧化碳控制在 8%～12%，与单段法变压吸附脱碳技术出口气中二氧化碳控制在 0.2% 相比较，吸附塔内有效气体少，二氧化碳分压高，自然降压解吸推动力大，解吸出的二氧化碳较多，有相当一部分二氧化碳无须依靠真空泵抽出，因此吨氨电耗较低。第二段将第一段吸附塔出口气中的二氧化碳脱至 0.2% 以下，吸附结束后，通过多次均压步骤回收吸附塔中的氢氮气。多次均压结束后，吸附塔内的气体通过降压进入中间缓冲罐，再返回到第一段吸附塔内加以回收。因此，二段法变压吸附脱碳技术具有氢氮气损失小、吨氨电耗低的优势。当吸附压力为 0.8MPa 时，氢气回收率为 99.2%，氮气回收率为 97%，一氧化碳回收率为 96%，吨氨电耗约为 55kW·h。当吸附压力为 1.6～2.0MPa 时，氢气回收率为 99.5%，氮气回收率为 98%，一氧化碳回收率为 97%，吨氨电耗约为 22kW·h。投资比湿法脱碳低 5%～20%（含变脱投资）。

以沸石吸附剂为例，通过沸石 13XAPG 和活性炭小球作为吸附剂，采用两级 VPSA 过程处理电厂烟道气中 CO_2 的吸附捕集技术，以得到满足 CCS 或 CCUS 要求的 CO_2 纯度。常压二氧化碳吸附捕集技术共分为鼓风机升压单元、干燥单元和 CO_2 回收单元三个部分。10kPa（表）原料气经二级罗茨鼓风机升压至 120kPa（表），除去原料气中 50% 水分，减少后续干燥单元及 CO_2 回收单元设备尺寸，经冷却分液后进入干燥单元。升压后的原料气，其含水量有 6.8% 降低至 3.4%，进入干燥单元。经变温吸附（TSA）干燥后，控制气体中水分含量小于 0.5%，进入 CO_2 回收单元。加热干燥后，采用真空泵抽真空得到二氧化碳产品。

由于 PSA 法是一种吸附与脱附（再生）过程皆在常温下进行的工艺，具有明显的节能优势，故以此法进行气体组分分离是当前国内外都广泛应用的工艺。但此法迄今很少应用于天然气脱碳，主要原因是常用吸附剂对 CO_2/CH_4 两者的亲和力相差甚微，分离效果很差。

美国于 2001 年开发成功的分子门（Molecular Gate）法工艺采用的吸附剂是一种结构特殊的新型硅酸钛型分子筛，可根据所需孔径大小进行制备，其精度可达到 0.1Å 以内，从而可以将天然气中 N_2、CO_2 和 CH_4 这 3 种分子大小非常接近的组分成功地分离。目前该法已建有 20 多套工业装置，主要应用于天然气及煤层气的脱碳和水露点控制。

变压吸附脱碳技术是比较成熟的，与湿法脱碳相比具有运行费用低、装置可靠性高、流程简单、维修量少、操作简单等优点，有效气体回收率高于湿法脱碳。

PSA 装置常温操作，无腐蚀性介质，设备、管道、管件寿命均达 15 年以上，维修费用极低。PSA 装置开停车无须人为干预，全电脑控制，开停车只需几分钟时间，且准确无误。PSA 装置全电脑控制，全自动运行，还可实现自动切除故障塔，从而实现长周期安全运行。PSA 装置不用蒸汽，电耗低，维修费用低，因而运行费用低。因此工艺流程更简洁、合理和便于操作、能耗低、适应能力强、经济合理。缺点是为获得高纯度的 CO_2 及较高的烃回收率，PSA 工艺需要很多的吸附塔，设备管理比较困难。

四、低温分离法

低温分离法或深度冷凝法是利用原料气中各组分相对挥发度的差异，在冷冻条件下将气体中各组分按工艺要求冷凝（液化），然后在一系列不同操作温度的分馏塔中将冷凝液中各类物质依照沸点的不同逐一加以分离。该方法适用于天然气中 CO_2 和 H_2S 含量较高的场合，以及在用 CO_2 进行三次采油时采出气中 CO_2 含量和流量出现较大波动的情况。相对于其他两类物理分离法，低温分离法的另一个特点是（极具商业价值的）天然气凝液（NGL）回收率颇高，故尤其适合应用于 C_{5+} 含量高的伴生气。利用 CO_2 在 304K 和 7.39MPa 压力下液化的特性，对原料气体进行多次压缩和冷却使其液化，实现从混合气体

中分离 CO_2。仅仅适用于 CO_2 浓度较高（>60%）的原料气体，目前主要用于分离油田伴生气中的 CO_2。

与其他工艺相比，深度冷凝法设备庞大，能耗大以及燃煤电厂烟道气中颗粒物和高沸点组分的存在会导致系统堵塞，一般很少采用该方法，若原料气中不含 H_2S，低温分离法投资和能耗均可较大幅度降低。此类方法在 20 世纪 80 年代就广泛应用于注 CO_2 进行 EOR 时的伴生气处理。根据不同工况条件，低温分离法有多种流程安排，还可以在冷凝液加入添加剂以改善分离效果；目前应用较多的工艺是美国 Koch Process Systems 公司开发的 Rayn-Holmes 工艺。

五、膜分离法

不同气体在特殊结构的膜中的溶解扩散速率相差甚大，利用此速率差异来实现混合气体的组分分离是膜分离技术的基本原理。早在 1981 年膜分离技术就开始应用于天然气净化（主要是脱碳和水露点控制），近年来发展迅速，尤其在海上气田对 CO_2 含量极高的原料气进行粗脱处理时，采用膜分离技术是较为理想的工艺。美国的 UOP 公司、NATCO 公司和法国的 Air Liquide 公司都在世界各地建设了很多膜分离法天然气脱碳装置，积累了较丰富的经验。据中国科学院大连化学物理研究所网站发布的消息，该所研制的我国第一套膜分离法天然气脱碳工业试验装置（处理量为 $4 \times 10^4 m^3/d$）也已于 2006 年 10 月在海南省顺利投产，各项指标均达到设计要求。

采用一级膜分离系统，产品气 CO_2 含量为 15% 时，烃回收率为 93.4%，但渗透气 CO_2 的含量只有 79.53%，产品气需要再处理，才能满足要求；保证产品气 CO_2 含量为 3% 时，烃回收率只有 82.7%，渗透气 CO_2 的含量只有 69.39%，渗透气只能作为燃料气用，并且渗透气的产量比较大，如果工厂无法消化如此大量的渗透气，则该部分渗透气需要处理才能利用。采用二级膜分离系统，产品气 CO_2 含量为 15% 时，烃回收率达到 98%，但渗透气 CO_2 的含量只有 92.49%，产品气需要再处理，才能满足要求；保证产品气 CO_2 含量为 3% 时，烃回收率只有 94%，渗透气 CO_2 的含量只有 86.55%，渗透气只能做为燃料气用，并且渗透气的产量比较大，如果工厂无法消化如此大量的渗透气，则该部分渗透气需要处理才能利用。一次不论单独采用一级膜分离系统还是采用二级膜分离系统，都无法满足产品气和渗透气的质量要求，必须与其他工艺组合，才能实现。

应该指出，该技术存在烃损失率偏高，膜材料的制备和膜分离单元制作等技术比较复杂等缺陷。一方面，为了防止原料气携带的水分对膜分离装置的膜造成损害、防止原料气冷却和后序处理生产水合物、分离重烃，需要对原料气进行三甘醇脱水和丙烷制冷等预处理，工艺相当复杂。另一方面，膜分离技术对 CO_2 的脱除属于粗脱，单独用膜分离法难以获得深度脱除和回收得到高纯度 CO_2，渗透气中烃类含量较高，烃类损失高，渗透气含有 CH_4 用于液化后 CO_2 驱油时，压缩困难，能耗非常高；渗余气中 CO_2 含量大于 3%，不能满足商品气的要求，通常需要与醇胺溶剂法工艺结合起来使用。此外，膜材料制备和膜分离单元制作等技术比较复杂，特别是建设大型高压的（天然气净化）膜分离装置，我国目前尚缺乏自主开发的专有技术和工程经验。

六、富氧燃烧法

富氧燃烧技术采用纯氧或富氧气体混合物替代助燃空气，实现化石燃料燃烧利用，燃料燃烧后将形成高 CO_2 浓度的烟气，易于 CO_2 捕集和处理。该技术最早是由 Abraham 于 1982 年提出。化石燃料在接近纯氧条件下燃烧后的主要产物为 CO_2 和 H_2O，只需经过干燥，压缩，脱硫等过程可得到高纯度的 CO_2。富氧燃烧技术具有以下优点：用高纯度的氧气代替空气作为氧源，燃料燃烧发生在低氮环境中，极大降低了 NO_x 的生成量，同时由于氧源中几乎不含氮气，减少热量的散失和后续烟气处理量，从而提高能源利用率和简化分离过程；富氧燃烧的烟气主要由 CO_2 和 H_2O 组成，几乎可以实现 CO_2 的零排放。尽管富氧燃烧有上述优点，纯氧是由空气低温分离或膜分离获得的，能耗大，富氧燃烧捕集成本较高，并且燃烧通常情况下燃烧器的温度比较难控制，这对燃烧炉的耐火材料提出更高要求，目前富氧燃烧技术还处于示范阶段。

2005 年以来，富氧燃烧的工业示范取得了突出的进展，其中，瑞典 Vattenfall 公司 2008 年在德国黑泵建成了世界上第一套全流程的 10MWe 富氧燃烧试验装置，澳大利亚 CS Energy 公司 2011 年在 Callide 建成了目前世界上第一套也是容量最大的 30MWe 富氧燃烧发电示范电厂，西班牙 CIUDEN 技术研发中心 2012 年建成了一套 7MWe 的富氧燃烧煤粉锅炉和世界上第一套 10MWe 富氧流化床试验装置。在中国，第一套 12MWe 富氧燃烧发电装置也将在 2014 年底建成。

我国华中科技大学在富氧燃烧方面的工作比较突出，突破了无焰燃烧的传统理论和方法的限制，构建了具有特色的矿物熔融热描述方法，2015 年已建成了亚洲最大规模的 35MW 富氧燃烧碳捕获示范工程，实现了 82.7% 的 CO_2 富集浓度，是目前世界同类装置的最高 CO_2 浓度。但是目前富氧燃烧仍然存燃烧稳定性不高，以及制氧增加运行成本问题。这些困难和问题已经成为制约新型燃烧方式走向规模应用的瓶颈。据悉，富氧燃烧可使碳捕集成本下降 15% 左右，与先进的化学吸收法相比，成本优势和技术成熟度不算明显。

七、碳捕集技术筛选

含 CO_2 天然气或注 CO_2 的 EOR 工程所得伴气体的处理涉及许多方面的问题，如 CO_2 回收、烃类回收或者脱除 H_2S 等，相互又有影响，因此在选择 CO_2 分离技术时应考虑多方面的因素，如原料气成分及条件（温度、压力）、回收 CO_2 的最佳工艺过程、CO_2 产品的质量要求、烃类回收要求以及露点控制、投资和运行成本以及能源供应情况等。

化学溶剂吸收法中目前应用最多的天然气脱碳工艺是醇胺法。混合胺工艺和活化 MDEA 工艺都是处理含 CO_2 原料气比较理想的工艺。

物理溶剂法脱碳工艺应用范围远不及醇胺法工艺广泛，国外主要用于合成气及煤气的脱碳，应用于天然气脱碳的装置不多，国内则尚未在天然气工业中应用过。

膜分离技术对于处理含 CO_2 天然气（特别是含 CO_2 的天然气）相对较为成熟，目前应用也最多，但烃损失率偏高，单独用膜分离法难以深度脱碳和回收得到高纯度 CO_2，通常需要与醇胺溶剂法工艺结合起来使用；膜材料的制备和膜分离单元制作等技术比较复杂等缺陷，特别是建设大型高压的（天然气净化）膜分离装置，我国目前尚缺乏自主开发的专有技术和工程经验。

低温分离法适用于 CO_2 驱油条件下的伴生气处理，但很少用于处理含 CO_2 天然气。

变压吸附技术适用于气源 CO_2 组分不断变化，具有工艺过程简单、能耗低、适应能力强、操作方便、自动化程度高等优点。

对醇胺法、物理溶剂法、膜分离法、低温分离法、变压吸附工艺和热钾碱法等 6 种脱碳方法所具有的优势和存在的不足之处归纳见表 3-9。对于含 CO_2 的天然气，比较合适的 CO_2 捕集方法是醇胺法工艺、"膜分离＋醇胺法"组合工艺及变压吸附工艺。而对于 CO_2 驱油条件下，伴生气中 CO_2 含量不断变化，根据油藏注 CO_2 含量需求，可选择变压吸附工艺。

表 3-9　各种脱碳方法的优势和不足

脱碳方法	工艺方法具备的优势	工艺方法存在的不足
醇胺法工艺	醇胺法是目前应用最多最重要的脱碳工艺。MEA、DEA 水溶液脱除 CO_2 效果理想，应用广泛。MDEA 工艺是目前最先进的工业脱碳工艺	流程较复杂、存在较严重的化学降解和热降解，设备腐蚀，只能在低浓度下使用，从而导致溶液循环量大、能耗高。MDEA 工艺中采用的 MDEA 碱性弱，在较低吸收压力或 CO_2/H_2S 比值很高时，净化气中 CO_2 含量很难达标
物理溶剂工艺	技术较为成熟，流程简单。尤其适用于原料气中不含 H_2S 的情况。特别适用于 CO_2 分压较高的气体脱碳，主要用于合成氨以及制氢装置的过程气脱碳。在海上平台等空间受制时有明显的优势	用于油气田的脱碳造成烃类损失。在不使用热再生的情况下净化度受限制。应用范围远不及醇胺吸收法广泛，国内尚未在天然气工业中应用过
膜分离法	投资及操作成本低，设备简单、操作简便，适应性强，能耗较低，运行可靠，环境友好。适合边远天然气加工处理，膜分离出的渗透气可用作燃料	该技术存在烃损失率偏高，膜材料的制备和膜分离单元制作等技术比较复杂等缺陷。我国尚缺乏建设大型高压膜分离装置自主技术和工程经验
低温分离法	工艺灵活，没有类似于溶剂吸收工艺的发泡等问题的发生，腐蚀较低。可以得到干燥的高压 CO_2 产品，用于 EOR 回注时可降低压缩机能耗。NGL 回收率高，尤其适用于天然气中重烃含量较高的 EOR 伴生气的处理。不但可回收 CO_2 用于回注，还可回收商业价值高的 NGL 作为产品出售	工艺设备投资费用相对较大，能耗相对较高。若原料气中不含 H_2S 才有较大幅度降低其投资和能耗的可能性。国内尚无应用此工艺的先例
变压吸附工艺	PSA 装置常温操作，无腐蚀性介质，设备、管道、管件寿命均达 15 年以上，维修费用极低。PSA 装置开停车无须人为干预，全电脑控制，开停车只需几分钟时间。PSA 装置不用蒸汽，电耗低，运行成本低。工艺适应性好	PSA 工艺为了获得高纯度的 CO_2 及较高的烃回收率，需要很多的吸附塔，设备管理困难
热钾碱法	工艺比较成熟，净化度较高、CO_2 回收率高，具有节能优势，是国外使用最多的 CO_2 脱除技术	设备腐蚀严重，必须使用特殊的缓蚀剂。相比之下能耗很高。主要用于合成氨等工业中的 CO_2 脱除，在天然气脱碳中极少应用

综上所述，显然采用醇胺法处理含 CO_2 天然气较为合理，同时可考虑将"膜分离法 + 醇胺法"组合工艺和变压吸附工艺作为备选处理方法，建议以活化 MDEA 法作为首选工艺。目前，我国驱油所用的 CO_2 主要来自高含 CO_2 气井或外购中高浓度碳捕集。其中，吉林和大庆油田 CO_2 驱试验区块的气源主要依托高含 CO_2 天然气气井，通过对天然气进行净化，脱除其中的 CO_2，而后将脱除出的 CO_2 酸气进行净化。

第四节　CO_2 驱油地面工程技术

CO_2 驱地面工程工艺技术形成了关键技术序列[17-24]，主要分为 CO_2 捕集和输送、注入、集输和防腐三个方面，下文进行较为详细实用的介绍。

一、CO_2 输送技术

目前由于受到 CO_2 气源制约，大部分 CO_2 驱试验区块采用汽车拉运方式，但从今后大规模工业化推广的角度出发，汽车拉运成本较高，将会影响 CO_2 驱的经济效益，因此推荐管道输送，特别是超临界输送（表 3–10）。

表 3–10　不同 CO_2 输送方式对比

相态	输送方式	优点	缺点
液态	车载	方便灵活，机动性强，适合小规模短途运输	运输成本高，长途运输 CO_2 损耗大
液态	管输	输量最大，是气相输送的 30~60 倍，投资少，输送成本低	不适于长输，需要维温，相态难控制，单管输送气化后 CO_2 需要放空，污染环境，双管输送投资高
气态	管输	投资低，不需相态控制，输送距离中等，输送压缩机投资低于超临界输送投资	输量小，要增加输量需要增压或增加输送管径
超临界态	管输	投资中等，输量大，输送距离远，运行阻力小，运行成本低	压缩机投资较高，需要相态控制，长输需要中间增压

1. CO_2 管道设计

CO_2 输送管道优化设计就是针对 CO_2 气相、液相和超临界输送三种方式，结合管道的水力约束、热力约束、管道强度约束、能量约束、相态约束以及水合物生成条件的约束等约束条件，进行工艺计算，得到不同的技术可行方案，还需考虑运行维护费及燃料动力费等经济指标，应用灰色关联分析法进行评价，找出在给定任务输量和管线路由的情况下的最优输送方案（图 3–30）。

在进行 CO_2 管道设计时，尽量避开临界点附近输送。在临界点附近 CO_2 的各项物性参数对温度和压力的变化都非常敏感，例如保持 9.0MPa 压力不变，47℃时 CO_2 的密度为 37℃时的 2 倍。所以，在临界点附近，对 CO_2 的各项物性参数的值进行准确计算具有一定的难度。

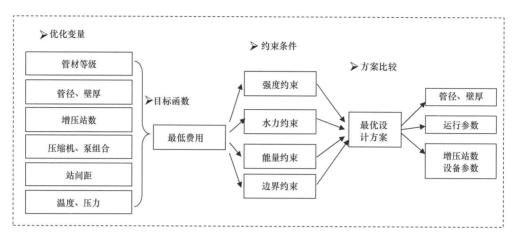

图 3-30   CO₂ 输送管道优化设计流程

2. CO₂ 管输方案设计示例

根据 CO₂ 气源性质，按照 CO₂ 的相态特征区域，设计了 6 套输送方案：

方案 1——低温液态输送。采出气经过集输管网（依靠地层压力以及温度）输送到集气站，在集气站经过处理净化脱水后液化到低温储存增压管线输送到注气站，在注气站增压到 25MPa 经过注气管网注入井下。

方案 2——低压密相液态输送。从气井采出气经过集输管网（依靠地层压力以及温度）输送到集气站，在集气站经过处理净化脱水后，增压至 7～8MPa 左右转变至密相 CO₂，在进入储存系统、输送到注气站再经过高压泵增压到 25MPa 经过注气管网注入井下。

方案 3——高压密相输送。从气井采出气经过集输管网（依靠地层压力以及温度）输送到集气站，在集气站经过处理净化脱水后在高压下液化，增压到高压密相状态储存输送到注气站经过注气管网注入井下。

方案 4——气态输送。从气井采出气经过集输管网（依靠地层压力以及温度）输送到集气站，在集气站经过处理净化脱水以气态形式输送到注气站，再经过高压压缩机增压到 25MPa 注入井下。

方案 5——低压超临界气态输送。从气井采出气经过集输管网（依靠地层压力以及温度）输送到集气站，在集气站经过处理净化脱水后在高压下液化，在 7～8MPa 左右超临界状态储存输送到注气站再经过高压泵增压到 25MPa 经过注气管网注入井下。

方案 6——高压超临界输送。从气井采出气经过集输管网（依靠地层压力以及温度）输送到集气站，在集气站经过处理净化脱水后，经压缩机增压后，以高压超临界状态输送到注气站经过注气管网直接注入井下。

根据以上 6 套输送方案进行简单经济评估，评估内容主要有基建费用和操作费用，结果见表 3-11。

表 3–11 6 套 CO_2 输送方案费用计算表

方案	CO_2 输送状态	基建费用, 万元		年操作费, 万元	
1	低温液态	623		506	
2	低压密相	573		519	
3	高压密相	505		502	
4	气态	1136	559	206	235
5	低压超临界气态	1682	627	330	361
6	高压超临界气态	934	357	196	225

注：基建费用不包括 CO_2 集输管网、脱水装置、注入管网。

从表 3–11 分析得到，三套液态输送方案基建费用较低，操作费用较高；三套气态输送方案基建费用较高，采用国产压缩机可大幅度降低基建费用，操作费用较低（表 3–12）。

表 3–12 6 套 CO_2 输送方案优缺点对比

方案编号	CO_2 输送状态	优点	缺点	排序
1	低温液态	管线压力低	需要液化，管线需要保温，两台增压泵	6
2	低压密相	管线不需要保温	需要液化，两台增压泵	5
3	高压密相	管线不需要保温，只需一台增压泵	需要液化，管线压力高	4
4	气态输送	不用液化依靠井口压力输送，管线压力低，只需一台压缩机	管线费用高	2
5	低压超临界气态	不用液化	两台压缩机，管线需要保温	3
6	高压超临界气态	不用液化，一台压缩机，基建费用低	管线压力高	1

对于高压超临界气态输送方案，不用液化和存储设备，只需要一台高压压缩机；管线压力高，CO_2 输送密度大，所需管径小（安装及维护简单）。从综合考虑流程和费用，应当首先推荐高压超临界态输送方案，其次推荐气态输送方案。

鉴于试验区开展 CO_2 循环注气试验，实现 CO_2 的零排放，注入压缩机需建设于循环注气站场，综合伴生气循环注气需求，推荐气态输送方案更适用于吉林油田 CO_2 管道输送。

二、CO_2 注入技术

1. CO_2 液相注入技术

1）流程与布局

液相注入工艺流程是液态 CO_2 从储罐中经喂液泵抽出增压，通过 CO_2 注入泵增压至设计注入压力，并配送至注入井口。根据液态 CO_2 输送方式的不同，又可以分为液相汽车拉运注入和液相管输注入。图 3-31 为带储罐及卸车系统的 CO_2 液相拉运注入流程示意图。

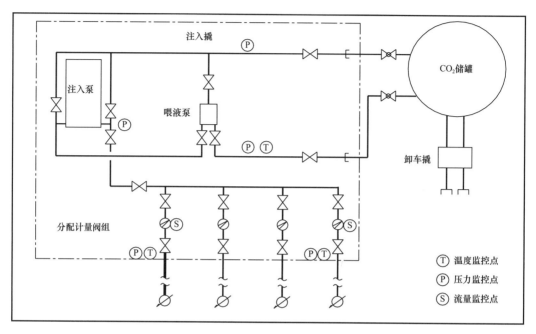

图 3-31   带储罐及卸车系统的 CO_2 液相拉运注入流程示意图

液相汽车拉运注入有两种模式：一是直接抽取罐车内 CO_2 注入，该模式适用于井数少、集中、注入量少的试注，机动灵活，更适于单井吞吐；二利用固定、半固定 CO_2 储罐存储，在通过增压橇注入，该模式适于井数相对多，单车 CO_2 供给量不能满足注入量需求，需要连续注入的试注。

液相管输注入是指在注入站与液相 CO_2 气源较近条件下，直接利用液相 CO_2 短距离输送后，通过柱塞式注入泵增压注入，既节省工程初期投资，又有便于维护，运行费用低的优点。本流程采用液相短距离输送，比超临界气相输送输量大，注入规模大。所用增压泵为容积式注塞泵，较超临界压缩机工程投资低很多，后期维护费用低，日常维修保养无须专业人员，普通维修人员即可完成。

CO_2 液相注入站布局有集中建站和橇装式分散小站两种形式。集中建站有单泵单井流程和多泵多井流程，具体选取哪种形式，应根据不同油区开发油藏条件，开发具体要求和注入规模择优选择。CO_2 液相管输注入流程图示意图如图 3-32 所示。

2）储罐保冷

液态 CO_2 储存于低温、低压储罐，一般温度范围为 $-30 \sim -20\,℃$，压力范围为 $1.5 \sim 2.5MPa$，一般采用真空粉末绝热保冷工艺和聚氨酯硬质泡沫塑料浇注成型保冷工艺。

3）预冷工艺

在注入系统启动之前，管道、阀门、机泵都处于环境状态下。液态 CO_2 在流动过程中要克服各种阻力，将导致部分气化。预冷就是使液态 CO_2 从自流至喂液泵，经喂液泵增压，使液态转为过冷状态。液态 CO_2 一部分流经喂液泵电动机转子与定子间，对电动机冷却，自身气化，这部分气液混合物再经管道回流到储罐内；另一部分进入注入泵，对泵头进行预冷。循环预冷工艺通过喂液泵和注入泵使 CO_2 在系统内往复循环，直至达到注入系统启动的温度和压力条件。

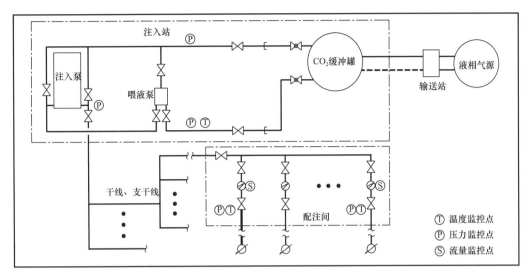

图 3-32 CO_2 液相管输注入流程示意图

4）喂液工艺

采用喂液工艺可防止注入泵"气锁"。液态 CO_2 经喂液泵增压 0.2～0.3MPa，加上储罐内压力，喂液泵出口压力可达 2.2～2.3MPa，以保证泵腔内 CO_2 为液态。为避免 CO_2 气化需维持液态 CO_2 处于过冷状态，喂液泵的排量应大于注入泵的总排量，多余液量用于冷却喂液泵和注入泵，再经注入泵入口的回流管道回到储罐内。根据实际生产经验，喂液泵额定流量按注入规模的 1.5～2.0 倍选择较为合理，保证正常注入的同时，剩余流量回流基本能够带走环境造成的注入泵温升。另外，由于 CO_2 驱注入 CO_2 时间较长，注入量前后期变化也较大，因此喂液泵应采用变频控制，可适时调节排量，以增强 CO_2 驱注入的适应性。

5）加热注入

液态 CO_2 出注入泵后，需根据井筒工程要求确定是否需经换热器换热，以保证井口注入温度，防止长期低温注入而引起套管断裂。根据实际经验，一般需经换热器换热，使液体由 -20℃升至 10℃进入注入阀组。

6）计算

液态 CO_2 输送包括低压（2.0～4.0MPa）输送和高压（≥10MPa）输送，沿程阻力计算可按本书第二章上面公式进行计算。

2. 超临界注入技术

超临界注入是一种把 CO_2 从气态加压至超临界状态（＞31.06℃，＞73.82bar）后注入的工艺。需注意相态控制、含水量控制等问题。

1）临界点与相包络线确定

一种混合气体组分，采用软件计算 CO_2 混合气质，从相包络线可以看出，以 CO_2 含量为 93% 为例，介质的临界点压力为 7.74MPa，温度为 26.45℃，两相区位于泡点线下方和露点线上方区。

2）含水量控制

含 CO_2 混合气体中如果有水存在，一方面酸气腐蚀性强，另一方面含 CO_2 混合气可能产生水合物会损害设备。因此应控制混合气体含水量，使酸气的露点达到可控要求。

3）相平衡分析与控制

主要以含 CO_2 混合气体的相包络线为相态参数控制依据，计算和修正压缩机各级进出口参数，确保多级增压时压缩机各级入口参数处于非两相区和非液相区。

4）预处理

当混合气含有较多机械杂质时，应通过预处理除去大直径液体和固体颗粒，以保证压缩机入口气质要求。

3. 现场实际注入方式

先导试验采用集中建站、单泵对多井高压液态注入工艺。液态 CO_2 通过耐低温管道输送到配注间，在配注间对单井注入进行分配和计量，平均单井日注 30t，井口最大注入压力不超过 23MPa。

扩大试验注入工程采用集中建注入站、单泵对多井高压液态注入工艺。站外采用枝状管网布置，在配注间进行单井注入的计量与分配。注配间内建有加注缓蚀剂的装置，注气管道新建，采用耐低温的管材，埋地铺设。CO_2 液相注入站工艺流程示意图如图 3-33 所示。

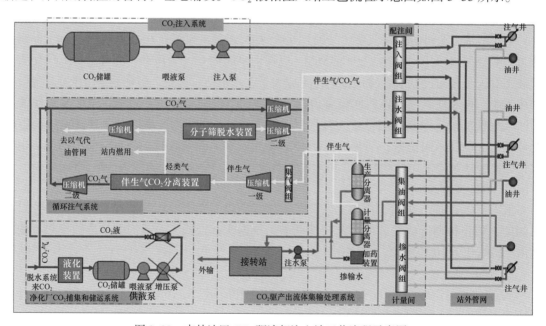

图 3-33　吉林油田 CO_2 驱液相注入站工艺流程示意图

CO_2 驱工业化推广 CO_2 气注入采用超临界注入，优选合理注入半径为 8～10km，黑 46 循环注入站注入量范围在 32.25×10^4～$64.50 \times 10^4 m^3/d$ 之间。在注入站内，管输来的高纯净 CO_2 气与油田经预处理的伴生气混合进入注入压缩机，经三级增压，增至 28.0MPa，为站外注入井提供超临界状态的 CO_2。超临界循环注入工艺流程示意图如图 3-34 所示。

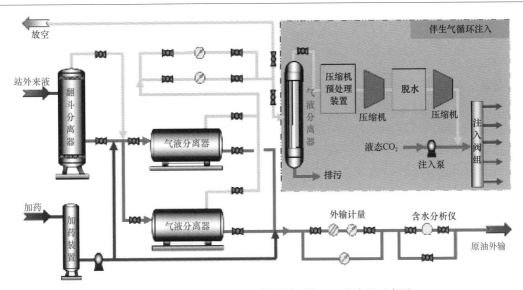

图 3-34　吉林油田 CO_2 驱超临界循环注入工艺流程示意图

三、CO_2 驱采出流体集输技术

1. CO_2 驱站外管道计算模型

把温度和压力对 CO_2 溶解度的影响转化为对截面含气率的影响，推导给出了含 CO_2 集油管道压降和温降的计算公式，对管线划分节点，采用计算机编程，模拟压降（压力）、溶解度以及截面含气率的耦合作用。计算结果表明，由于集输管道长度短、压降及温降较小，从工程应用角度看，逸出的 CO_2 对温降和压降的影响可以忽略不计。

对于试验区而言，掺水量越少、掺水温度越高，掺水能耗费用越低，最优掺水温度为 $78 \sim 80\,℃$。针对油井产液量及含水量的变化，应动态调整各油井的掺输计划（图 3-35 和图 3-36）。

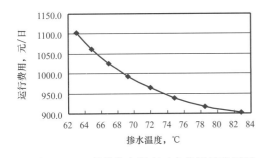

图 3-35　1 月份热水温度对应的运行费用图

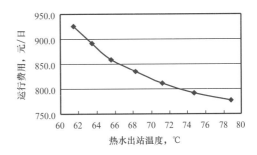

图 3-36　6 月份热水温度对应的运行费用图

2. 油气集输流程

CO_2 驱在已建系统内进行，已建系统采用三级布站方式，小环状掺输流程。CO_2 驱实施后，油井产量上升，气油比上升，油品参数发生变化。以某接转站为例，接转站共辖油井 196 口，计量站 11 座，实施 CO_2 驱油井为 156 口，计量站 9 座（有两个边缘区块未采用 CO_2 驱）。通过对已建能力的校核，已建集油支干线不能满足生产的需求，需要敷设复线，

因此对油气集输系统提出两种方案。

1）油气混输

根据单井产液及油气比的增加，对已建的油气支干线进行校核，敷设油气同输复线，对计量站进行改造，采用计量分离器对环产液进行计量。油气输送至接转站进行气液分离，分离出的产液进入已建的集油系统，分离出的气体进入循环注气处理系统。

2）油气分输

由于单井气液比的增加，已建的油气支干线不能满足生产需求，为降低混相输送的沿程磨阻，对计量站进行改造，采用计量分离器对环产液进行计量，同时建设气液分离操作间，将气液分离，分离出的产液利用已建油气支干线进入已建的集油系统，分离出的气体单独建设输气管线进入循环注气处理系统。

建立掺水集油计算模型，站外管网热力、水力计算校核同时需综合管材的生产能力，站外采用玻璃钢管材。油气混输管线的敷设受到玻璃钢管材的限制，因此无法采用更大的管径降低投资，尽管采用油气混输，部分高产、高含气的计量站仍需要采用多条管线。

3）CO_2 驱单井计量方法

试验中单井计量采用常规翻斗计量，出现了分离精度不够，气中带液，气相计量不准；液相由于气大冲斗的问题。针对这一问题，在扩大试验的单井计量上采用分离器＋计量。单井产液进入计量分离器，分离出的气液相分别采用计量仪表计量，解决了气液计量问题。但由于单井产液较低，分离器的液位控制难度增大，液位参与计量后工人计量的难度加大。通过对已建的翻斗计量方法及分离器＋流量计计量方法进行了现场跟踪和数据分析，优选出不同采气量的计量方法。

表 3-13 计量试验对比表

装置名称	立式翻斗分离器	卧式翻斗分离器	多相流质量流量仪
规格尺寸	$\phi800mm \times 2000mm$	$\phi1200mm \times 5000mm$	$1140mm \times 850mm \times 1100mm$
功能	环产液量计量	环产液量、产气量计量	环产液量、产气量、综合含水计量
计量精度	液：±10%	液：±10%；气：±1%	液：±6%；气：±10%；水：±6%
适应性	环产气量小	无限制	无限制
投资小计，万元	25.8	44.2	66.8
运行费用	耗热，400 元/a	耗热，4000 元/a	耗电，500 元/a
优点	投资少，操作简单	气计量准，适应广	计量功能全
缺点	有适应条件要求	建设费用略高	建设费用高
计划应用	22 座	5 座	—

3. 集输系统分析

以 CO_2 驱试验区为例说明 CO_2 驱采出流体集输工艺的不同点及设计过程中应注意的关键技术问题，该试验区生产原油为高黏度原油，凝固点为 38℃，未开展 CO_2 驱前为小环状掺输流程。

1）先导试验阶段

为方便油藏监测和管理，站外集输系统由环状掺输改为双管掺输流程，普通碳钢管材更换为非金属管材；计量间同时设生产分离器和计量分离器，同时分离器选用双金属复合板材，站内阀门管线均采用耐 CO_2 腐蚀材质进行防腐，对分离出的气相进行 CO_2 浓度监测；分离出的气体 CO_2 含量低时作为燃料气；CO_2 含量高、产气量较大时，进入循环注气系统，实现循环注入。

从中转站到计量间的掺水量约 1000m³/d，油井数为 28 口。由中转站到计量间掺水管线管径确定为 DN100mm。热水在计量间经分配及计量输送到油井与油井采出液进行混合，由计量间到油井的掺水管线的管径为 DN40mm。以试验区生产数据，即井均日产油 2.7t，日产水为 13.8t，含水在 80% 以上，每口井的掺水量为 0.4m³/h 至 0.9m³/h 为计算依据，确定的油井到计量间的单井管线管径为 DN50mm；计量间到中转站的流量是 28 口油井产出液和掺水量的总和，油井油产量为 75.5t/d，油井综合水量为 722.4t/d，由此确定的计量间到中转站集油管径为 DN200mm。

2）扩大试验阶段

计量间采用耐 CO_2 腐蚀的阀门及管线，计量采用翻斗计量分离器，间内设掺水表，设置含水分析仪，计量分离器出口气流量计计量、液翻斗计量，以计量掺输环为主，个别可以计量单井。分离操作间分离器出口分别进行气、液计量，由于分离后的液体中含有一定量的 CO_2，影响计量精确度，为提高计量精度，可采用常压缓冲罐将液体中溶解的 CO_2 充分释放，通过输油泵输送至接转站。

3）工业化应用阶段

计量间为密闭流程，采用气液分输，间内建卧式翻斗分离器进行气液分离，技术路线如下：

根据现场实施情况，标准计量间能够在间内改造的房屋利旧，非标准计量间间内空间无法满足改造的，在油间一侧接建房屋，原计量间房屋用做 CO_2 注入间或做他用；油井实现单环计量，掺输水设计量表减差。根据现场计量试验情况，以单环产气量为主要依据，同时参考间内井数和 3 口及 3 口以上环数，单环日产气大于 2000m³，计量间采用卧式翻斗分离器，设气表计量单环产气量；单环日产气不大于 2000m³，计量间采用立式翻斗分离器；输送油气介质采用耐 CO_2 腐蚀的阀门及管线，掺输水采用碳钢管线和阀门，计量间掺水管线做防腐。

计量间内远传至 PLC 系统的有：集油生产汇管温度、压力，掺水汇管温度、压力，产液量（翻斗计数器）、掺水表数（具备远传功能的水表）、气表数（采用卧式翻斗计量的计量间）、分离器出口压力。气液分离器需设置合理的分离时间及分离工艺，以满足发泡原油气液分离效果。间内集油汇管设在线腐蚀监测装置。图 3-37 所示为 CO_2 驱采出流体集输处理流程示意图。

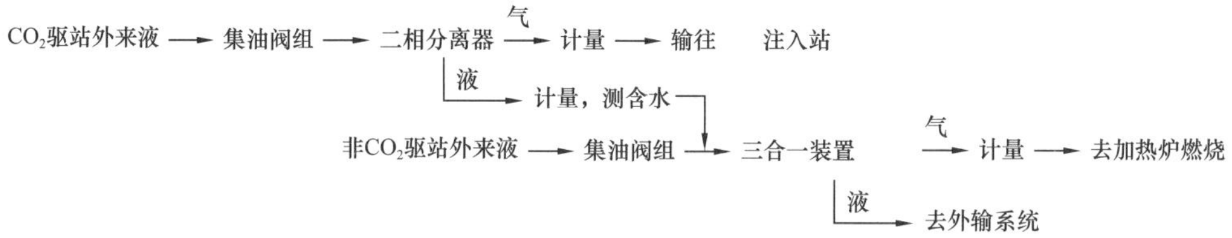

图 3-37　CO_2 驱采出流体集输处理流程示意图

四、CO_2 采出流体处理技术

根据 CO_2 驱原油特性，CO_2 从原油、水或者油水混合物中解吸出来，难度大时间长，远大于含有以甲烷为代表常规伴生气的采出液在气液分离器中的停留时间。

1. CO_2 在原油中的解吸特性

采出液中 CO_2 的解吸特性直接影响了二氧化碳驱采出液的气液分离效果，因此采出液中二氧化碳的解吸特性是气液分离的关键性问题。CO_2 在油中的溶解度大于其在水中的溶解度。在相同温度压力条件下，CO_2 在油中的溶解度约为其在水中溶解度的两倍。

通过 CO_2—水和 CO_2—油体系下的降压解吸实验，得到了解吸速率、解吸百分比随时间的变化规律（表 3-14 至表 3-16）。通过 CO_2—水和 CO_2—油体系的解吸实验发现，在降压解吸过程中解吸速率的大小不仅与压差有关，还与解吸前后的压力大小有关。CO_2—油体系在 50℃条件下，解吸初压范围为 0.3～0.6MPa；解吸终压均为 0.1MPa。

表 3-14　50℃条件下 CO_2 在油中的溶解度

序号	初压 MPa	终压 MPa	压差 MPa	温度 ℃	初态溶解度 m³/m³	终态溶解度 m³/m³
1	0.325	0.1	0.225	50	2.95	1.4
2	0.459	0.1	0.359	50	4.52	1.4
3	0.405	0.1	0.305	50	3.4	1.4
4	0.47	0.1	0.37	50	4.64	1.4
5	0.55	0.1	0.45	50	5.57	1.4

表 3-15　50℃条件下的解吸数据

序号	初压 MPa	终压 MPa	理论解吸量 L	实际解吸量 L	解吸百分比 %	解吸时间 min
1	0.325	0.1	5.425	1.93	35.57	60
2	0.459	0.1	10.92	5.66	51.86	71
3	0.405	0.1	7.01	3.725	63.77	74
4	0.47	0.1	11.34	6.46	68.36	68
5	0.55	0.1	14.605	11.12	76.16	68

表 3-16　50℃条件下解吸百分比随时间的变化

序号	1	2	3	4	5
初压（MPa）	0.325	0.459	0.405	0.47	0.55
终压（MPa）	0.1	0.1	0.1	0.1	0.1
压差（MPa）	0.225	0.359	0.305	0.37	0.45
5% 用时（min）	1.5	1.11	0.7	0.74	0.54
10% 用时（min）	4.41	1.95	1.51	1.26	0.82
20% 用时（min）	18.33	4.95	3.93	2.86	1.6
30% 用时（min）	46.33	9.78	8.26	4.86	2.96
40% 用时（min）	—	19.78	15.6	8.03	5.21
50% 用时（min）	—	45.78	27.43	14.7	9.05
60% 用时（min）	—	—	49.93	36.36	16.21
70% 用时（min）	—	—	—	—	30.55
80% 用时（min）	—	—	—	—	—
90% 用时（min）	—	—	—	—	—
剩余量（L）	8.4	10.16	8.185	9.78	8.4

从以上表中数据可以看出，CO_2—油体系的解吸规律与 CO_2—水体系的解吸规律一致。当两种体系解吸终压一致时，解吸速率与解吸百分比均随着压差的增大而增大。CO_2—水体系解吸百分比大于 CO_2—油体系的解吸速率和解吸百分比。

在解吸刚开始时会有大量的气体从原油中逸出。随着时间的增加，解吸速率逐渐减小；并且在解吸的初始阶段，会有大量的气泡产生。若原油的发泡性能很强，则会造成泡沫在分离器气相空间的大量堆积，分离器的分离效率则会下降，甚至造成分离器被泡沫所淹没。所以，在降压解吸的初始阶段，应采取必要的破泡措施。在解吸过程的中后期，解吸速率很小，如果仅仅依靠浓度差作为解吸推动力，达到气液分离需要很长的时间。该阶段可以考虑采用机械扰动的方法加快气体解吸。

2. CO_2 驱采出流体处理技术

1）气液分离

对于卧式油气分离器，当控制液面高度为 0.5 时，与气处理能力有关的最佳长径比为 2.16，与油处理能力有关的最佳长径比为 4.51，近似为以气体处理能力作为设计标准时的两倍。从经济角度出发，推荐出分离器最佳长径比。

经分析研究，与气处理能力有关、与油处理能力有关的最佳长径比分别为：

$$\frac{L_e}{D} = 2.847\sqrt{(1-h_D)F_a F_h} \tag{3-112}$$

$$\frac{L_e}{D} = 5.95\sqrt{h_D F_a F_h} \tag{3-113}$$

从经济角度出发，最优直径的计算公式为：

$$\frac{\pi m}{4C}D^4 + \frac{\pi}{6}D^3 - V = 0 \qquad (3-114)$$

$$m = \frac{p_c}{2[\sigma]^t \phi - p_c} \qquad (3-115)$$

分离器长度的计算公式为：

$$L = \frac{4V}{\pi D^2} - \frac{D}{3} \qquad (3-116)$$

式中　L_e——分离器的有效分离长度，m；

　　　D——分离器直径，m；

　　　h_D——控制液面到容器底部的高度与容器的内径的比值；

　　　F_a——由容器直径平方确定的封头表面积系数；

　　　F_h——制造容器封头和壳体的单位钢材成本比；

　　　V——容器全容积，m^3；

　　　C——厚度附加量（厚度负偏差与腐蚀裕量之和），mm；

　　　p_c——计算压力，MPa；

　　　$[\sigma]^t$——设计温度下圆筒的计算应力，MPa；

　　　ϕ——焊接接头系数。

2）采出流体气液分离工艺

对于单井双管掺水流程，采出液输至计量间的温度为 46℃，到中转站温度维持在 41℃（高于原油凝点 3℃）。设置常压缓冲罐对其进行泄压操作后，可使 CO_2 在液体中的溶解度显著减少，下降达 75%。从理论上讲，在停留时间充分的条件下，分离效果已然很明显。从保证生产的安全连续运行，提高计量精度，节省投资等方面考虑，对采出液分离器后泄压处理是较好的。气液分离间流程如图 3-38 所示。

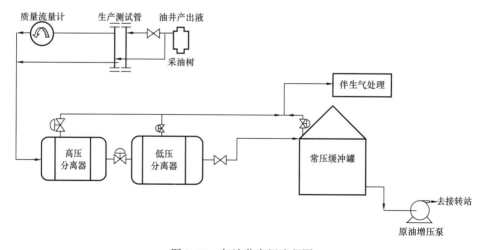

图 3-38　气液分离间流程图

五、CO₂ 驱采出液处理及污水处理技术

气驱 CO_2 液较水驱更为稳定、处理难度加大，破乳处理难度大于水驱，随着开采难度的加大，需稍微调整破乳剂的浓度、处理温度、处理时间可满足生产需求。

1. CO_2 驱采出液沉降脱水研究

1）CO_2 驱对采出油水性质的影响

CO_2 驱采出液比水驱采出液稳定，并且 CO_2 驱采出液破乳处理难度也大于水驱，因此，对 CO_2 驱采出液的油水性质进行了研究，以探究 CO_2 驱采出液稳定性机理。

CO_2 驱采出油与水驱油样相比，反常点及析蜡点增高，相同剪切速率下的黏度也有所增高。并且随着压力的升高，析蜡点及黏度都逐渐升高。

CO_2 驱采出液中固体颗粒含量明显增加，采出污水中油滴的粒径大小主要集中在 $0.8\sim2.2\mu m$，平均粒径为 $1.25\mu m$（图 3-39），含油量为 420mg/L，固体悬浮物含量为 232mg/L，CO_2 与水相中离子反应生成难溶固体颗粒。

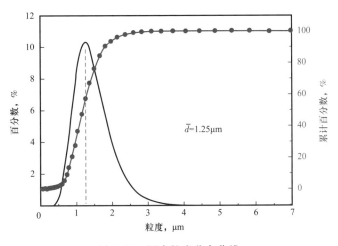

图 3-39　污水粒度分布曲线

2）CO_2 驱采出乳状液稳定性

CO_2 驱采出液比水驱采出液稳定，并且 CO_2 驱采出液破乳处理难度也大于水驱。

采出水与 CO_2 作用后与原油形成乳状液稳定性增强、悬浮物增多，污水处理难度相应的加大。如图 3-40 所示，不同压力下采出液与原油形成的油水界面张力随着压力增加而增加。随着采出水中 CO_2 通入压力的不断增加，采出水模拟液中产生的固体颗粒粒径先由小变大、出现两极分化，后均匀化；分散度先减小后增大。温度对乳状液稳定性影响很大，随温度的升高乳状液稳定性降低，当温度低于原油析蜡点时，乳状液稳定性明显强于高于析蜡点时的情况。

3）CO_2 驱现场液处理工艺方法

由于 CO_2 驱采出液处理难度大于水驱采出液。因此，提出改进意见，并建立了新的脱水处理工艺流程。

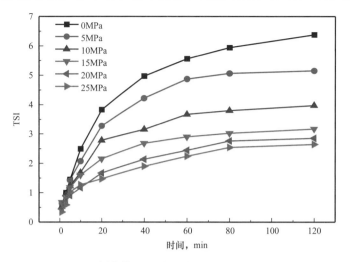

图 3-40　不同条件下形成的乳状液 TSI 值变化规律图

TSI—不稳定性动力学指数

联合站通常采用一段自然沉降＋三段热化学沉降的脱水工艺，联合站脱水处理流程如图 3-41 所示。针对 CO_2 驱采出液的处理工艺，增加沉降罐的容量，确保采出液在罐内的停留时间在 5 天以上，此外，可以通过升高脱水炉温度及增加破乳剂用量的方法来处理 CO_2 驱采出液；针对更难处理的采出液，可以采取化学沉降＋电脱水破乳的方式，达到预期要求。

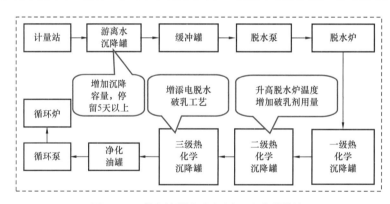

图 3-41　联合站脱水流程图以及改进措施

2. CO_2 驱现场污水处理工艺方法

由于 CO_2 驱采出液处理难度大于水驱采出液，需建立新的污水处理工艺流程，主要是采取增加缓冲罐容量并加入絮凝剂的办法。

联合站污水处理工艺通常采取"物理除油＋过滤"的方法，在未加絮凝剂的情况下污水处理基本可以达标。在该工艺流程中含油污水经缓冲罐后，进入旋流器，含油量和悬浮物含量将进一步下降，然后依次进入核桃壳过滤罐以及双滤料过滤罐过滤，以进一步去除水中含油和悬浮物，过滤后的水加入杀菌剂后进入注水罐，用注水泵提升输送到注水站回注地层使用。针对 CO_2 驱采出液的处理工艺，增加除油罐及过滤罐的容量；并加入少量的絮凝剂加速污水中油滴上浮及悬浮物的沉降，采出液处理达到预期要求。

六、产出 CO_2 循环利用技术

应根据回注气 CO_2 含量的技术指标，制定地面工程 CO_2 驱产出气回注技术路线。

集成油田采出流体气液分离技术和压缩机级间分离技术，实现 CO_2 驱伴生气循环利用，具备 3 种 CO_2 驱伴生气循环利用技术路线可选。

1. CO_2 驱伴生气循环利用技术

不同的油藏类型由于地质条件的区别导致混相条件不同，油藏工程研究后，会对地面工程的注入参数进行要求。如吉林油田试验区，油藏工程研究认为回注气 CO_2 含量控制在 90% 以上对最小混相压力影响不大。这个回注气 CO_2 含量的技术指标是制定地面工程 CO_2 驱产出气回注技术路线的关键指标。根据吉林油田的实际情况，CO_2 驱产出气有 3 种可行的技术路线：

1）直接注入

当产出气 CO_2 含量高于 90% 时，采用超临界注入工艺直接回注。示范区均可实现直接注入功能，在实际生产中由于油井伴生气产量较低，伴生气 CO_2 浓度无法满足油藏要求，通常采用混合回注的方法（图 3-42）。

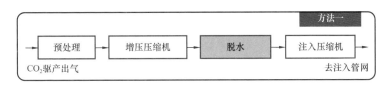

图 3-42　产出气直接回注工艺示意图

2）混合注入

当产出气 CO_2 含量低于 90% 时，与纯 CO_2 气混合后超临界注入。示范区为代表，实现了油田驱油增效生产，CO_2 零排放（图 3-43）。

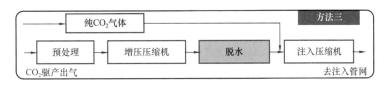

图 3-43　产出气混合回注工艺示意图

3）分离提纯后注入

当产出气与纯 CO_2 混合后 CO_2 含量低于 90% 时，将产出气 CO_2 分离提纯后注入（图 3-44）。

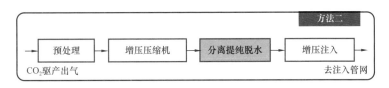

图 3-44　产出气分离提纯后回注工艺示意图

2. 压缩机级间分离技术

压缩机又是提高 CO_2 气体压力的唯一设备，高含 CO_2 伴生气增压过程中，相态控制技术极为重要。对不同 CO_2 浓度的产出气各组分含量进行估算，研究影响其压缩性能的物性、相图及水合物生成曲线，形成伴生气压缩机级间相态控制方法。通过采出流体分离技术，将 CO_2 驱产生的伴生气进行除液、除颗粒处理，处理后气体进入压缩机增压。

1）含 CO_2 65%～90% 伴生气低压压缩级间分离技术

根据上述组成，利用软件模拟计算各组成的泡点、露点数据及水合物生成曲线数据（图 3-45），通过数据处理软件作出含 CO_2 60%～90% 的伴生气相图、水合物生成曲线图。随 CO_2 浓度增加，水合物生成曲线最初与露点线相交于两点，逐渐变化为分别与露点线、泡点线各相交于一点；泡点线上部逐渐下凹，导致气液两相区范围变小。伴生气水合物生成温度通常低于 30℃。考虑到压缩机节能问题，确定每级冷却温度，满足压缩工艺要求。

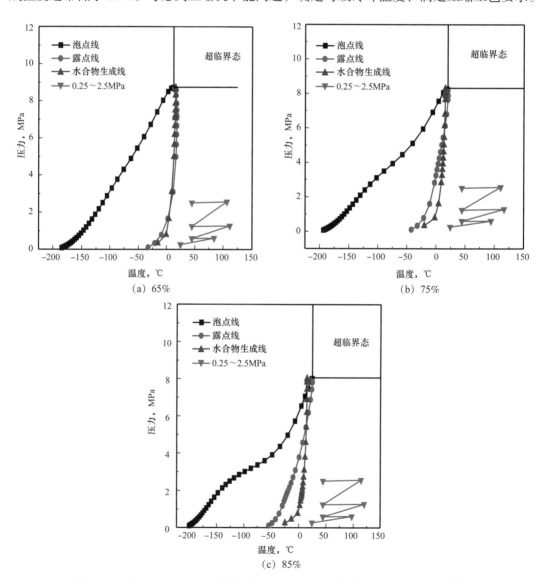

图 3-45　含 65%～90% CO_2 的伴生气由 0.25MPa 压缩到 2.5MPa 的压缩工艺曲线

因此，含 CO_2 65%～90% 伴生气由 0.25MPa 压缩到 2.5MPa 的压缩工艺及相态控制方案采取如图 3-46 所示的流程。

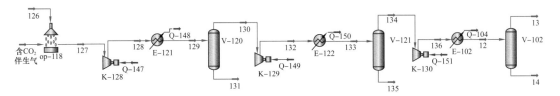

图 3-46 含 65%～90%CO_2 的伴生气由 0.25MPa 压缩到 2.5MPa 的压缩工艺流程

2）含 $CO_2$90% 伴生气高压超临界压缩机相态分析

由图 3-51 可知，该组成的伴生气水合物生成温度均低于 30℃。同理可进行了含 CO_2 90% 伴生气由 1.5MPa 和 2.0MPa 压缩到 15MPa、20MPa 和 25MPa 的压缩工艺（图 3-47）。

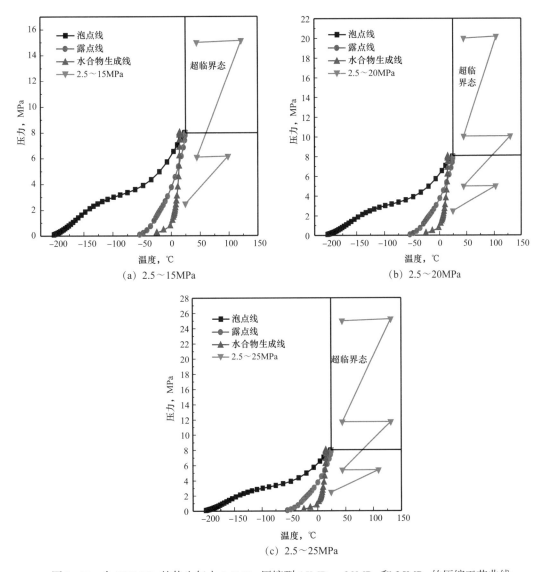

图 3-47 含 90%CO_2 的伴生气由 2.5MPa 压缩到 15MPa、20MPa 和 25MPa 的压缩工艺曲线

对于伴生气相图，随着 CO_2 浓度增加，含 CO_2 伴生气临界压力逐渐降低，临界温度逐渐升高，并且气液两相区范围变小，因此，CO_2 含量增加对水合物的形成影响很小。在临界点附近即准临界区，压缩因子、密度、绝热指数物性参数发生突变，为保证高含 CO_2 伴生气实现超临界态过程的稳定性应避开准临界区，需要控制每级进口温度。各组成伴生气的水合物生成温度和临界温度均低于 30℃。考虑到设备投资、压缩机节能问题，合理确定压缩机级间冷却温度，优先选择空冷方式。

七、地面防腐技术

在地面工程设计中，需要合理避开 CO_2 高腐蚀区并尽量缩小腐蚀风险区域。由于运行工况条件变化复杂，地面各系统的腐蚀程度差异较大，分别对地面集输各系统的防腐对策进行介绍。

1. 材质防腐

1）输送与注入系统

根据 CO_2 注入系统工艺流程与工况参数资料，系统内流动的介质是几乎没有水，对材质腐蚀很小，主要采用碳钢 + 缓蚀剂防腐方式，并设置腐蚀监测措施。CO_2 输气管线介质为干气，正常工况没有腐蚀性，采用碳钢材质。管道预留缓蚀剂预膜口，管道设在线腐蚀监测装置。高压注气管网中的 CO_2 基本没有腐蚀，液相注入需考虑低温影响，单井管线及支干线采用耐低温 16Mn 钢。

2）产出流体集输处理系统

CO_2 驱采出流体通常包括油、气、水、CO_2 等，三相系统对普通碳钢的腐蚀速率很高，远超过 0.076mm/a；不锈钢 316L，304 满足所有工况，腐蚀速率远低于 0.076mm/a。

气液分离前的工艺管道和装置，包括采油井口工艺、集油管线、计量站及两相分离器，建议采用材质防腐方式。气液分离后液体输送管道和处理装置：包括分离、脱水及污水处理等，建议采用碳钢 + 缓蚀剂防腐方式，设置腐蚀监测设施。缓蚀剂加注主要在脱水前（腐蚀速率为脱水后 2 倍），在脱水及污水、注入系统做补充加注。

采油井口将井口阀门、集输管线更换为不锈钢（316L）。考虑到气水交替，注入井口加装气水切换装置，将井口气水共通阀门管线更换为不锈钢（316L）。

集油与掺水管线：采用芳胺类玻璃钢管材。掺输注入计量站及气液分离装置：站内分离器等设备采用不锈钢内衬板材、管线、阀门及管件采用不锈钢（316L）。接转站及联合站：缓蚀剂防腐。站内加注缓蚀剂，防止设备及管线腐蚀。

3）产出气循环利用系统

产出气循环利用系统包括脱水前的湿气系统及脱水后的干气系统。对于脱水后的干气系统不存在腐蚀性（同输送、注入系统），湿气系统温度范围 40~60℃，压力 0.5~2.5MPa，水相饱和，腐蚀速率较高。碳钢材质在高压下腐蚀严重，气相环境的腐蚀速率也有很大波动，有的也超过了标准范围；高压下，不锈钢 316L，304 的腐蚀速率远小于标准。因此，脱水前湿气系统，包括站内产出气分离、增压系统等，采用材质防腐方式，管线、阀门采用不锈钢（316L），设备采用内衬不锈钢（316L）的复合板材。脱水后干气系统，采用碳钢 + 缓蚀剂防腐方式，主要站内加注缓蚀剂，防止设备及管线腐蚀，设置腐蚀监测设施。

2. 常用缓蚀剂加注工艺

缓蚀剂加注工艺由预膜和加注组成。预膜目的是在钢材表面形成一层浸润保护膜。液相缓蚀剂的这层浸润膜是为正常加注提供成缓蚀剂成膜条件，气相缓蚀剂的这层浸润膜是一层基础保护膜，正常加注主要是起到修复和补充缓蚀剂膜的作用。预膜时所加的缓蚀剂量一般为正常加注的 10 倍以上。通常情况下，在新井或新管线投产时或正常加注缓蚀剂一个星期后进行预膜，对于管线主要采用在清管球前加一般缓蚀剂挤涂的预膜工艺。一般来说，缓蚀剂加注工艺是指正常加注工艺，向集输管道的缓蚀剂加注方法主要有泵注、滴注、引射法等。

滴注工艺方法是从 20 世纪 60 年代以来，在气田井口及管线上即采用滴注工艺。其原理是设置在井口高压罐内的缓蚀剂，依靠高差产生的重力，滴注到管道空间，不需外加动力；缺点是高差有限，很容易产生气阻及中断现象，缓蚀剂不能雾化，仅适用于小气量井。

引射注入工艺特别适用于有富余压力的集气管线。原理是将贮存在中压罐内的缓蚀剂，利用罐与引射器高差和管线富余压力，将缓蚀剂与天然气充分混合、雾化并进行注入管道内。主要是用于向集输管道加注药剂。

气田普遍采用泵注工艺。缓蚀剂利用高压泵灌注到喷雾头，经喷雾头喷射到管道内部空间。喷雾头的雾化效果决定了缓蚀剂保护效果。可用于井口，也适用于管线。

在无人值守和井场无电源，且井场离集中处理站场较远情况下，缓蚀剂加注采用滴注系统；在井场有动力电源提供时，可采用泵注系统；在井口有充足富余压力时，通常采用引射注入系统；如果井场离集中处理站场较近，且井场无动力电源的情况下，可采用埋设专用管线、在集中处理厂增设泵注系统，分别对各单井进行加注。无论是注入井，还是采出井，采用连续注入缓蚀剂是比较好的方法。为保护油井套管（内壁）和油管内外表面及井下工具，应选择在油井井口向油套环空加注缓蚀剂或者直接加注到油井底部（筛管以下）。这两种方法均可以使缓蚀剂加注到油套系统中，有效保护油井系统免遭腐蚀破坏。对于注入井的加注点，选择在注水泵的入口端（低压端）1～3m 内，距离泵入口越近越好，即在过滤器出口至注水泵前的总管线上。对操作的要求，先启动加药泵，之后紧接着启动注入水泵。以确保注入的水中必须含有规定浓度的缓蚀剂。缓蚀剂加注浓度随腐蚀介质的性质不同而异，一般从百万分之几到千分之几，个别情况下加注量可达 2%，需根据实验和实际需要确定。

第五节　CO_2 埋存安全评价

CO_2 埋存安全评价主要包括地表土壤监测、井场安全状况监测、产出流体分析、水取样分析等方法，可以为评价 CO_2 埋存状况，及时发现 CO_2 泄漏情况，避免因 CO_2 泄漏造成的环境污染和伤人事故提供预警[11-12, 18]。

一、油气藏 CO_2 埋存监测技术

将 CO_2 注入至存储体后，要了解 CO_2 在储体中的运移和埋存情况，评价 CO_2 埋存的安全性和有效性等，需要我们对 CO_2 地下埋存工程进行严格的监测管理。通过对注入井的

监测，可有效地控制 CO_2 的注入速度和注入压力；通过对废弃井的监测，可以有效地避免因废弃井的不封闭处理造成的 CO_2 渗漏风险；通过监测 CO_2 地下分布运移状况，可以确认 CO_2 的存储量和安全性如何；通过对因渗漏所造成环境影响的监测，可以及时发现各种潜在的危险，以提供早期的预警处理。

1. 注入井监测

对注入井的监测管理主要是控制 CO_2 注入速度和注入压力。为了确保将 CO_2 有效地注入至储集层，要求注入压力必须大于储层流体的压力。但当压力增加到一定程度以后，很容易诱发地层中潜在的微裂缝或裂隙产生。因此，在注入 CO_2 前必须先检测和模拟出储体的地层、流体和孔隙的最大安全压力，再保证有效控制最大注入压力。Streit 等通过长期研究发现，油气被采空以后，地层水平岩石的孔隙压力会下降 50%~80%，这无疑将大大增加裂缝产生的可能性。

然而，不同的储层因为其盆地类型和构造演化历史的不同，安全的注入压力也是不同的。Vander Meer 指出，当地层深度超过 1000m 以后，最大注入压力大约是静水压力的 1.35 倍；若是深度达到 1000~5000m，其将增至 2.4 倍。在向储层注入 CO_2 时，一定要在先了解盖层的厚度、韧性及突破压力之后，再采取合适的注入速度和注入压力进行施工。

2. 废弃井监测

对废弃井的监测管理一直是 CO_2 地质埋存的难点和热点，因为对注入井和废弃井的不封闭处理被认为是造成 CO_2 渗漏最主要的途径之一。随着油田勘探开发的深入，废弃井的数量庞大，多数情况下它们没有进行防渗漏或封闭处理。同时，随着钻井的废弃，先前使用的一些材料、设备，如水泥和套管等也被遗弃在井下。这无疑将加速堵塞、腐蚀、酸化、碱化等物理化学过程，破坏原有地层的稳定性。因此，对废弃井的监测管理主要体现在两个方面：一方面，需要加强对废弃井的防渗漏和封闭处理；另一方面，需要加强对地层，尤其是盖层和储层的保护，防止遗留的钻井设备对钻井的腐蚀和破坏。

对废弃井的处理，最常用的方法是灌注水泥或直接进行机械性的封堵。对于有套管的废弃井，虽然套管可以在一定程度上起到防渗漏的作用，但时间长了套管本身也极易遭受腐蚀，套管与水泥墙、套管与水泥塞以及套管本身都可能存在潜在的渗漏通道。因此，可直接移走沿套管附近渗透性盖层，以防止这些岩层腐蚀金属板而成为 CO_2 渗漏的通道；或者移出套管后，直接灌注水泥，通过水泥封堵 CO_2 潜在的渗漏通道。对于无套管废弃井的处理可直接灌注大量水泥。

其实，在整个 CO_2 地质埋存过程中，不管是专用的 CO_2 注入井，还是油田勘探开发后留下的废弃井，都可能成为潜在的 CO_2 渗漏通道，它们之间并没有严格的界限。刚开始，大量 CO_2 通过注入井注入至储体中，在保证安全注入和有效埋存的前提下，对注入井的 CO_2 注入速度和注入压力的监测管理则显得尤为重要。然而，如果储体地质条件发生变化，比如累积在储体中的 CO_2 的压力接近上覆地层的安全压力、储体的地质埋存量接近极限，或钻井本身出现一些无法修复的故障等，都将提前停止或最终终止注入井的使用。相对于 CO_2 地质埋存工程，此注入井将成为废弃井，对其监测管理则偏向于废弃井的封闭处理。但根据实际情况的变化，该废弃井也有可能重新成为注入井。总之，相对于 CO_2 地质埋存，注入井最终都将成为废弃井。

二、CO_2泄漏及环境监测

环境监测作为CO_2地质埋存监测的重要组成部分，是对储层监测的有益补充，具有不可替代的价值和作用。其目的是保证人类环境和生态系统不受CO_2埋存的影响，确保所埋存的CO_2不泄漏到大气、海洋及淡水层，以保障安全的作业环境和有效的地下埋存。而且通过环境监测一旦发现可能的泄漏途径，能够及时采取必要的补救措施。另外，通过监测工作可以了解相关监测工具的优势和局限性，有利于改进和发展CO_2地下埋存监测的技术和方法。

CO_2地质埋存工程不仅要求CO_2能够顺利注入地层，最重要的是要保证CO_2安全有效持久地储存在地层中。因为CO_2一旦发生大规模泄漏，将会产生严重的危害。

1. CO_2泄漏的途径

由于自然或人为的地质活动，在油气藏、盐水层和煤层中不可避免地存在或产生一些CO_2逃逸途径。如图3-48所示，在长期CO_2注入和封存过程中，可能发生CO_2逃逸和泄漏途径主要有3个：（1）通过注入井或废弃井；（2）通过未被发现的断层、断裂带或裂隙；（3）通过盖层的渗漏。

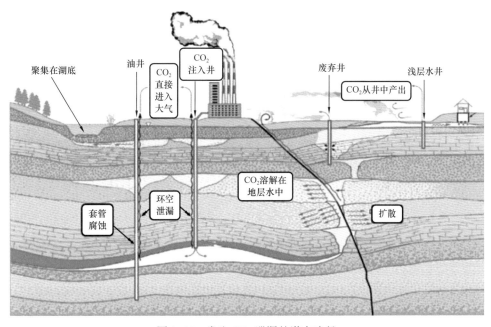

图3-48　发生CO_2泄漏的潜在途径

无论是枯竭油气藏封存还是以提高采收率为目的将CO_2注入油气藏中，虽然CO_2会溶于残余油、地层水和注入水中，溶解圈闭和残余圈闭机理也会起一定作用，但是大部分CO_2被注入后在相当长的时间内是以游离状态存在的。浮力会导致CO_2向构造上部运移，这会增大封存有效性对盖层的依赖，此时构造圈闭机理是主控因素。对于枯竭油气藏来说，油气藏圈闭构造在很长地质时期内能够储存油气，其气密封性已经被证实，但在CO_2注入过程中局部压力过高在盖层产生新的裂隙或者导致部分井密封失效，使CO_2从构造中泄漏出来。而且枯竭油气藏有很多废弃的生产井和注水井，年久失修，其水泥胶结强度降低及套管的腐蚀，也是潜在和主要的泄漏通道（图 3–48）。

CO_2 在地层条件下，表现出较好的传质性能（尤其是超临界状态下），很容易溶于水中形成碳酸，进而导致较低 pH 值的酸性环境，这种酸性环境的形成会使矿物溶解，削弱圈闭的地层，损害井的套管和水泥环，导致新的泄漏通道的产生。其中井的密封失效引起的泄漏途径有：（1）套管与水泥环胶结变差出现的裂隙与胶结缺陷，如图 3–49（a）（b）所示；（2）水泥环的缝隙或裂缝，如图 3–49（c）（e）所示；（3）套管缺陷，如图 3–49（d）所示；（4）水泥环与岩石胶结失效，如图 3–49（f）所示。由于开发过的油气田都有相当数量的生产和注入井，埋存体范围内井的数目及完整性程度决定着 CO_2 泄漏风险的水平。

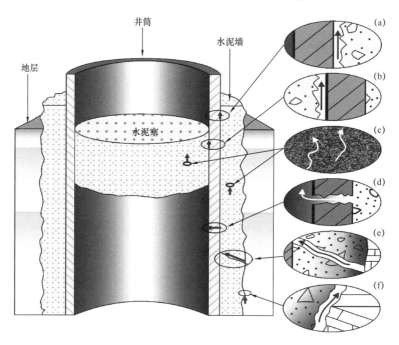

图 3–49　CO_2 在废弃井中的渗漏途径

2. 环境监测分类

CO_2 地质埋存工程地面系统监测是评价和保证 CO_2 地质埋存有效性、安全性和持久性的重要基础，也是进行环境影响评价的重要手段，它能确保 CO_2 地质埋存工程正常实施。按监测阶段分为 CO_2 背景值监测、埋存操作中安全性监测和埋存完成后持久安全的监测。

1）CO_2 背景值监测

该监测阶段的对象主要包括潜在的 CO_2 泄漏通道以及周围的大气、人类居住环境、土壤、地表水及地下饮用水水源等，监测环这些位置的 CO_2 浓度背景值，作为以后监测阶段判断 CO_2 是否发生泄漏的环境背景对照值。

2）埋存过程中监测

本阶段监测目标是通过对现场的注采实时监测，观察注入生产过程是否发生 CO_2 的泄漏，确保工程操作人员的生命健康安全；同步监测周围的大气、人类居住环境、土壤、地表水及地下饮用水水源，对 CO_2 埋存的早期泄漏进行预警。

3）埋存完成后监测

该阶段的监测重点是埋存工程结束后的井场或者工程实施过程中的废弃井，主要针对注入井、生产井封堵质量以及封场后 CO_2 是否出现泄漏；同时还要周期性地监测周围的大气、人类居住环境、土壤、地表水及地下饮用水水源。验证 CO_2 的安全地质埋存，即使发生泄漏也能尽快采取措施保证人类和生态系统的安全。该监测要持续若干年，直到确定 CO_2 不会发生泄漏。

3. 环境监测的内容和方法

CO_2 地质埋存工程环境监测是评价和保证 CO_2 地质埋存有效性、安全性和持久性的重要基础，也是进行环境影响评价的重要手段，它能确保 CO_2 地质埋存工程正常实施。按环境监测阶段分为注入前井场环境 CO_2 背景值监测，工程实施过程中安全性监测和封井场后持久安全的环境监测。

1）大气中 CO_2 含量监测

CO_2 从埋存地点发生泄漏后可能会导致大气中 CO_2 通量和浓度发生明显变化，因此可以使用便携式 CO_2 红外探测器进行大气中 CO_2 含量测试，该方法可以降低气体复杂渗流通道和地层风密度差异的影响，且操作简单，可连续进行，能够及时快速方便发现 CO_2 浓度的异常升高。

2）土壤气体监测

埋存体中的 CO_2 气体若沿着裂缝通道发生泄漏后，就会导致土壤气体成分的变化，而且油藏成分中含有的物质（如氦、氡、甲烷等）会伴随 CO_2 向上迁移，因此土壤气体分析能够示踪深层气体的流动，发现气体可能的迁移途径，评估 CO_2 的逃逸量。

CO_2 地质埋存工程开展土壤气体分析时，首先要掌握土壤气体其随季节性自然变化的规律，还要综合考虑井距、裂缝和断层分布以及地形地貌等相关因素，确定合理的浅层土壤气采样网格分布。在此基础上，对可能发生 CO_2 泄漏的高风险区域，如裂缝、断层、注采井周围等，进行连续监测，验证泄漏是否发生，寻找泄漏途径。

3）地表水、饮用地下水监测

如果发生 CO_2 泄漏，泄漏的 CO_2 接触地下水源时，大量溶解的 CO_2 会导致地下水 pH 值降低，酸性增强；CO_2 还可能沿泄漏通道向上渗入到地表水系中，引起地表水的 pH 值及其中溶解的 CO_2 气体及离子的变化。因此可以通过监测浅层地表水和地下饮用水的 pH 值、CO_2 气体及 HCO_3^-、CO_3^{2-} 等离子浓度的变化，来确定是否发生了 CO_2 泄漏。

三、地表土壤 CO_2 碳通量监测实例

为准备判断是否存在 CO_2 泄漏情况，研究形成了地表土壤 CO_2 监测技术，通过定期监测土壤的 CO_2 同位素、碳含量、呼吸率、pH 值等，从而有效判断 CO_2 在地表的泄漏状况。

1. 地表碳通量监测点设计

针对 CO_2 泄漏的薄弱点及风险点为核心，围绕核心布置碳通量监测点，主要采取"直线+网状"结合的方式进行布点法，对试验区块实现"全覆盖"，具体布点原则如下：

（1）以 CO_2 注入井为核心，按照距离注入井远近分为核心监测区，缓冲监测区和外围监测区；

（2）构造断裂带、断层活动带、废弃井筒等可能泄漏区域重点监测，加密布置监测点；

（3）在兼顾重点监测区域情况下，沿地下水流向、断层走向等沿线布设，形成网络化路线追踪。

以黑 79 区块为例，在注气井与采油井间布置 11 个监测点，在监测井附近选 1 个深水井监测点，在距离监测井 25km 远处选 1 个对比监测点。共计 13 个监测点。

2. 现场测试情况分析

在黑 79-33-51 井组建立了地表 CO_2 泄漏状况监测点，并进行了碳通量监测，该井组 12 个监测点及邻近深水井监测点的数据与背景值对比，初步分析地表无 CO_2 泄漏（表 3-17）。

表 3-17　黑 79-33-51 井组碳通量监测数据统计表

区名	编号	CO_2 通量，μmol（CO_2）/（$m^2 \cdot s$）				备注
		5 月 21 日测试数据		6 月 25 日测试数据		
		空气中	土壤中	空气中	土壤中	
注气井	Q1	441.283	512.16	398.96	520.65	注气井四通下方
注气井	Q2	434.49	456.86	387.03	464.08	距注气井 1m
注气井	Q3	397.457	423.94	381.83	429.41	距注气井 13m
注气井	Q4	401.273	444.52	382.78	449.04	距注气井 10m
注气井	Q5	397.367	414.15	381.06	402.21	距注气井 15m
采油井	C1	400.297	401.93	379.05	411.5	采油井井口左侧
采油井	C2	396.31	400.35	371.57	426.68	采油井井口右侧
采油井	C3	395.44	456.77	379.33	423.5	距采油井 8m
采油井	C4	394.57	441.81	380.74	565.94	距采油井 100m
农田	N1	396.343	404.34	382.09	574.01	采油井注气井之间，距注气井 150m 的农田中
农田	N2	395.87	412.96	374.83	447.28	采油井注气井之间，距注气井 300m 的农田中
生活水井	S1	453.483	471.56	378.84	422.8	距注气井 800m
背景值	D1	394.57	420.02	409.65	416.03	距注气井 16000m 的农田中

四、CO_2 驱产出流体分析

1. 产出液物性分析

通过对井流体（水和油）物理化学性质变化的分析，可以了解 CO_2 羽状体的运移、溶解、流体岩石反应和井的完整性等相关信息，该技术的主要优点是能够在相对较低的成本下获取有关地下 CO_2 浓度和分布的详细而敏感的数据。监测可以在生产井、监测井和注水井中进行。在提高采收率 CO_2 存储中，可提供采样的井数比较多，覆盖面积广，进行井流体取样监测非常具有优势。

2. 水组分分析

通过对产出水的全方位多组分分析，包括其中的溶解气、微量元素、锶同位素比例和痕量金属，可以了解超临界 CO_2 在储层中发生的化学反应的方向、速率和强度，对于评价储层及其上覆岩层容纳注入的 CO_2 和长期埋存 CO_2 的能力非常有利。测试重点项目包括 pH 值、HCO_3^-、碱度、溶解气、烃类、阴阳离子和稳定同位素等。

黑 59 区块 CO_2 试验区现场水取样分析设计主要包括以下几个方面：

（1）借助色谱分析仪分析主要元素和离子，包括钙、氯、镁、钾、钠和硫酸根离子等。

（2）运用离子体分析仪分析微量和痕量元素，包括铝、钡、铁、硅、锌等元素。

（3）通过现场中和滴定测得碱度资料，即 pH 值。

（4）溶解气的组分通过气相色谱分析仪进行测定。在样品上方产生临时真空进行抽提收集溶解。基于气液的平衡分离，通过测量气相中组分浓度来推算液相中溶解气的组成。对于同一个井的流出物，通过对 4 天以内所取样品的伽马光谱测定来分析氡的同位素含量。

由从表 3-18 中可以看出注入 CO_2 半年后，产出水的 pH 值变化较为明显，由 7.2 下降至 6.5，但是后来产出水的 pH 值基本没有变化，这说明 CO_2 在盐水中的溶解速率相对较快，达到溶解平衡后，由于产生的碳酸水与矿物成分的溶解腐蚀以及沉淀反应的速度缓慢，导致 CO_2 与水的溶解平衡以及碳酸水的电离平衡保持相对的稳定。因而整个化学反应虽然发生右移，但速率非常缓慢，产出盐水 pH 值很长时间没有发生变化。且在整个取样阶段，黑 59-12-10 井含水率维持在 90% 以上，钙离子和碳酸氢根离子的含量整体缓慢上升，而镁离子的含量在 CO_2 注入 8 个月后上升较快。这一变化趋势表明，CO_2 溶解在了盐水层中，而且与其中的岩石矿物发生了反应，但是矿物反应这一过程比较缓慢。产出水中离子含量变化如图 3-50 所示。

表 3-18　黑 59-12-10 水取样数据表

取样日期	pH 值	阳离子，mg/L				阴离子，mg/L				总矿化度 mg/L
		Na^++K^+	Mg^{2+}	Ca^{2+}	总阳离子	Cl^-	SO_4^{2-}	HCO_3^-	总阴离子	
2008-4-1	7.2	—	18.4	45.1	—	886.3	—	1289	—	5206.8
2008-10-1	6.5	4344.8	12.8	47.6	4405.3	5968.4	38	1419.8	7426.2	11831.5
2008-11-1	6.5	4344.8	12.8	47.6	4405.3	5968.4	38	1419.8	7426.2	11831.5
2008-12-1	6.5	4597.5	28.9	52.3	4668.7	6487.4	8.5	1309.9	7797.3	12466
2009-1-1	6.5	4500	44.9	47.6	2683.6	3135.6	139.5	1673.4	4948.4	7632
2009-2-1	6.5	4505.9	19.3	52.9	4578	6141.4	138.2	1470.5	7750.1	12328.1

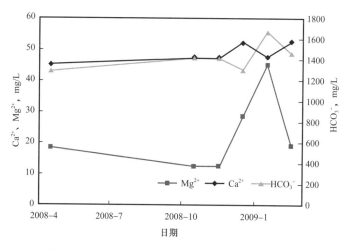

图 3-50　产出水中钙、镁和碳酸氢根离子含量变化

五、井场安全状况监测

CO_2 驱注气井每天注入大量 CO_2，一旦发生泄漏会造成人员伤害和很大的环境污染，因此，研究设计了井场安全状况监测技术，通过在井场设置压力、温度、CO_2 浓度检测、远传设备，实现了远程监测 CO_2 驱井口压力、温度、井口附近 CO_2 浓度，实时可视化监控井场状况，能及时发现问题，及时处理，能有效地杜绝事故发生。

参 考 文 献

［1］Fred I Stalkup, Michael H Stein. CO_2 Flooding［M］. Texas：SPE，1998.

［2］王高峰，胡永乐，宋新民，等.低渗透油藏气驱产量预测新方法［J］.科学技术与工程,2013,13（30）：8906-8911.

［3］王高峰.注气开发低渗透油藏见气见效时间预报方法［J］.科学技术与工程，2014，14（34）：8906-8911.

［4］王高峰，郑雄杰，张玉，等.适合二氧化碳驱的低渗透油藏筛选方法［J］.石油勘探与开发，2015，42（3）：358-363.

［5］王高峰，姚杰，王浩，等.低渗透油藏混相气驱生产气油比预测［J］.油气藏评价与开发,2019,9（3）：14-18.

［6］王高峰，雷友忠，谭俊领，等.低渗透油藏气驱注采比和注气量设计［J］.油气地质与采收率，2020，27（1）：134-139.

［7］王高峰，秦积舜，黄春霞，等.低渗透油藏二氧化碳驱同步埋存量计算［J］.科学技术与工程，2019，19（27）：148-154.

［8］袁士义.注气提高油田采收率技术文集［M］.北京：石油工业出版社，2016.

［9］Jackson D D, Andrews G L, Claridge E L. Optimum WAG Ratio Vs. Rock Wettability in CO_2 Flooding［R］. SPE 14303-MS, 1985.

［10］秦积舜，王高峰.低渗透油藏 CO_2 驱油技术发展现状［C］.大庆：榆树林公司二氧化碳驱技术研讨会，2011.

［11］沈平平，廖新维．二氧化碳地质封存与提高石油采收率技术［M］．北京：石油工业出版社，2009.

［12］曾容树，陈代钊，刘大安，等．地下咸水层 CO_2 封层实践［M］．北京：石油工业出版社，2013.

［13］冯蓓，杨敏，李秉凤，等．二氧化碳腐蚀机理及影响因素［J］．辽宁化工，2010，39（9）：976-979.

［14］刘光成，孙永涛，马增华，等．高温 CO_2 介质中 N80 钢的腐蚀行为［J］．材料保护，2014，47（10）：68-70.

［15］俞凯，刘伟，陈祖华．陆相低渗透油藏 CO_2 混相驱技术［M］．北京：中国石化出版社，2016.

［16］王香增．渗透砂岩油藏二氧化碳驱油技术［M］．北京：石油工业出版社，2017.

［17］胡永乐，郝明强，陈国利，等．注 CO_2 提高石油采收率技术［M］．北京：石油工业出版社，2018.

［18］王峰．CO_2 驱油及埋存技术［M］．北京：石油工业出版社，2019.

［19］Zheng Chuanguang，Liu Zhaohui．Oxy-fuel Combustion：Fundamentals，Theory and Practice［M］．Oxford：Elsevier Academic Press，2017.

［20］王高峰，秦积舜，孙伟善．碳捕集、利用与封存案例分析及产业发展建议［M］．北京：化学工业出版社，2020.

［21］陆诗建．碳捕集、利用与封存技术［M］．北京：中国石化出版社，2020.

［22］樊静丽，张贤．中国燃煤电厂 CCUS 项目投资决策与发展潜力研究［M］．北京：科学出版社，2020.

［23］蔡博峰，李琦，林千果．中国二氧化碳捕集利用与封存（CCUS）状态报告［M］．北京：中国环境出版集团，2020.

［24］李阳．碳中和与碳捕集利用封存技术进展［M］．北京：中国石化出版社，2021.

第四章　重大装备与工具

本章主要对 CO_2 驱油开发实验平台和油田 CO_2 驱油重大装备进行了介绍。

第一节　CO_2 驱开发试验平台

一、CT 扫描岩心驱替实验系统

1. CT 扫描技术简介

计算机断层扫描成像（CT）是一种成熟的透视技术手段，可以间接观察到物体内部状态，具有快速简便、直观与无损监测特点。CT 技术早在 20 世纪 80 年代已经被欧美等发达国家用于认识油气藏，并逐步发展成为研究储层多孔介质特性的重要技术手段。中国石油勘探开发研究院采收率所是国内较早从事 CT 技术在石油领域应用研究的单位之一。自 2008 年引入第一台医疗 CT 扫描机以来，多年来持续攻关基于 CT 扫描的油气田开发试验新方法，为油层物理和渗流力学学科认识复杂油藏内部的渗流规律、驱油机理提供了强有力的技术手段，在为多个油田提供技术服务的过程中积累了丰富的研发经验[1-6]。

CT 技术在医用领域发展最为规范和全面，而对岩石内部蕴含的流体及流动过程的实时监测并没有专用的 CT 装置。国内外主要是通过在医用 CT 机上进行改造和完善，以实现基于 CT 扫描的油田开发实验研究目的。目前医用 CT 设备主要有 GE、Philips、Siemens 和 Toshiba 等四个品牌。

CT 技术已经成为一项岩心分析的常规测试技术，广泛应用于岩心孔隙度测量、岩心孔隙几何结构表征、岩心尺度非均质性描述、岩心裂缝产状定量分析、岩心饱和度在线测量、岩心驱替剩余油分布特征研究、流体微观赋存状态研究，并在强化采油提高采收率机理研究、储层伤害评价、多相渗流特征与规律研究等多油气开采的多个重要方面获得了应用。

2. CT 扫描岩心驱替实验系统的技术指标

目前，国内的 CT 扫描岩心驱替实验系统的主要技术指标为：

（1）工作压力 32MPa，精度 0.1%（FS）；

（2）工作温度 150℃，精度 ±1℃；

（3）适用岩心规格 ϕ25mm×（200~300）mm（视 CT 仪尺寸大小而定）；

（4）驱替流量 0.0001~40mL/min。

3. CT 扫描岩心驱替实验系统基本组成

CT 扫描岩心驱替实验系统主要由注入系统、模型系统、计量系统、自动控制系统、数据采集与处理系统组成。注入系统由注入泵、中间容器、蒸汽发生器、管阀件组成，可将各种流体按一定流量注入模型内。模拟系统由 PEEK 岩心夹持器、环压介质循环加热系统、环压跟踪泵、回压控制系统等组成。计量系统包括压力测量、温度测量、流量计量、油水体积计量等。自动控制系统由计算机自动控制注入泵流量，环压泵自动跟踪内压，环压介质自动循环加热等。数据采集系统由各种数据采集卡、计算机、打印机、采集处理软件组成，可适时采集压力、温度、流量、油水体积计量等参数，并对数据进行运算处理。计算机系统将扫描收集到的信息数据进行贮存运算。图像显示和存储系统将经计算机处理、重建的图像显示在电视屏上或用多幅照相机或激光照相机将图像摄下。

（1）注入泵：美国 ISCO 泵，型号 100DX，双缸，工作压力 10000psi，流量 0.0001～40mL/min，泵可由计算机操作，也可人工面板操作。

（2）中间容器：ZR-3 型活塞式中间容器，容积 1000mL，耐压 32MPa，材质 316L，4 只用于存储驱替介质，并起缓冲作用。

（3）蒸汽发生器：用户自备。

（4）岩心夹持器：岩心规格 ϕ25mm×80mm，压力 32MPa，PEEK 材料制作，循环水夹套加热。

（5）CT 扫描仪：由 X 线管、探测器和扫描架组成。

（6）环压跟踪泵：环压跟踪泵自动跟踪驱替压力，维持驱替压力与环压的压差。环压跟踪泵工作压力 60MPa，控制精度 0.05MPa。

（7）环压介质循环加热系统：用于给夹持器加热，工作压力 60MPa，工作温度不高于 150℃，将环压介质在高压循环泵内加热，在通过高压循环泵将热量带给夹持器。

（8）回压控制系统：用于控制岩心出口压力，控制范围 0～32MPa，回压泵工作压力 32MPa，回压缓冲容器为 ZR-2 型，容积 500mL，工作压力 32MPa，回压阀为顶部加载式。

（9）计量系统：压力计量方面，各测压点压力变送器，量程 0～30MPa、0～6MPa、0～0.5MPa 各 2 只；所有压力采用 NHR-5100 压力数显表显示，也可通过数显表上的 RS232 口由计算机采集。温度计量采用 pt100 测温探头，XMT-7512ZX-RZ 温控仪设定、控制、测量温度，精度 0.1℃。液体流量计量采用天平称重法计算液体流量，赛多利斯天平量程 2200g，精度 0.01g，计算机自动采集计算流量值。油水自动计量采用摄像法计量出口油水体积。油水自动计量装置由特制计量管、成像系统、跟踪系统、图像分析处理系统等组成。模型中驱出的油、水进入计量管，油、水液位由摄像头跟踪成像送计算机由图像分析处理系统计算油、水体积。由于采用 特制计量管使油水乳化状态下计量不受影响。是目前国内外较为先进的油气水计量方法。

（10）数据采集系统：采用 MOXA C168H/PCI 和 MOXA C104H/PCI 数据采集板适时采集压力、温度、流量。

（11）自动控制系统：计算机通过泵的通信接口控制泵注流量；通过温控仪上的接口可设定控制恒温箱加热温度；计算机通过 PCI 8360 端子板自动控制环压泵及电磁阀的开关，维持驱替压力与环压的压差。

图 4-1 所示为中国石油勘探开发研究院集成研发的 CT 扫描岩心驱替实验系统。

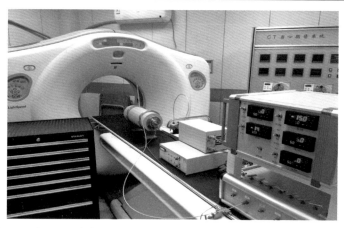

图 4-1　中国石油勘探开发研究院集成研发的 CT 扫描岩心驱替实验系统

4. CT 扫描岩心驱替实验示例

1）水驱过程流体饱和度在线测量

研究了某砾岩岩心的水驱含油情况，实验岩心取自新疆油田天然砾岩，实验条件为室温（22℃），围压 5MPa，无回压。具体过程如下：岩心烘干后置于夹持器中扫描，然后将岩心抽真空并饱和地层水，进行饱和水岩心扫描，计算岩心的孔隙度并统计其分布，同时重建三维孔隙度分布；将岩心用模拟油造束缚水完毕后，用添加了 5% 碘代己烷（CT 值增强剂）的脱气原油替换岩心中的模拟油；然后进行水驱油实验，注水速度为 0.05mL/min，水驱至含水率分别为 98% 和 90% 左右，定时间间隔对每块实验岩心样品进行 CT 扫描（单次扫描需 17s），以获取油水饱和度的分布信息。可以看到，水驱过程注入水的突破很快，注水约 0.125PV（40min）时突破。水相突破后含油饱和度减少量沿程分布呈现整体上升趋势。由 LY-1 水驱过程的岩心重构切面（图 4-2）可知，含油饱和度减少量沿程分布曲线出现整体上升是由于岩心非均质性极强，水驱突破后即形成了极强的"优势通道"，引起无效水循环；突破之后水驱仅驱出该"优势通道"的剩余油，而岩芯其余区域的原油动用程度极低甚至并未被动用。

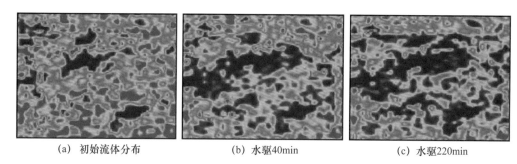

(a)　初始流体分布　　　　　(b)　水驱40min　　　　　(c)　水驱220min

图 4-2　岩心 LY-1 水驱过程岩心重构切面

2）三相相对渗透率测量

吕伟峰等在国内较早利用 CT 技术测量了三相相对渗透率。对于三相流体，CT 球管发射能量不同时流体的 CT 值也不同，基于此原理，建立了双能同步扫描的实验方法，即在不同能量下同时扫描得到各相流体的 CT 值，用以计算流体饱和度；同时记录压力、流速等其他数据，代入达西公式计算各饱和度下各相的相对渗透率，最终得到相对渗透率曲线。研究表明，对水湿岩心，水的等渗线为一系列直线，油的等渗线为一系列凹向含油饱和度顶点的曲线，气的等渗线为一系列凸向含气饱和度顶点的曲线；在油湿岩心中，油、气、水三相的等渗线都是一系列凸向各自饱和度顶点的曲线，饱和历程对润湿相的等渗线影响不大（图4–3）。

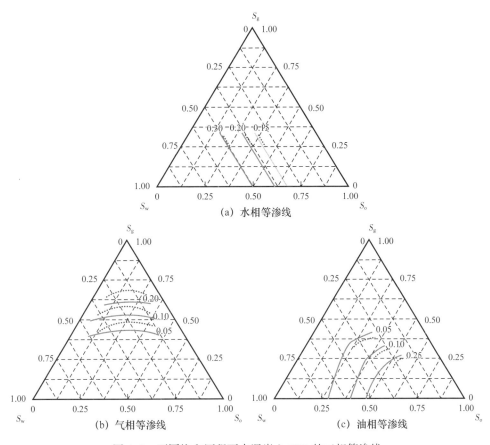

图 4–3　不同饱和历程下水湿岩心 SX1 的三相等渗线

二、长岩心驱替实验装置

1. 长岩心驱替实验技术简介

长岩心驱替由于采用实际岩心拼接而成自然更接近于储层真实情况，能够在比细管实验更接近于现场驱替的条件下，研究 CO_2 驱替效果；长岩心驱替能够更好地消除短岩心驱替的末端效应，能够更为真实的体现岩心体内的驱替过程，可以动态地模拟油藏的形成过程和 CO_2 的驱油过程，评价不同注入方式条件下的 CO_2 驱替效率和驱替特征。

2. 长岩心驱替实验系统的技术指标

高温高压长岩心驱替实验是进行注 CO_2 提高原油采收率技术研究所必需的关键实验装置，主要用于注气混相驱 / 非混相驱机理、驱油效率、驱替特征、CO_2 驱过程中流体运动规律、流度控制、注气技术优化的实验研究。

（1）压力：真空～100MPa；

（2）温度：室温～180℃；

（3）双筒长岩心夹持器：可并联 / 串联使用，最长 2m、直径 2.5cm/3.8cm、7 点测压；自动围压、回压跟踪、产出流体自动分离、密闭计量；

（4）高分辨率 CCD 摄像；各种参数、曲线和图像自动采集。

3. 长岩心驱替实验系统基本组成

长岩心注气驱替实验装置包括注入系统、长岩心夹持器、围压泵、恒温箱和收集装置（图 4-4）。

图 4-4　中国石油勘探开发研究院高温高压长岩心驱替装置

（1）注入系统包括储液瓶、储油瓶、储气瓶和注入泵，所述储液瓶、储油瓶、储气瓶并联且通过管路分别与注入泵相连，注入泵通过四通管与长岩心夹持器连接，注入泵与四通管之间的管路上依次设有阀门、流量计、长岩心夹持器设置于恒温箱内。

（2）长岩心夹持器包括两端具有外螺纹的筒体，筒体两端分别与左右端盖螺纹连接，筒体内部设有铅管，铅管两端分别设有堵头，左堵头的右端伸入到铅管内且外径等于铅管内径，铅管侧壁和筒体设有围压孔，长岩心夹持器通过围压孔连接围压泵，围压泵与长岩心夹持器连接的管路上设有压力表，长岩心夹持器两端的连接管路上也设有压力表，压力表位于恒温箱外。

（3）收集装置包括气液分离器，气液分离器的出气口依次与气体干燥器和收集气瓶相连，出液口与收集液瓶相连，气体干燥器和收集气瓶之间的管路上，以及出液口与收集液瓶之间的管路上分别依次设有阀门和流量计，气液分离器的气液入口与长岩心夹持器的右管线相连，气液入口与长岩心夹持器之间的管路上设有真空泵。

4. 长岩心驱替实验示例

吉林油田某特低渗油藏渗透率为 1.3mD，注水相当困难，细管实验确定的该油藏的 CO_2 驱最小混相压力为 27.45MPa。开展长岩心驱替实验评价 CO_2 驱油效率，与细管实验结果对比；实验温度为 101.6℃，出口压力分别为 12.0MPa、21.2MPa 和 30.0MPa，气驱速度 1.30mL/h，水驱速度为 0.65mL/h。所设计的 5 组单管实验为：

第一组实验是原始地层压力 21.2MPa 条件下进行水驱，目的是测定特低渗岩心水驱注入能力和水驱采收率，作为与 CO_2 驱对比的基准。第二组实验是在 21.2MPa 条件下进行 CO_2 驱，目的是在相同的条件下对 CO_2 驱和水驱的进行对比，评价特低渗岩心 CO_2 驱提高采收率的可行性。第三组实验是在 12MPa 条件下进行 CO_2 非混相驱，目的是评价在远低于原始地层压力的低压条件下，特低渗岩心 CO_2 驱能否提高采收率。第四组实验是在 30MPa 条件下进行 CO_2 混相驱，目的是评价特低渗岩心 CO_2 混相驱的驱油效率。第五组实验是在 21.2MPa 条件下水驱后再进行 CO_2 驱，目的是评价特低渗岩心 CO_2 驱能否采出水驱剩余油进一步提高采收率。5 种情况下的长岩心的驱油效率如图 4-5 所示。

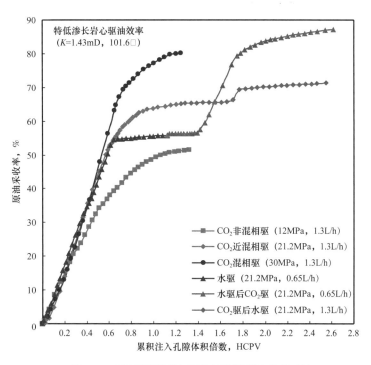

图 4-5　不同情况下的长岩心驱替驱油效率对比

三、高温高压三维物理模拟系统

1. 高温高压三维物理模拟系统简介

高温高压三维物理模型实验是指以天然露头岩心或胶结砂岩制成的岩心模型为基础进行流体渗流研究（图 4-6）。该实验能够比一维岩心实验更好地反映出真实维度下的驱替过程，能够更有效模拟油气藏条件下流体的复杂渗流过程，分析驱替模型中压力的二维分布特征、流体饱和度与驱油剂浓度的二维或三维变化趋势，可用于研究非混相 / 混相气驱过程，可以对比气驱扩大波及体积技术方法、可以探究气驱过程中横向渗流及传质规律，可以研究不同方向上的气驱前缘和混相带的运移规律；研究结果可以指导气驱井网优化、驱油体系和注气方式优化，为油气田开发提供指导。

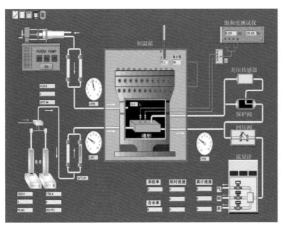

图 4-6　高温高压三维物理模拟系统

2. 高温高压三维模拟系统的技术指标

高温高压 CO_2 驱三维模型驱替实验能够在室内最大限度地模拟实际油田现场情况，根据相似准则确定实验的各项参数，动态地模拟油藏的形成过程及不同井网条件下驱油过程，可获取压力场、饱和度场和驱替效率等参数，评价不同注入方式条件下的驱替特征，可实现不同井网和驱替方式的设计，进行驱替特征和渗流机理研究。主要技术指标为：

（1）压力为真空～15MPa；

（2）温度：室温～100℃；

（3）模型尺寸：最大 500mm×500mm×200mm；

（4）压力监测系统：最多 50 点压差实时跟踪；

（5）饱和度监测系统：最多 50 点油、气、水饱和度实时跟踪；

（6）自动化采集和分析数据。

3. 高温高压三维模拟系统基本组成

高温高压三维模型物理模拟装置，模型的突出特点是大尺度的渗流空间。该装置具备压力、压差、饱和度等测试点阵，采集的数据场图能充分监测渗流过程，为认识剩余油规律及评价驱油效果提供支持。

（1）物理模型：人造胶结模型，常用的模型尺寸为 30cm×30cm×H（3～10mm）。

（2）实验条件：工作温度≤90℃；工作压力≤10MPa，其中围压≤10MPa，驱替压力≤8.5MPa。

（3）测量参数：压力场、饱和度场、油水流量等。

（4）测量精度：压力误差 ±0.1kPa，温度 ±0.5℃，流体体积 ±0.05mL。

（5）操作方式：为计算机程序监控，人机对话，试验过程自动化。

（6）成果输出：可以输出图、表和媒体文件等。

（7）系统外观：为箱柜式结构。

（8）安全控制：计算机监控、机械式安全阀、电磁阀短路保护、热电偶等多重控制。

4.三维物理模拟实验示例

在地层压力条件下，地层原油与 CO_2 能够混相。采用真实砂岩平板模型，研究真实孔隙结构和水平井注入方式等因素对开发过程的影响。油样选择煤油，回压控制 6MPa，模拟 CO_2 的混相状态。

实验条件如下：

（1）实验温度和压力：室温条件 24℃；回压控制 6MPa，使 CO_2 达到混相状态。

（2）模拟地层水和注入水：总矿化度 15000mg/L，黏度 1.0mPa·s（24℃）。

（3）模拟地层油：高精航空煤油，黏度为 0.6mPa·s（24℃）。

应用本模型，得到一个 CO_2 驱实验结果，如图 4-7 所示。

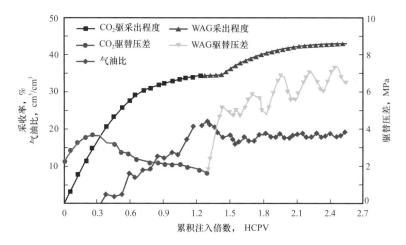

图 4-7　连续 CO_2 驱 +WAG 驱替的三维模拟实验结果

四、小井距尺度一维驱替实验装置

1.小井距尺度一维物理模拟系统简介

CO_2 驱油过程存在着 CO_2 与原油不断传质的过程。为了更充分更精细地研究 CO_2 在驱油过程中与原油相间传质的规律及其对驱油效果的影响，需要尽可能延长 CO_2 的驱替的路径长度以便于能够在不同位置进行流体取样或对驱替状态拍照，以获取不同位置流体的物理性质、驱替特征参数及相态变化图像，描述考虑相间传质的 CO_2 驱油特征，从而更为逼真地研究 CO_2 在驱油过程中与原油相间传质特征及其对驱油效果的影响。

小井距尺度的一维多测点可视化模型实验系统（图 4-8）能够比长岩心实验更好地反映出真实维度下的驱替过程，能够更有效模拟油气藏条件下流体的复杂渗流过程，特别是能够允许气驱过程中油气充分接触传质与驱替相带充分发育。因此，小井距尺度一维驱替实验装置主要针对多孔介质中长距离气驱渗流力学特征、油气水多相共存共渗过程宏观界面可视化、油气渗流过程中的相间作用时空变化特征，以及油气界面或过渡带的演变过程等气驱开发过程的重要方面进行模拟研究。

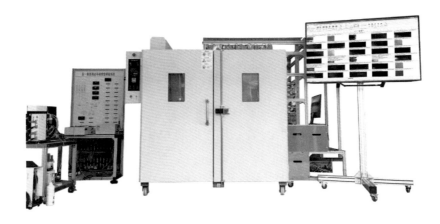

图 4-8　长一维多测点可视化模型实验系统

2. 小井距尺度一维驱替系统的技术指标

自主设计研发的小井距尺度（注入端到采出端长度为 30～60m）的一维多测点可视化模型实验系统，该实验能够比长岩心实验更好地反映出真实维度下的驱替过程，能够更有效模拟油气藏条件下流体的复杂渗流过程，特别是能够允许气驱过程中油气充分接触传质与驱替相带充分发育。该实验装置的最大亮点是可以实现 30m 长的每 1m 间隔岩心驱替可视化。

该实验装置的特点和总体技术指标如下。

（1）耐压：30MPa，压力精度：0.01MPa；

（2）耐温：150℃，温度精度：±0.1℃；

（3）模型总长 30m，直径（内径）2.54cm，每米内含 10cm 可视段；

（4）每米布设 1 个压力传感器、1 个温度传感器、1 个取样口；

（5）高压取样瓶共 30 个；

（6）密封件耐 CO_2 腐蚀；

（7）多孔介质：石英砂。

3. 小井距尺度一维驱替实验系统基本组成

小井距尺度一维驱替系统的核心装置是多测点可视化窗的 30m 长的一维驱替模型，配套系统包括加热保温系统、多点流体取样装置、数据采集装置、摄像系统、动力装置、辅助装置等。可实现地层温度和压力条件下渗流过程的孔隙内渗流状态、分段压力和渗流阻力、流体黏度和密度、流体组分含量及浓度等关键实验现象和重要数据的在线观测。形成复杂储层介质中气 / 液、液 / 液体系传质机理、流体驱替前沿表征等的基础研究能力。

该实验装置的核心是可视化的长岩心管模型（图 4-9），材质选用进口哈氏合金 HC276 材料和蓝宝石可视材料组合而成。长距离岩心管总长度为 30m，内径 2.54cm，可耐压 30MPa、耐温 150℃，分 30 个单元连接，每个单元 1m，每米由 90cm 耐压合金管和 10cm 可视玻璃段构成，透过可视窗蓝宝石玻璃观察试验过程中的各流体相运移瞬时状态，每米布设 1 个压力传感器、1 个温度传感器、1 个取样口。可以实现 30m 长的每 1m 间隔岩心驱替可视化是该实验装置的重要特点。

图 4-9　可视化的长岩心管模型

4.小井距尺度一维驱替实验示例

1）实验条件

实验原油样品为试验区化 91-2 井井口油样和天然气的复配地层油样，复配过程中参考原始 PVT 资料，实验用 CO_2 纯度为 99.996%。清洗实验装置用的石油醚和煤油为分析纯。

实验前需将模型拆分，分段分层使用不同粒径的混合石英砂进行填砂。填砂完毕后，用氦气法测量模型渗透率。实验过程中测量模型孔隙体积为 5400mL，孔隙度为 35.54%。准备工作完成后，进行了 1 组水驱后 CO_2 混相驱油，驱油过程中每 5min 对 30 个可视窗进行拍照，记录油气界面变化；在油气混相带前缘和后缘分别进行多次取样，并分析组分及其流体性质，研究其变化规律，并研究生产指标变化规律。

实验条件为：室温条件 24℃，回压控制 6MPa；模拟地层水总矿化度 15000mg/L，黏度 1.0mPa·s；模拟地层油采用高精航空煤油，黏度为 0.6mPa·s。

2）实验步骤

开始实验后依次按照如下步骤进行：

调试设备，试压、试温；甲醇驱替，洗模型中水；石油醚驱替，洗模型中油；氮气吹干，抽真空；饱和水，测试模型孔隙体积；饱和油，造束缚水；老化；水驱，计量出口端产出流体；CO_2 驱，观测各可视窗图像变化，在重要时间节点取样；对所取样品进行单脱实验和组分分析；直至驱替结束。

3）实验结果

长距离 CO_2 驱油实验的总体结果：在压力 18MPa 下，水驱最终采出程度 50.53%，CO_2 混相驱最终采出程度达到了 80.94%，CO_2 驱比水驱提高幅度 30.41%。

因模型长达 30m，最大驱替压差发生在水驱中期，达 5.46MPa，CO_2 驱注入能力明显高于水驱，驱替压差均在 1MPa 以下。

CO₂ 混相驱注入 0.61HCPV 时突破，采出程度为 59.29%，突破后继续注入 CO₂ 可再提高采收率 21.65%。

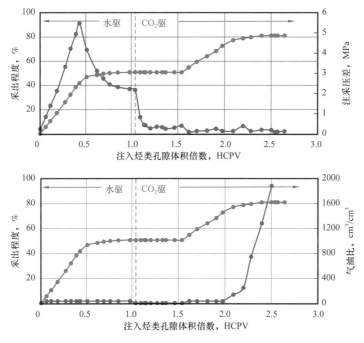

图 4-10 长距离 CO_2 驱油实验参数特征

图 4-11 和图 4-12 显示，CO_2 气突破后产出脱气油变轻，密度、黏度均迅速降低，超临界 CO_2 萃取原油中轻烃组分明显，说明实现了 CO_2 混相驱。

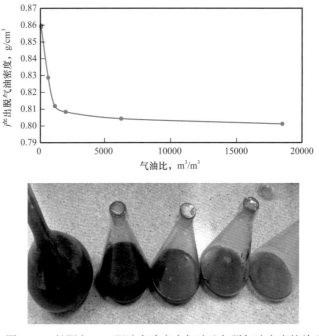

图 4-11 长距离 CO_2 驱油实验产出气油比与脱气油密度的关系

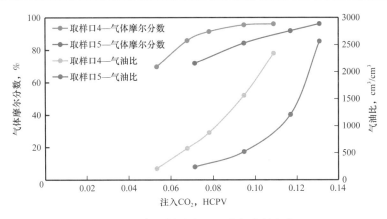

图 4-12 高压样品中 CO_2 摩尔含量变化

可视化的视频图像分析：分别挑取图像清晰的不同位置的 3#、6#、25# 和 30# 可视窗口在不同驱替阶段的图像结果如下：

25# 摄像机距离注入端 25m，注入的 CO_2 到达很晚，波及区域逐渐扩大，同样未见明显油气界面，由于模型非均质性，部分下部原油未被波及。如图 4-13 所示。

30# 摄像机设置在模型出口端，注入的 CO_2 到达最晚，波及区域逐渐扩大，同样未见明显油气界面，由于模型非均质性，部分上部原油未被波及。如图 4-14 所示。

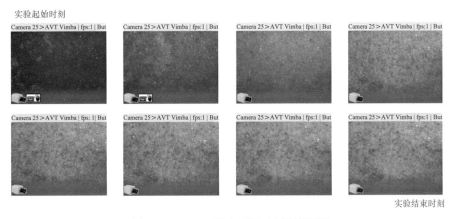

图 4-13 25# 可视窗不同时刻驱替图像

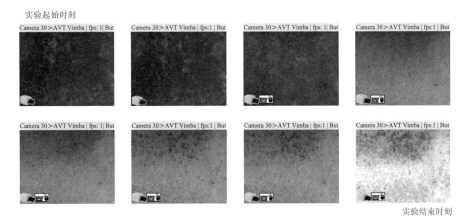

图 4-14 30# 可视窗不同时刻驱替图像

第二节　油田 CO_2 驱油用重大系统与装备

一、超临界注气压缩机

1. 压缩机简介

目前，CO_2 压缩机按工作压力及功能分低压、中压、高压三种。

低压一般用于气态 CO_2 输送，压力 <7.0MPa；中压用于超临界 CO_2 输送，压力在 8.0~16.0MPa；高压用于 CO_2 埋存和注入，压力 >16.0MPa，一般超临界注入压力 >20.0MPa。

低压 CO_2 压缩机国内使用较为广泛，主要用于 CO_2 分离及液化前增压，技术较为成熟。

中压 CO_2 压缩机，由于国内没有超临界输送案例，目前没有专用中压 CO_2 压缩机在国内投入使用。

高压 CO_2 压缩机又称超临界注入压缩机，在我国部分开展 CO_2 驱油与埋存的油田已使用多年，第一台国产高压 CO_2 压缩机在 2010 年吉林油田黑 59 区块投入使用，验证了 CO_2 超临界注入的可行性，该压缩机设计排量 $5 \times 10^4 m^3/d$，设计出口压力 25MPa。

后期吉林油田又投产 $20 \times 10^4 m^3/d$ 高压 CO_2 压缩机，设计出口压力 28MPa。

由于 CO_2 物性的特殊性，超临界注入压缩机宜选用往复式压缩机，选择应满足下列要求：

（1）宜采用低转速、低活塞线速度机组；
（2）活塞杆宜采用耐 CO_2 腐蚀材质；
（3）机组应进行脉动分析；
（4）高压回流宜采用加热回流。

2. 超临界注气压缩机技术指标

目前，国内超临界注气压缩机的主要技术指标为：
（1）工作压力 28MPa；
（2）效率 ≥93%，功率因数 ≥0.9
（3）启动电流倍数 ≤6.5；温升为 B 级；冷却方式为全封闭，宜采用风冷。
（4）防爆等级非防爆。

3. 超临界注气压缩机基本组成

超临界注气压缩机主机系统应包括二氧化碳往复式压缩机本体、电动机、中间交换器、冷却系统及相应的附属系统。图 4-15 所示为吉林油田黑 46 循环注入站 CO_2 超临界注入压缩机。

图 4-15 吉林油田黑 46 循环注入站 CO_2 超临界注入压缩机

4. 压缩机运行情况示例

1）注气量变化情况

2014 年投运以来，结合站外单井注气计划，注入压缩机现场采取 $10 \times 10^4 m^3$ 和 $20 \times 10^4 m^3$ 机组并联组合运行方式，日实际注气量在 $10 \times 10^4 \sim 50 \times 10^4 m^3$。通过压缩机余隙调节，摸索单台设备注气量上限，$10 \times 10^4 m^3$ 注气压缩机最大气量可达到 $12 \times 10^4 m^3$，$20 \times 10^4 m^3$ 注气压缩机组日最大气量可达到 $25 \times 10^4 m^3$，达到设备运行台数匹配气源和注气计划运行（图 4-16）。

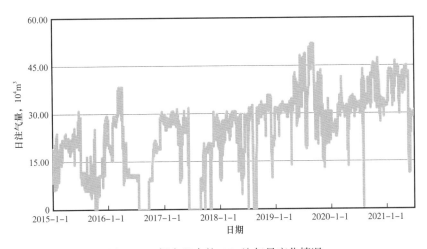

图 4-16 投产以来的 CO_2 注气量变化情况

2）注气压力出口变化情况

注气压缩机入口运行压力 1.6～2.1MPa，出口运行压力 18～21MPa，根据站外注气单井井口油压变化情况稳定运行（图 4-17）。

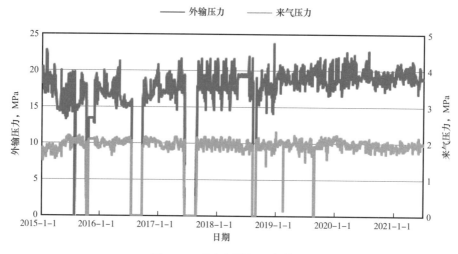

图 4-17　注气压缩机运行情况

二、CO$_2$ 循环利用系统

1. CO$_2$ 循环利用系统简介

CO$_2$ 循环利用系统是将 CO$_2$ 驱油田产出气中 CO$_2$ 进行重复利用，达到提高油田采收率的效果。CO$_2$ 驱油田产出气 CO$_2$ 含量不断变化、从 5% 至 90% 均可发生，当高纯度的 CO$_2$ 气源于产出气混合后达到油藏注入指标时，混合后注入最为经济有效。CO$_2$ 驱产出气经预处理、增压、脱水干燥后全部产出气与高纯度的 CO$_2$ 气按照一定的比例进行混合，使甲烷和氮气的含量满足混相驱的要求，避开 CO$_2$ 液化和脱碳工艺成本，采用混合后进入压缩机，提供超临界 CO$_2$。这种工艺在吉林油田黑 46 工业化推广中得到应用（图 4-18 和图 4-19 ）。

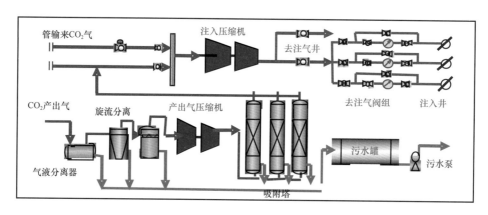

图 4-18　吉林油田黑 46 循环注入站 CO$_2$ 循环利用系统流程图

2. CO$_2$ 循环利用系统的技术指标

CO$_2$ 循环利用系统的主要技术指标为：

（1）产出气工作压力：0.2～2.5MPa ；

（2）设计注气压力：28MPa ；

图 4-19 吉林油田黑 46 循环注入站产出气预处理装置

（3）CO_2 排放量：正常工况下零排放；

（4）脱水指标：水露点 $\leqslant 30 \times 10^{-6}$。

3. CO_2 循环利用系统的基本组成

CO_2 循环利用系统由采出气预处理、增压、脱水及注入等单元组成。根据气源的不同，还可以包括 CO_2 捕集系统，通过对产出气进行脱碳，形成产品天然气和 CO_2，提高其经济效益。吉林油田产出气气量低，采用产出气与长岭天然气气田脱碳后 CO_2 混合后循环注入。

1）预处理工艺系统

CO_2 驱后的产出气，产量及 CO_2 含量均随年度变化，同时含有液相杂质，需要进行预处理。油井产物经过气液分离器进行气液分离，液体外输至已建接转站，气体经计量后进入集气汇管，与站外分输来产出气汇合后进入旋流分离器，在设备中脱水 10μm 以上液滴，出口气体进入过滤分离器，在设备中继续脱除 5μm 以上的所有液滴，及 5μm 以上的固体杂质，出口气体去往压缩单元。

2）产出气压缩工艺系统

预处理后气体进入产出气压缩机进行增压，压缩机采用往复式进口电驱压缩机，风冷设计。根据技术路线确定的进出口参数，需二级压缩，一级压缩进口压力为 0.2～0.3MPa，出口压力为 0.8～1.0MPa；二级压缩出口压力为 2.3～2.5MPa。

3）脱水工艺系统

来自产出气压缩机出口 2.5MPa（表）气体至脱水单元，首先经过两台除油过滤器除去油雾后再进入由三塔组成的等压无损干燥系统，装置出来的净化气 2.50MPa（表）可以达到不大于 30×10^{-6} 的水含量。出界区的净化气去往注入压缩机。

4）注入压缩工艺系统

脱水后来的产出气与净化厂来的纯净 CO_2 气体在静态混合器内进行充分混合，进入注入压缩系统。气体压缩仍采用往复式进口电驱压缩机，风冷设计，需三级压缩，进口为 1.6～2.2MPa，出口压力为 28MPa，去注入分配器分配注入。

4. CO$_2$ 循环利用系统的运行情况示例

2018 年初，伴生气量日产 $5 \times 10^4 m^3$，现场试验掺混管道输送稳定 CO$_2$ 气，达到增压压缩机运行下限，7 月实现掺混气量合计不低于 $5.5 \times 10^4 m^3$ 平稳运行。$6 \times 10^4 m^3$ 以上停止掺气，纯伴生气量实现增压压缩机平稳运行，2019 年年最大伴生气日处理量达到 $10 \times 10^4 m^3$，至 2021 年伴生气日产量稳定在 $7 \times 10^4 \sim 9 \times 10^4 m^3$，不掺气运行（图 4-20）。

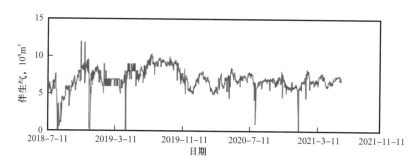

图 4-20　吉林油田黑 46 循环注入站产出气预处理情况

三、二氧化碳输送管道

1. 吉林油田 CO$_2$ 输送管道简介

CO$_2$ 输送主要有槽车、轮船及管道等三种途径。由于集气过程是连续不间断的，而车船运输却是周期性的，需要在集气点建立临时储存库。由于大规模海运 CO$_2$ 的需求较少，使得液态 CO$_2$ 轮船输送并未形成规模，而槽车也仅适用于短距离小规模的情况。因此，管道是长距离大规模输送 CO$_2$ 时最经济常用的运输方式。

吉林油田共建成管线 104.3km，其中的气相输送管道 36km（长岭净化站—黑 59 管线 26km，长岭净化站—黑 96 管线 10km，长深 2 井经长深 4 集气脱水站至黑 59 先导性试验站管线 17km），超临界输送支干线 32km，液相输送支干线 20.3km，产出气输送干网 16km（图 4-21 和图 4-22）。

图 4-21　吉林油田 CO$_2$ 管网

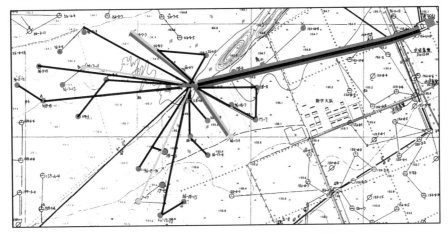

图 4-22 吉林油田黑 46 循环注入站外集输管网

2. CO_2 输送管道的技术指标

CO_2 输送管道需做具体经济效益分析，通过方案对比确定相应技术指标。

（1）相态控制：以压力、温度和流量为主要参数，控制其相应相态；

（2）工作温度：不设升温或降温装置，环境温度为地层温度；

（3）适用范围：根据气源至试验区的距离，通过经济对比，选择合适的输送相态。

3. CO_2 管道设计需考虑的几点因素

CO_2 管道压力是通在进行 CO_2 长距离管输设计时，应使管道各点 CO_2 的温度压力参数处于同一相态范围，尤其要避免 CO_2 相态突变。防腐可采用材质防腐、缓蚀剂防腐及脱水措施。在含 CO_2 集输站场采用 316L 或 304 不锈钢材质防腐；站外采用芳胺类玻璃钢材质防腐。对于利旧的玻璃钢管材，低压态应用可以维护管道的完整性。

4. CO_2 输送管道运行情况示例

1）关键节点注气量变化情况

2014 年超临界系统投产，日注气量 260t；2015 年小井距液相注入切换为超临界注入系统，日增加气量 110t；2019 年，（中国石化）外部 CO_2 气源管输投产，日供气能力 600t，实际日供气 160～200t，弥补长岭净化站产气量下降，气源不足问题；2020 年，新投注气井 27 口，日增加注气量 325t。

2）注入井配气系统概况

CO_2 注入与注水工艺相同，CO_2 经高压注入干线、支干线输送至 CO_2 配注间，在配注间内分配分至各井，再经计量、调节后送至注入井口，回注地层。吉林油田 CO_2 驱采用的是水气交替注入形式，目前配注间注入方式有两种：

一种是，配水、配注（气）间同平台建设，注入管线（水、气）共用一条管线。这种平台建井、建间模式，有利于地面减少征地，降低地面工程建设投资。采用水气共用一条管线，可减少平台内管线敷设数量，降低施工难度。

另一种是，配水、配注（气）间分别建设，注入管线（水、气）分别建设各自管线。这种建设模式，一般用于注入井分散的注入建井布局。气水分开建设，可降低普通碳钢管材的腐蚀速率。如果采用水气共用一条管线，必须做好内防腐或做好水气交替防腐药剂段塞预膜，或是采用耐蚀管材。经现经济对比，还是采用分管注入较为经济，同时方便管理。

　　无论采取哪种模式，必须根据工程实际，地下、地上一体化建设，即油藏地下布井，钻采地面井位及地面工程统一协作多方案优选，才能实现降低投加，优化生产运行管理。吉林油田在黑 125 区块建设了 16 口井注入平台，单井设计注入量 30t/d，水气交替注入。建设前，油藏、钻采及地面三家经多次方案综合比选，认为在该已水驱开发区块，采用 16 口井平台建井模式进行 CO_2 驱，无论从采油、钻井及地面工程上，投资及运行维护最优，目前该平台运行稳定（图 4-23 和图 4-24）。

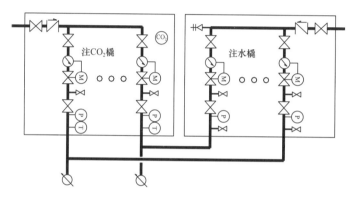

图 4-23　吉林油田注入平台注入流程简图

图 4-24　吉林油田黑 125 区块 CO_2 注入平台图

参 考 文 献

［1］吕伟峰. CT 技术在油田开发实验中的应用［M］. 北京：石油工业出版社，2020.

［2］海安石油. CT 岩心扫描驱替系统［ER/OL］. http：//www.jsnthky.com/hky88-Products-25903478/，2016-12-05.

［3］邓世冠，吕伟峰，刘庆杰. 利用 CT 技术研究砾岩驱油机理［J］. 石油勘探与开发，2014，41（3）：331-335.

［4］吕伟峰，刘庆杰，张祖波．三相相对渗透率曲线实验测定［J］．石油勘探与开发，2012，39（6）：713-719.

［5］Robert Balch. Why should SPE Members be Interested in CCS［R］. Houston, Society of Petroleum Engineer CCUS Steering Committee, 2019.

［6］秦积舜，王高峰．低渗透油藏 CO_2 驱油技术发展现状［C］．大庆：榆树林公司二氧化碳驱技术研讨会，2011.

第五章　现场应用案例

他山之石，可以攻玉。本章主要介绍我国代表性 CO_2 驱矿场试验，总结驱油类 CCUS 实践认识，为规模开展大型项目可行性分析提供借鉴[1-7]。

第一节　美国百万吨级 CCUS 项目

2009 年 2 月 13 日，在美国第 111 次国会上参众两院通过了为期 10 年、总额为 7872 亿美元的一揽子刺激经济复苏的方案，即《2009 美国复苏与再投资法案》（American Recovery and Reinvestment Act of 2009，ARRA）。ARRA 是二战以来美国政府最庞大的开支计划方案，几乎涉及美国的各行各业。2009 年 2 月 17 日，美国总统奥巴马正式签署了该法案。在 ARRA 中，用于强化资助与化石能源相关的清洁能源技术领域的研究开发、工程示范和商业化示范等的支出为 34 亿美元，由美国能源部化石能源办公室组织实施；专门支持具有创新和竞争力的工业产 CO_2 的捕集、CO_2 封存与资源化利用一体化的商业化示范项目。项目的门槛是年捕集 CO_2 百万吨或以上，2009 年入选 3 个项目：FE0002381、FE0001547 和 FE0002314，项目分布见表 5-1。

表 5-1　美国能源部资助的三个 CCUS 工业示范项目情况（据 GCCSI，2015）

项目代号	所在州	项目名称
FE0002381	Texas 得克萨斯	大规模制氢的甲烷蒸汽重整工艺排放 CO_2 的捕集与封存示范 Demonstration of CO_2 Capture and Sequestration for Steam Methane Reforming Process Gas Used for Large-Scale Hydrogen Production（2009—2017）
FE0001547	Illinois 伊利诺斯	生物燃料制造过程排放 CO_2 的捕集与西蒙山砂岩中的封存示范 CO_2 Capture from Biofuels Production and Storage into the Mt. Simon Sandstone（2009—2019）
FE0002314	Lousiana 路易斯安那	查尔斯湖碳捕集与封存项目 Lake Charles Carbon Capture & Sequestration Project（2009—2020）

一、FE0002381 项目

FE0002381 项目的名称是 "Demonstration of CO_2 Capture and Sequestration for Steam Methane Reforming Process Gas Used for Large-Scale Hydrogen Production"。项目承担企业是空气产品和化学品公司（Air Products and Chemicals Inc.，简称 Air Products）。项目以热电联产类 CO_2 源为对象，通过工业示范方式评价将 CO_2 捕集、驱油利用与封存技术推进至商业化的可行性。项目的总投资为 4.3 亿美元，国家和项目承担企业的分担比例是 66% : 34%。项目 CO_2 捕集能力 3000t/d。

项目选址在美国得克萨斯州的阿瑟港市。Air Products 于 1999 年和 2006 年先后在阿瑟港市建设两座日产超过 $1 \times 10^8 ft^3$ 的甲烷蒸汽重整（SMR）制氢厂（Port Artnur I 和 Port Artnur II）。通过 FE0002381 项目，Air Products 将甲烷蒸汽重整制氢工艺改进与驰放气中 CO_2 捕集装置建设相结合，设计、建造以真空变压吸附（VSA）为核心技术的 CO_2 捕集系统，捕集两座甲烷蒸汽重整制氢厂排放的 CO_2，如图 5-1 和图 5-2 所示。

图 5-1　Port Artnur I 甲烷蒸汽重整（SMR）制氢装置与新建碳捕捉装置俯瞰图

图 5-2　Port Artnur II 甲烷蒸汽重整（SMR）制氢装置与新建碳捕捉装置俯瞰图

2011 年 6 月 Air Products 与瓦莱罗能源公司（Valero Energy Corporation）和 Denbury Onshore，LLC 签订协议，将 Air Products 捕集的 CO_2 通过 Denbury Green Pipeline-Texas 的管道输送至 Denbury Onshore 所属的 West Hastings Field 作为驱油剂。项目预计于 2012 年底开始供气。截至 2017 年 12 月底，FE0002381 项目已累积捕集和输送了超过 $400 \times 10^4 t$ 的 CO_2。

根据 Air Products 与美国能源部的协议，Air Products 和 Leucadia 将在得克萨斯州的 West Hastings oil field 联合实施 CO_2 驱油与封存的动态监测、CO_2 用量核查和效能评价（Monitoring，Verification，and Accounting，MVA）工作。

二、FE0001547 项目

FE0001547 项目的名称是 "CO_2 Capture from Biofuels Production and Storage into the Mt.

Simon Sandstone"。承担项目的企业是阿彻丹尼尔斯米德兰公司（Archer Daniels Midland Company，ADM），主要合作单位是伊利诺伊州地质调查局、斯伦贝谢碳服务公司和瑞奇兰社区学院。项目以生产生物燃料过程副产的高浓度（大于 99%）CO_2 源为对象，通过工业示范方式评价将 CO_2 捕集与地质封存技术推进至商业化的可行性。项目总投资 2.07 亿美元，国家和项目承担企业的分担比例是 68%∶32%。项目设计碳捕集能力 3000t/d。图 5–3 是项目 CO_2 捕集与封存流程图。项目将有效借鉴 IBDP（Illinois Basin –Decatur Project）的经验 ❶，建成和运行年捕集与地质封存百万吨 CO_2 的工业示范项目。

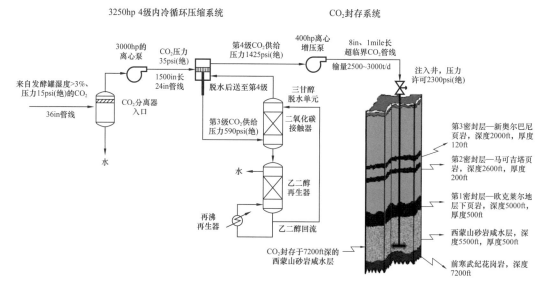

图 5–3　ADM 项目 CO_2 捕集与封存流程图

FE0001547 项目选址位于 ADM 在美国伊利诺伊州迪凯特市的乙醇厂附近。ADM 是美国生物乙醇的主要生产商之一，迪凯特市是 ADM 的农产品加工和生物燃料生产基地。根据文献报道，采用生物质在发酵技术路线，理论上每生产 1t 酒精就会副产 0.96t 高纯 CO_2。基于此，ADM 遴选成为项目的主要承担单位。通过实施，ADM 将生物制酒精生产工艺流程改造与碳捕集流程建设相结合，设计、建设以高浓度 CO_2 提纯、压缩装置为主要设施捕集系统，如图 5–4 和图 5–5 所示。

项目捕集的 CO_2 将通过管道输送至距 IBDP 项目工区约 1200m 的 ADM 在伊利诺伊州迪凯特市的乙醇厂附近占地 200acre 的工区进行地质封存 ❷。该工区土地所有权为 ADM 所有。在项目实施 CO_2 地质封存过程中，ADM 将在伊利诺伊州地质调查局、斯伦贝谢碳服务公司和瑞奇兰社区学院的协助下，实施 CO_2 地质封存的动态监测、CO_2 封存量核查和效能评价（Monitoring，Verification，and Accounting，MVA）工作。

---

❶　IBDP 项目（Illinois Basin–Decatur Project）是 ISGS（伊利诺伊州地质调查局，Illinois State Geological Survey）负责的 3 年捕集与地质封存百万吨 CO_2 先导试验项目。IBDP 设置了专门课题将对 CO_2 捕集、压缩、脱水和运输等设施建设与运行，注入井与监测井钻完井工程，以及注入动态监测在内的 CO_2 捕集与地质封存全过程进行监测、评价和效能评估（Monitoring，Verification，and Accounting，MVA）。IBDP 于 2003 年立项启动，计划 2013 完成。
❷　参照 IBDP 注入井的设计，FE00001547 的注入井将在 Mt. Simon Sandstone 下部（7000ft 左右）完井。

图 5-4　压缩机组厂房

图 5-5　CO_2 压缩局部流程

三、FE0002314 项目

FE0002314 项目的名称是 "Lake Charles Carbon Capture & Sequestration Project"。承担项目的企业是卢卡迪亚能源（Leucadia Energy LLC），主要合作单位是丹伯里陆上（Denbury Onshore LLC）、福陆公司（Fluor Corporation）、得克萨斯大学经济地质局（University of Texas Bureau of Economic Geology）。项目以石油焦为原料的热电联产过程副产的 CO_2 源为对象，通过工业示范方式评价将 CO_2 捕集、驱油利用与地质封存技术推进至商业化的可行性。项目总投资 4.356 亿美元，国家和项目承担企业的分担比例是 60%：40%。

Leucadia 旗下的 Lake Charles Clean Energy LLC 是以石油焦为原料，采用热电联产技术生产能源与化工产品的专业公司。该公司每年外购石油焦的数量超过 $250 \times 10^4 t$，生产过程排放 CO_2 超过 $400 \times 10^4 t$。项目的主要工作之一是改造生产流程，即建设两套 Lurgi Rectisol Acid Gas Removal unit（AGR）。通过 AGR 净化含有 H_2、CO、水蒸气、CO_2，以及少量 N_2 和 H_2S，以及微量 C_4H、羟基硫、氨等的合成气。净化后的合成气主要成分是 H_2 和 CO，用于生产 AA 级甲醇；余热用于产蒸汽供给汽轮机发电。净化合成气过程副产的 CO_2 的纯度大于 99%，图 5-6 是 AGR 流程示意图。

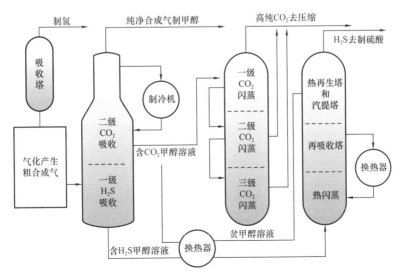

图 5-6　AGR 流程示意图

项目的另一个重要工作是建设两套压缩机系统，一套压缩机对应一套 AGR。压缩机将 CO_2 加压到 2250psi（绝）（15.5MPa），CO_2 将以超临界状态行管输。为了把捕集的 CO_2 输送到 Denbury Onshore 所属的 West Hastings Oil Field，项目将新建 12mile 的 CO_2 输送管线与横跨路易斯安那州和得克萨斯州的 Green Pipeline 相连，实现 CO_2 "并网"。

根据 Leucadia 与美国能源部的协议，Leucadia 和 Air Products 将在得克萨斯州的 West Hastings oil field 联合实施 CO_2 驱油与封存的动态监测、CO_2 用量核查和效能评价（Monitoring，Verification，and Accounting，MVA）工作。

四、CCUS 商业项目的启示

本节介绍的 3 个商业化示范项目是由美国能源部统一组织，在全美经过公开程序竞争产生的。透过这些项目我们得到以下启示。

1. 项目可实现性贯穿始终

美国能源部为了组织好这批项目，首先发布公告，公告内容包括产业领域（工业过程的碳源）、技术要求（规模化的成熟技术）、项目目标（捕集百万吨 CO_2）、资金来源（政府和企业按一定比例分担），遴选标准以及组织程序等。

项目遴选共经过了 3 轮，每一轮都将项目的可实现性贯穿始终。

第一轮有 18 家企业报名，经过资质（产业领域和技术能力等的）审查，12 家企业过关。

第二轮，12 家企业提供实施项目的技术与经济的可行性证据，主要内容包括项目的技术与工程设计方案、产品营销方案，项目的财务、安全和环境评价、项目实施过程中的风险与障碍及其处置策略等。这一轮有 8 家企业胜出。

第三轮，围绕项目目标，8 家企业通过展示项目的技术设计与工程实施方案，在技术、财务、安全与环保、实施许可、风险与障碍及其处置方法等量化指标做详细比较，得分高的 3 家企业获得了承担项目的机会。

三轮次的遴选过程，围绕项目的可实现性，论证一轮比一轮细致、要求一次比一次落实。例如，对项目风险与障碍及其处置方法的论证翔实到项目用地征地的许可证、州政府的审批文件、安全与环境监管部门（组织机构）的许可证、项目实施地（县、镇）政府（机构）的许可文件、有关银行同意融资的协商函、当地居民的听证意见书等；甚至军方相关的许可文件等。这些细节的处理显著降低了项目的风险，保证了项目实施进度的可控性等和项目的可实现性。

2. 项目质量监管实施责任人负责制

美国能源部通过严格的程序，确定了承担项目的 3 家企业。

依据 ARRA，美国能源部与 3 家企业签署合同。合同内容主要包括项目目标、项目管理方式、实施阶段与进度、投资比例、项目实施方（责任人）、项目监管方（责任人）、项目联合方（责任人）、项目信息公开要求等。合同通过各类附件明确了项目各方的责、权、利，以及项目的管理细节。

在项目实施与管理过程中，美国能源部将作为服务方和协调方，为项目提供方便。项目监管方（责任人）由能源部从与项目无利益关系的同行专家中选聘，项目监管方（责任人）全权负责项目实施质量的监管和评价，项目监管方（责任人）向能源部负责。

3. 法律法规政策配套

首先，项目投资的法律依据是《2009美国复苏与再投资法案》（ARRA）。ARRA中不仅涉及了与项目相关的拨款条款，还涉及了与项目领域相关的减税与增加就业的条款。这样就打通了项目的融投资与利益通道，提高了企业参与和竞争项目的积极性。

其次，项目遴选与立项的依据还包括实效期内的联邦政府和州政府的相关法律和法案。例如：联邦政府2007—2009颁布的与环境保护、碳减排、新能源项目相关的法案及修正案，以及相关州政府在2007—2009制定和颁布的适合本州特点的与环境保护、碳减排、新能源项目相关的法案及修正案。这些法律和法案中明确了环保项目的认定与界定要求、适合碳减排与新能源项目的减税、土地征用条件以及碳减排的核查标准等。这样就打通了项目实施企业在项目所在地壁垒，为项目落地和实施提供了法律依据。

最后，自20世纪中期以来，美国政府从国家安全的角度，通过立法的方式，不断完善美国保障能源生产与供应的法律体系。通过立法，解决了建设油气运输基础设施的投融资方式；通过立法，鼓励和激励提高油气采收率技术研发；通过立法，推进新能源和可再生能源技术发展；通过立法，支持和资助绿色环保产业发展；通过立法解决和协调生产、生活与环境保护之间矛盾等。

第二节　代表性矿场试验项目

多年来，我国石油企业累计开展30多个CO_2驱油与封存的现场试验项目[1-4]，下面简要介绍若干代表性项目的基本情况。

一、黑59区块CO_2驱先导试验

吉林油田黑59区块试验的目标是评价探索弱未动用特低渗透油藏CO_2驱提高采收率可行性及其潜力。试验方案要点为：试验区位于吉林省松原市乾安县境内的大情字井油田；试验区面积$2.0km^2$；目的层为青一段7号、12号、14号、15号层，有效厚度9.4m，平均渗透率3.5mD，地质储量$78×10^4t$。地层温度98.9℃，注气前地层压力约17MPa，最小混相压力22.3MPa，采用160m×480m反七点井网，5个注气井组，22口生产井。采取混合水气交注入和周期生产，实现早期混相驱开发；单井CO_2日注量30~40t，注气前3年单井平均产量5.92t/d，平均采油速度3.83%。评价期15年；期末水驱采出程度20.44%；评价期末CO_2驱增加采出程度9.0%。

2008年4月开始注气，截至2017年6月底，累计注入$25.2×10^4t$ CO_2。目前，地层压力高于最小混相压力。阶段累计产油$11.6×10^4t$，阶段采出程度14.9%，见效高峰期单井产量3.6t，气驱增产倍数1.5，采收率提高约6%。鉴于已完成试验使命及产量变化情况，2014年7月通过对该项目验收，终止注气。黑59区块产量变化如图5-7所示。

二、黑79南区块CO_2驱先导试验

吉林油田黑79南区块试验的目标是评价已水驱开发油藏低渗透油藏CO_2驱提高采收率可行性及其潜力。试验方案要点为：试验区位于大情字井油田，目的层青一段2号层，有

效厚度 4.0m，渗透率 19mD，试验区面积 7.2km²，地质储量 240×10⁴t；地层温度 98.3℃，最小混相压力 22.5MPa，注气前地层压力 18MPa；开始注气时采出程度 12.0%，综合含水 38%，单井产量 2.35t/d；采用 160m×480m 反七点井网，18 个注气井组，60 口生产井；选择混合水气交替注入和周期生产联合的方式（HWAG-PP），实现早期混相驱开发。先连续注气 1 年（0.1PV），地层压力恢复到混相压力后，转入 WAG（水气交替）方式注入；交替注入的水气段塞比为 1:1，单井 CO_2 日注量 40t，单井日注水 30t；初期连续生产，采油速度 4%，气窜井间开生产；CO_2 驱提高采收率 8.0%。

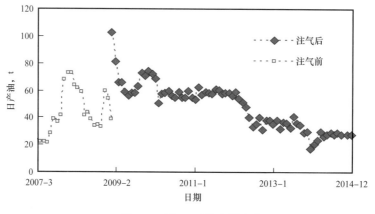

图 5-7　黑 59 区块产量变化

2010 年 3 月开始注气，累积注入 38.6×10⁴t CO_2，地层压力接近最小混相压力，阶段累计产油 23.1×10⁴t，阶段采出程度 9.65%，见效高峰期单井产量 3.2t，气驱增产倍数 1.31，鉴于已完成使命，2014 年 7 月通过对该项目验收，注气已终止。黑 79 区块产量变化如图 5-8 所示。

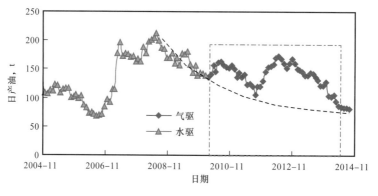

图 5-8　黑 79 南区块产量变化

三、黑 79 北小井距 CO_2 驱先导试验

吉林油田黑 79 北小井距试验的目标是加速完成 CO_2 驱全生命周期，快速评价高含水特低渗油藏 CO_2 驱的技术效果。试验方案要点为：试验区位于大情字井油田，目的层青一段 11 小层和 12 小层，渗透率 4.5mD，有效厚度 6.4m。试验区面积 0.94km²，地质储量

$36.3 \times 10^4 t$。最小混相压力 22MPa，原始地层压力 20.1MPa。注气时采出程度 21.6%，综合含水 81%，单井产量 0.8t/d。采用 80m×240m 反七点井网，10 注 19 采。利用老井 13 口，新钻数井 16 口（8 注 8 采），形成两个中心评价井组。核心区高峰期采油速度 4.0%，预计 CO_2 驱提高采收率 13%。

试验区于 2012 年 7 月开始注气，平均日注气 93.9t，到 2014 年项目验收累积注气量约 $26 \times 10^4 t$。黑 79 北试验证实，在小井距情况下 CO_2 混相驱仍然可以显著提高低渗透高含水油藏单井产量和采收率，见效后单井产量可以在 1.35t/d 稳定生产，气驱增产倍数实际值约 1.7，预计提高采收率幅度可以达到 15%，明显高于常规井距下的采收率增加幅度。

黑 79 北小井距单井产量变化情况如图 5-9 所示。

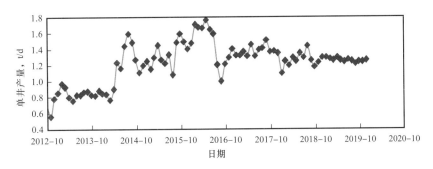

图 5-9　黑 79 北小井距单井产量

四、树 101 区块 CO₂ 驱扩大试验

大庆油田树 101 区块 CO_2 驱试验目的是探索 CO_2 驱动用特超低渗油藏可行性，方案要点为：试验区位于宋芳屯油田，目的层为扶杨油层 YI 组和 YII 组，渗透率 1.02mD，有效厚度 9.6m；试验区面积 $2.5km^2$，地质储量 $90 \times 10^4 t$；地层温度 108℃，最小混相压力 32.2MPa，地层油黏度 3.6mPa·s，原始地层压力 20.1MPa；属于未动用油藏注气类型，采用超前注气开发；采用井距 300m 和 250m、排距 250m 的反五点井网；7 个注气井组，17 口生产井；单井日注气 17.0t，CO_2 驱提高采收率 10.1%。

2007 年 12 月 2 口注气井投注，2008 年 7 月投注 5 口，注气半年后油井投产。初期单井日注气 25t，单井产量平均约为水驱的 1.6 倍，CO_2 驱油井不压裂投产初期单井产量与压裂投产树 16 水驱压裂产量相当；累计注气量 $17.78 \times 10^4 t$，累计产油 $6.62 \times 10^4 t$，阶段采出程度 5.58%，阶段换油率 0.38t（CO_2）/t（油）。地层压力保持水平高，吸气厚度比例高，目前地层压力为原始地层压力的 107.3%，有效厚度吸气比例在 84.6% 以上，1.0mD 油藏得到有效动用。

大庆油田树 101 试验区产量如图 5-10 所示。

五、贝 14 区块 CO₂ 驱先导试验

大庆油田贝 14 区块试验的目标是探索 CO_2 驱动用特超低渗强水敏油藏的可行性。矿场试验方案要点为：试验区位于大庆油田的海拉尔盆地，目的层为兴安岭 XI 组和 XII 组，有效厚度 26m，渗透率 1.12mD，强水敏油藏；试验区面积 $0.65km^2$，地质储量 $159 \times 10^4 t$；地

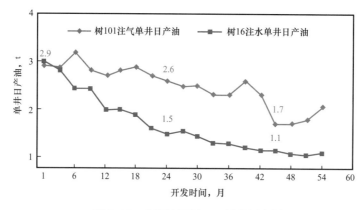

图 5-10 大庆油田树 101 试验区产量

层温度 71℃，最小混相压力 16.6MPa，地层油黏度 4.7mPa·s，原始地层压力 17.6MPa；注气前采出程度 3.1%，无法正常水驱；采用 300m×250m 五点井网，先导试验一期 4 注 15 采；CO_2 驱预计提高采收率 17.3%。

2010 年 9 月贝 14-X54-58 井首先实现单井注入，吸气能力较强，注入压力稳定。必须建集气站和注入站，才能实现试验规模、稳定注入。截至 2017 年底，累计注入 CO_2 约 15.5×10⁴t，换油率（吨油耗气量）指标表现良好。见效高峰期单井产量高于 2.0t/d。CO_2 驱采油井地层压力逐步上升，比注气前上升了 2.2MPa，比同期相邻水驱区块高 2.9MPa。CO_2 驱能够提高低渗透强水敏油藏单井产量，气驱增产倍数 1.57。大庆海拉尔油田贝 14 试验区产量如图 5-11 所示。

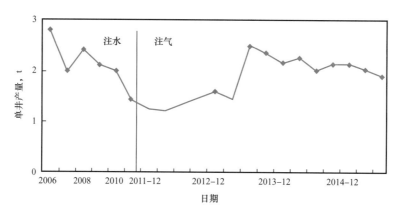

图 5-11 大庆海拉尔油田贝 14 试验区产量

六、草舍油田 CO_2 驱先导试验

江苏油田草舍 CO_2 驱先导试验目的是探索利用 CO_2 驱提高复杂断块油藏原油采收率可行性。方案要点为：试验区为草舍油田主力含油层系泰州组，油藏类型为构造油藏，含油面积 0.703km²，储量 142×10⁴t，孔隙度 14.08%，渗透率 46mD。地层温度 119℃，注气前地层压力 26.6MPa，最小混相压力 29.3MPa，5 个注气井组，10 口生产井；连续注气方式，单井 CO_2 日注量 20～30t。

2005 年 7 月开始注气，至 2013 年 12 月结束，累计注入 17.98×10^4t CO_2。阶段累计增油 6.65×10^4t，阶段提高采收率 4.68%，CO_2 封存率 86.1%。草舍 CO_2 驱提高采收率先导试验区产量如图 5-12 所示。

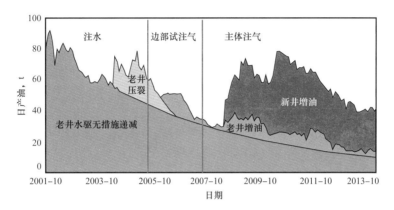

图 5-12　草舍 CO_2 驱提高采收率先导试验区产量

七、高 89 区块 CO_2 驱先导试验

胜利油田高 89 区块 CO_2 驱先导试验目的是探索 CO_2 驱提高特低渗难采储量采收率的可行性（图 5-13）。方案要点为：高 89-1 断块含油面积 4.3km^2，储量 252×10^4t，主力含油层系沙四段，发育 4 个砂层组 15 个小层。平均孔隙度 12.5%，平均渗透率 4.7mD；地层温度 126℃，注气前地层压力 24MPa，最小混相压力 29MPa；五点法井网，10 个注气井组，14 口生产井；采用连续注气，单井 CO_2 日注 20t；预计提高采收率 17%，换油率 2.63t（CO_2）/t（油），CO_2 封存率 0.55。

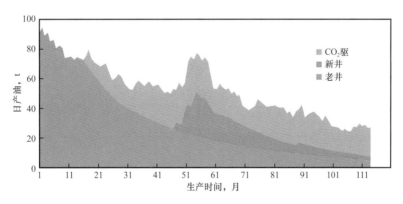

图 5-13　高 89 区块 CO_2 驱提高采收率先导试验区产量

2008 年 2 月开始注气，截至 2016 年 12 月，累计注入 26.1×10^4t CO_2。阶段累积增油 5.86×10^4t，阶段提高采收率 3.4%。高 89 区块 CO_2 驱提高采收率先导试验区产量

八、濮城沙一下 CO_2 驱先导试验

中原油田濮城沙一下 CO_2 驱先导试验目的是探索水驱废弃深层油藏注气提高采收率的可行性。方案要点为：濮城沙一下亚段地质储量 1050×10^4t，主力含油层系沙一下亚段，

发育 2 个含油小层，平均渗透率 690mD，地层温度 82.5℃；注气前地层压力 19MPa；最小混相压力 18.42MPa；行列井网，注气井 22 口，生产井 38 口；采取水气交替注入，单井 CO_2 日注量 40～50t，预计提高采收率 9.0%。

2009 年 9 开始注气，至 2017.6 注气井总数达到 10 口，覆盖储量 265×10^4t，累计注入 CO_2 32.1×10^4t，阶段注水 32.7×10^4t，阶段累计增油 1.4×10^4t，阶段提高采收率 0.5%，预计提高采收率 8%。

濮城沙一下亚段 CO_2 驱阶段产油及含水变化如图 5-14 所示。

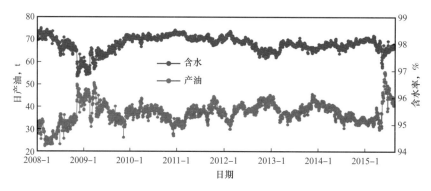

图 5-14　濮城沙一下亚段 CO_2 驱阶段产油及含水变化

九、靖边乔家洼 CO_2 驱先导试验

为探索 CO_2 驱动用特超低渗强水敏油藏的可行性设立该试验，矿场试验方案要点为：乔家洼试验区面积 1.2km²，目的层为延长组长 6 油层，储层有效厚度 11.5m，平均渗透率 0.7mD，地质储量 39.4×10^4t。地层温度 53℃，注气前地层压力 3MPa，最小混相压力 22.74MPa，200～300m 不规则反七点井网，5 个注气井组，14 口生产井；采用混合水气交替非混相驱，单井 CO_2 日注量 10～20t，单井日注水 10m³，注气前单井平均产量 0.2t/d，平均采油速度 0.3%；评价期 15 年，期末增加采出程度 8.9%。

靖边乔家洼井区于 2012 年 9 月投注第一口 CO_2 注气井，截至 2017 年 5 月，注入井组 5 个，单井平均日注 15～20t 液态 CO_2，累计注入 7.3×10^4t，见到较好的增油效果。

靖边乔家洼 CO_2 试验井区生产曲线如图 5-15 所示。

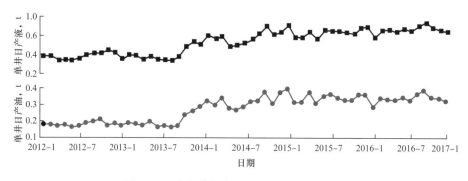

图 5-15　靖边乔家洼 CO_2 试验井区生产曲线

十、黄 3 井区 CO_2 驱油与埋存先导试验

长庆油田黄 3 井区试验目的是探索 CO_2 驱动用 0.3mD 超低渗裂缝型油藏可行性，方案要点如下：试验区位于姬塬油田，目的层延长组长 8_1 砂组；有效厚度 10.5m，渗透率 0.37mD，超低渗裂缝型油藏；试验区面积 $3.5km^2$，地质储量 $186.8×10^4t$，注气前采出程度 3.5%；150m×480m 菱形反九点井网，9 注 35 采，预计提高采收率 10.2%。

黄 3 井区新建综合试验站 1 座，规模 $5×10^4t/a$；与综合试验站合建建成注入站 1 座；依托山城 35kV 变 10kV 供电线路，新建 10kV 线路 0.3km；新建进站道路 0.5km；完成 47 口井的井口和井身完整性评价和维护。经多方沟通，落实碳源。已于 2017 年 7 月投注，截至 2019 年底 9 个井组累计注入量 $6.6×10^4t$ 液态 CO_2。26 口井见效井日产油量从 0.8t 升到 1.3t，综合含水率下降，首次证实了区域内超低渗油藏 CO_2 驱可行性。长庆油田黄 3 试验区 26 口见效井的单井产量变化如图 5-16 所示。

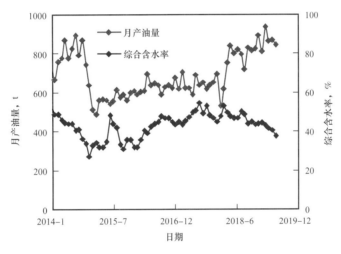

图 5-16　长庆油田黄 3 试验区见效井生产情况

统计分析上述 CO_2 驱试验项目可知，我国 CO_2 驱技术应用主要针对低渗透 / 特低渗透油藏，主要目的是探索 CO_2 驱提高我国低渗透 / 特低渗透储量动用率和采收率新途径。通过多年试验攻关，在吉林油田建成了国内首套含 CO_2 气藏开发 -CO_2 驱油与封存一体化系统，在大庆油田建成了国内产油规模最大的 CCUS 循环密闭系统，在胜利油田建成了国内外首套燃煤电厂 CO_2 捕集、驱油与封存一体化系统，在延长油田建成国内首套煤化工 CO_2 捕集 -CO_2 驱油与封存系统，在中原油田建成国内首套水驱废气油藏利用石油化工尾气 CO_2 驱油与封存系统，基本完成了 CO_2 驱提高石油采收率技术配套，引起了国际社会和国家多部委广泛关注。

第三节　CO_2 驱油实践认识

通过多年试验攻关，逐步形成了关于低渗透油藏 CO_2 驱生产动态的系统知识[1 11]，下面将结合具体实例，介绍 CO_2 驱提高采收率实践取得的一些油藏工程学科方面的认识。

一、不同 CO_2 驱替类型与效果

1. 注入气驱替类型划分

根据气驱油效率的高低和距离最小混相压力的远近，可将最小混相压力图划分为远离混相区、中等混相区、近邻混相区和混相区等 4 个区域（图 5-17）。其中，远离混相区和中等混相区属于通常所说的非混相情形，而中等混相区连同近邻混相区与计秉玉教授等提出的半混相区相当。在 4 个区域中，气驱油效率仅在远混相区低于水驱情形。

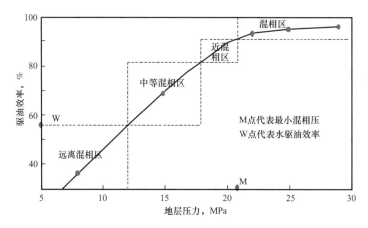

图 5-17　按混相程度划分的 4 种气驱类型

按照混相程度不同，气驱类型分为混相驱、近混相驱和非混相驱三大类。根据美国能源部的经验，结合我国研究经验，建议：若注气后见气前的地层压力比最小混相压力高 1.0MPa 以上，可定义为混相驱替；若见气前的地层压力比最小混相压力低 1.0MPa 以内，可定义为近混相驱替；若见气前的地层压力低于最小混相压力 1.0MPa 以上，可定义为非混相驱替；对于能够正常注水开发的油藏，若见气前的地层压力低于最小混相压力的 75%，则不建议实施 CO_2 驱。

2. 混相驱项目

理论与实验均表明，对于给定油藏，CO_2 混相驱的采收率明显高于非混相驱，美国 CO_2 驱替类型主要为混相驱，混相驱项目数和 EOR 产量远大于非混相驱。以 2014 年数据为例，CO_2 驱总项目数为 139 个，其中混相驱项目数 128 个；CO_2 驱总产量为 $1371 \times 10^4 t/a$，其中混相驱产量 $1264 \times 10^4 t/a$。CO_2 混相驱项目成功率较高，2014 年美国 CO_2 混相驱项目中获得成功的项目为 104 个，占比 81.2%。当然，美国 CO_2 驱技术成功的商业应用与有利政策法规支持和 2000 年以来油价持续走高是密不可分的。据 Chevron 石油公司学者 Don Winslow 对三次采油类项目的统计，北美地区 CO_2 驱提高采收率幅度 7%～18%，平均值为 12.0%。

在国内，走完全生命周期的注气项目较少，矿场试验规模不大，气驱技术尚处于试验和完善阶段。诸如江苏草舍 CO_2 混相驱试验、吉林大情字井地区 CO_2 混相驱试验、大庆海塔 CO_2 混相驱试验、中原濮城 CO_2 混相驱试验、吐哈葡北天然气混相驱试验和塔里木东河塘天然气混相驱试验已获得良好技术效果，大力发展混相驱有助于增加人们对注气提高采收率的信心，有助于气驱技术在我国快速发展。

3. 非混相驱项目

非混相驱与混相驱在工艺流程上并无明显区别，在油藏管理和实施难度上并无过高要求。非混相驱项目的经济性也未必不好。中国石化胜利油田高 89、中国石化东北局腰英台油田 BD33、中国石油大庆油田树 101 和树 16、延长油田吴起和乔家洼等试验区的 CO_2 驱替类型都属于非混相驱，均取得了明显增油效果。同一油藏混相驱或近混相驱增油效果好于非混相驱，而有些油藏很难实现混相驱替。根据可能具备的现实条件选择油藏的合理开发方式是搞好油田开发的基本要求。

据统计，全球实施的 CO_2 非混相驱项目 40 个，其中美国 11 个，加拿大 1 个，特立尼达 5 个，中国 8 个；全球非混相 CO_2 驱项目提高采收率幅度 4.7%～12.5%，平均值 8.0%，平均换油率 3.95t（CO_2）/t（油）；我国的 CO_2 非混相驱项目提高采收率幅度 3.0%～9.0%，平均 5.5% 左右。非混相驱技术在不同埋深的轻质、中质和重油油藏中都有应用。

二、CO_2 驱生产经历的阶段

以吉林油田黑 59 试验区为例，5 个先导试验井组最高日产 120t，采油速度最高达到 2.7%，综合含水率从 50% 下降到 35%～40%。特低渗油藏 CO_2 驱试验效果突出表现在：

（1）较高产油速度下，仍然具有很强的稳产能力；

（2）含水大幅度下降，一些井甚至不产水；

（3）大井距下，不压裂也能够快速见效，节省大量储层改造与措施费用；

（4）水气交替注入能有效抑制气窜。

特低渗油藏 CO_2 驱试验的生产动态及监测成果表明，特低渗储量得到有效动用，稳产能力提高，黑 59 区块日产油能连续 4 年保持在 60t 左右，采油速度保持在 2.5% 以上。尽管试验区平均注气效果较好，但全区仍存在着南北井组动态反应差异大、同井组内油井受效不均衡、气窜控制难等问题。整个注气试验可分为 7 个阶段。

1. 注气准备阶段

2008 年初开始了注采井况普查，包括井身技术状况普查、更换注气井口，更换耐压井口等；还进行了注气前背景资料监测，包括地层压力监测、注水能力测试、注入压力测试，以及其他基础测试。测压结果表明 2008 年初试验区平均地层压力为 16MPa，而地层最小混相压力为 22.3MPa。5 口注入井于 2008 年 3 月开始注水补充地层能量及有关资料监测工作，并关闭了大部分油井恢复地层压力。

2. 补充地层能量阶段

黑 59 试验区块的注气井黑 59-12-6 井和黑 59-6-6 井自 2008 年 4 月底开始注气，黑 59-4-2 和黑 59-10-8 井于 2008 年 6 月底开始注气，黑 59-8-41 井于 2008 年 10 月上旬开始注气，试验区油井除南部黑 59-4-2 井组 5 口油井外，其余全部关井恢复地层压力。黑 59 试验区地层压力快速恢复得益于早期高注气速度与低采速（含部分油井停产）的协同配合。

3. 高套压井试采阶段

2008 年 12 月实际测压显示试验区地层压力已达到 25MPa；试验区北部黑 59-12-6 井组的平均地层压力更高。试验区于 2009 年 1 月油井试采，呈现："油井自喷、产量翻番、

含水大幅度下降，注气反应显著"的生产特征。从地质上看，见效最显著的高套压井，是由于优势流动通道沟通注采井形成的，高速试采阶段会加速气窜，减小波及系数，缩小注入气的波及体积，给后续生产带来更大被动。因此，该阶段并非是必须存在的。

4. 正式投产阶段

根据压力测试结果，当全区地层压力高于最小混相压力时，油井全部开井，见到了明显注气效果。2009 年全年，试验区综合含水下降 10%，动液面升高 600m。北部未注水区域实现了混相驱替。在 2010 年 1 月份开井前，试验区北部压力得到有效恢复。黑 59-12-6 井组和黑 59-10-8 井组在开井后，有 4 口井自喷生产，7 口井产油量大幅上升，含水下降，开井初期其产量超过了投产初期的产量，注气反应明显。

5. 生产调整阶段

针对油井陆续见气的这一情况，尤其针对气窜较严重的井组应用了注入方式转换、CO_2 驱调剖以及控制液面生产等调整技术，相应井组注气压力有所上升，生产井气油比明显下降，见到了调整的效果。在黑 59-12-6 井，分两个阶段实施了泡沫凝胶调剖，共注入调剖液上千立方米，注入压力上升明显，井组矛盾得到有效缓解。注入井陆续实施了水气交替（WAG）注入，使生产气油比稳定，但气驱的气油比还是比较高，泵效偏低。由于气源不稳定与不利天气等原因，实际注入量达不到配注要求。

6. 产量递减阶段

从 2012 年，单井产量开始下降，试验区产量进入了递减阶段。认识到 CO_2 驱也是存在递减阶段的。从 2009 年正式开井生产，黑 59 试验区连续稳产四年，采油速度保持在 2.5% 左右，处于较高水平，是水驱的 1.5 倍。特低渗油藏气驱也有递减阶段且递减较快，这是高采速必然导致高递减的客观规律决定的。经历 4 年的稳产期，并保持了较高的采油速度。出于经济效益的考虑，递减阶段实施水气交替注入，以节省注气量。生产动态是气驱自身规律在区块地质实际和注采调整情况的综合表现，由于现有技术手段和水平不可能完全认识储层和渗流的实际过程，也就导致了实际动态与预计的存在不同程度差别。

7. 后续水驱阶段

从 2014 年下半年起，黑 59 试验区注气量逐渐减少，到 2015 年停止注气，进入后续水驱阶段。由于前期注气量较大，存气率较高，地层含气饱和度较高。即使进入了后续水驱阶段，前期注入并存留的气体仍然会发挥一定的驱替作用以及地层能量保持作用。

生产动态是气驱自身规律在试验区块实际地质条件和注采调整情况的综合表现，由于现有技术手段和水平不可能完全认识真实储层和渗流实际过程，也就导致了实际生产动态与预测生产指标之间存在不同程度的差别。

三、混相气驱可快速补充地层能量

注气能够快速补充地层能量，黑 59 和黑 79 北小井距大约经过半年，地层能量快速升高，超过了最小混相压力 22.3MPa，实现了混相驱。以黑 79 北小井距注气试验为例，该油藏开始注气时已是高含水，单井产量从 0.8t/d 升高至 1.35t/d，开井后，井组整体含水率大幅度下降，产液和产油较平稳，表现出混相驱替特征，采收率也将会相应地提高。黑 79 南注气后，产量止跌回升，增油效果是明显的。黑 59 区块和黑 79 北加密区地层压力变化分别如图 5-18 和图 5-19 所示。

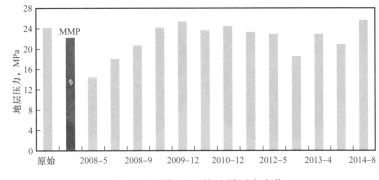

图 5-18　黑 59 区块地层压力变化

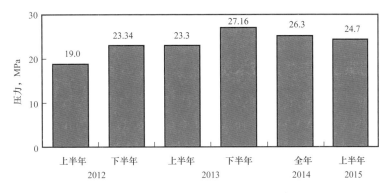

图 5-19　黑 79 北加密区地层压力变化

四、CO_2 驱原油混相组分的扩展

CO_2 驱最小混相压力受控于原油组分、组成和油藏温度。对于给定油藏，原油中的中—轻质组分含量对 CO_2 驱最小混相压力有决定性影响。国际上一般认为，C_2—C_7 之间的轻组分含量影响 CO_2 驱最小混相压力，并且 CO_2 可以蒸发萃取的原油组分也主要是这些轻质组分。中国石油勘探开发研究院研究认为，随着地层压力升高，被 CO_2 蒸发萃取的组分是逐渐扩展增加的；压力高到一定程度时，C_2—C_{15} 之间的组分都可以被 CO_2 抽提突破油气界面，进入气相区；混相条件下，C_{15}—C_{21} 之间的组分都可以被 CO_2 抽提，这在多个 CO_2 混相驱油矿场试验中都被观察到。由于地层油中的 C_7—C_{15} 的含量是比较高的，以吉林油田黑 59 为例，C_7—C_{15} 摩尔分数高达 33.28%，这些中质组分进入气相区可以深度富化注入的 CO_2，起到了加速混相过程的作用，也起到了提高采收率的作用。

不同压力下 CO_2 蒸发的原油组分变化如图 5-20 所示。

因此，扩展 CO_2 和原油混相组分具有现实意义，对于我国中西部和东部具备混相条件的油藏，应主要发展混相驱，以获取最佳开发效果；对于我国东部相当数量的一批不能混相的油藏，也要尽可能高地提高地层压力水平，特别是利用近注气井的高压区实现近井地带混相驱，主动提高全油藏混相程度，改善 CO_2 驱开发效果。大庆油田榆树林公司 1mD 左右的树 101 区块的实验评价认为地层压力低于最小混相压力，但通过提高地层压力，实现了近井 100m 左右范围内的混相驱，取得了好的开发效果。

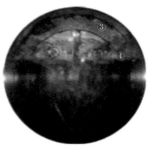

压力较低时
✓ 区域①（气相区）：
  CO_2 为主，少量 C_2—C_5
✓ 区域②（近油气界面）：
  气相组分 C_2—C_6 增加

压力较高时
✓ 区域③（气相区）：颜色加深，组分扩展为 C_2—C_{10}
✓ 区域④（油气界面附近）：
  气组分扩展为 C_2—C_{15}

图 5-20　不同压力下 CO_2 蒸发的原油组分变化

五、气驱方案设计与生产技术模式

注气实践表明，采取注采联动的办法可以明显改善气驱开发效果。将注气开发方案设计的技术思路归纳为"HWAG-PP"模式。其中，"HWAG"意为在水气交替注入阶段使气段塞依次变小的做法，减小气段塞的办法有降低日注量或缩短注气时间。"PP"指周期生产，是靠采油井的间歇式开关或控制流压生产抑制气窜的办法。"HWAG-PP"模式是一种注采联动抑制气窜，扩大波及体积，提高开发效果的办法。其技术内涵为：注入井上水气交替是通过改善流度比抑制气窜，扩大波及体积；采油井周期生产则是通过强化混相的办法提高驱油效率并借助控制生产压差来抑制气窜，兼具扩大波及体积效果。在吉林情字井地区和大庆榆树林、海塔贝 $14CO_2$ 试验区生产中得到应用。实际应用表明，"HWAG-PP"模式在控制气油比、扩大波及体积，改善气驱开发效果方面作用明显，是一种必须坚持的低成本的保障 CO_2 驱开发效果的主体技术。

六、低渗透油藏气驱产量主控因素

难以准确完整定量描述复杂相变、微观气驱油过程，难以准确度量三相及以上渗流，以及地质模型难以真实反映储层等原因导致多组分气驱数值模拟预测结果经常不可靠。应用概率论可以证明，低渗透油藏多相多组分气驱数值模拟误差往往超过 50%，实际工作经验也证实了这一论断。因此，建立气驱产量预测油藏工程方法成为必需。为增加注气方案可靠性，提高注气效益，从气驱采收率计算公式入手，利用采出程度、采油速度和递减率之间相互关系，推导出气驱产量变化规律，结合岩心驱替实验成果和油田开发实际经验，提出了气驱增产倍数严格定义及其工程计算近似方法，建立了极具可靠性的低渗透油藏气驱产量理论方法，得到了 30 多个国内外注气项目验证，符合率高于 85%，可用于气驱早期配产和气驱产量的中长期可靠预测。研究发现低渗油藏气驱增产倍数由气和水的初始驱油效率之比以及转驱时广义可采储量采出程度决定。

七、气驱见气见效时间影响因素

自 20 世纪 60 年代至今，国内取得明显增油效果的气驱项目已逾 30 个；对各类砂岩油藏注气动态已有较多认识，找到普遍化定量气驱规律是油藏工程研究主要任务。气驱开发经验与理论分析都表明，生产气油比开始快速增加的时间，综合含水开始下降的时间，见效高峰期产量出现时间与提高采收率形成的混相"油墙"前缘到达生产井时间具有同一性，现统一称之为气驱油藏见气见效时间。西南石油大学郭平教授指出，目前还没有好的办法确定混相带长度，进而预测气驱动态。因此，提出实用有效气驱油藏工程方法就很有必要。在真实注气过程中，渗流与相变同时发生；而从结果看，驱替与相变又可分开考虑。提出将该复杂过程简化为不考虑相变的完全非混相驱替、只考虑一次萃取的相变以及油藏流体的一次溶解膨胀三个步骤的简单叠加，即用"三步近似法"来简化真实气驱过程，以便于进行油藏工程研究。基于"三步近似法"和气驱增产倍数概念，研究了注入气的游离态、溶解态和成矿固化态三种赋存状态分别占据的烃类孔隙体积，以及气驱"油墙"或混相带规模，得到了描述气驱开发低渗透油藏见气见效时间普适算法，并以多个注气实例验证其可靠性。敏感性分析发现见气见效时间对见气前的阶段地层压力及其接近最小混相压力的程度、注入气地下密度和理论体积波及系数较为敏感。因此，提高见气前的阶段地层压力和增加体积波及系数是延迟见气的两项基本技术对策。

曾对吉林油田、大庆油田、胜利油田、冀东油田、青海油田和中原油田等以及加拿大 Weyburn 油田等 10 个 CO_2 驱或天然气驱项目见气见效时间进行了计算，与实际生产数据对比得到平均相对误差为 8.3%（表 5–2），表明该见气见效时间预报方法具有很好可靠性和普适性。统计我国低渗透油藏 CO_2 驱项目知，CO_2 地下密度平均值 544kg/m³，见气见效时累计注入量的平均值为 0.078HCPV（基于转驱时的剩余地质储量），所用时间为 1 年左右，且非混相驱往往意味着较早见气。理论和实践都表明，气窜会导致低渗透油藏产量快速下掉，这意味着须在注气一年内完成扩大气驱波及体积技术配套。

表 5–2　10 个注气项目的见气见效时间对比

试验区块	水驱采收率 %	水驱油效率 %	地层压力 MPa	混相压力 MPa	气密度 kg/m³	见气时间（HCPV）	
						理论值	实际值
黑 79 北加密区	25	55	22	23	580	0.115	0.103
黑 59 北	20.3	55	25	22.3	600	0.083	0.076
黑 79 南南	28	57	20	22.4	550	0.111	0.122
高 89	15	56	20	29	380	0.042	0.039
柳北	22	55.5	27	29.5	600	0.069	0.061
树 101	12	43	25.7	28	520	0.054	0.048

试验区块	水驱采收率 %	水驱油效率 %	地层压力 MPa	混相压力 MPa	气密度 kg/m³	见气时间（HCPV）	
						理论值	实际值
Weyburn	37	62	15	15	580	0.149	0.14
马北（CH₄驱）	14	58	9.8	32	74	0.026	—
海塔贝 14	10	43	17.1	16.6	540	0.043	0.039
濮城 1-1	46	59	18.5	18.5	520	0.216	0.209
CO_2 驱低渗项目平均	20.8	53.3	21.5	23.2	544	0.082	0.078

八、低渗透油藏气驱油墙形成机制

当地层压力和混相程度较高时，注入气将萃取地层油的较轻组分朝着油井移动并在井间形成高含油饱和度区带即"油墙"，这是高压气驱和水驱地下流场的重要区别。地下流场的不同将使生产动态进入一个崭新阶段："油墙"前缘到达生产井的时间称为气驱油藏见气见效时间，自此进入真正意义上的气驱见效产量高峰期。

根据气驱油效率的高低和距离最小混相压力的远近，可将最小混相压力图划分为远离混相区、中等混相区、近邻混相区和混相区等 4 个区域。凡涉及气驱"油墙"概念时，均限于气驱油效率高于水驱油效率的中混相区、近混相区或混相区。在吉林油田、长庆油田和大庆油田外围的大量低渗透油藏地层油黏度都低于 5mPa·s，实施 CO_2 驱达到较高混相程度，实现混相驱或近混相驱并非突出问题。一般地，在经历见气见效前的增压见效阶段后，地层压力能达到对于 CO_2 和地层油的最小混相压力的 0.8 倍以上，使得气驱油效率能够高于水驱情形。下面对高压气驱"油墙"形成过程予以分析和描述：

当油气充分接触后会发生相变，出现气液分离和液液分层现象，形成富气相—上液相—下液相（RV-UL-LL）体系。根据对注入气接触地层油产生富化气相（RV）组成的分析，并借鉴凝析气藏开发经验，"加速凝析加积"机制对"油墙"贡献的组分主要是 C_5—C_{20}，显然这是饱和凝析液的组分；根据对密度较轻的上液相产状和组成分析，"差异化运移"机制对"油墙"贡献的上液相（UL）组分则以 C_1—C_{30} 为主，可认为上液相属于挥发油。两种成墙机制产生的是一种介于饱和凝析液和挥发油之间的一种较轻质的液相——统称为成墙轻质液（具有较低黏度和较低密度）。

从上可知，由于轻质组分被萃取后的剩余油的黏度高于被萃取物黏度而流速较慢，这种"差异化运移"造成被萃取物始终更快地向前堆积成墙；再加上注入气向前接触新鲜油样，前缘混相带黏度远高于连续气相黏度，压力梯度陡然增大，导致被萃取物凝结析出并滞留，这种"加速凝析加积"使得"油墙"主体含油含饱和度最高。气驱油墙形成机制可概括为"差异化运移"和"加速凝析加积"。两种成墙机制体现了各流动相之动力学和热力学特征在运动中的变化和差异；两种成墙机制亦是"油墙"物理特征描述的重要依据。高压气驱"油墙"形成过程可分解为"近注气井轻组分挖掘→轻组分携带→轻组分堆积→轻组分就地掺混融合" 4 个子过程。

如上所述，油墙是成墙液轻质和地层原油掺混融合而成，"油墙油"本质上是一种"掺混油"，油墙区域原本就存在地层油。随着注气持续进行，这部分原状地层油的轻组分也会被萃取并被采出。由此，可区分出两种"油墙"类型：一种是见气见效之前形成的，成墙轻组分来自注入井周围一定范围，可称之为"先导性显式油墙"；该类"油墙"运移到生产井的那一刻成为见气见效阶段的肇始，并且它决定了见效高峰期产量情况和含水率"凹子"的深度。另一种则是见气见效之后形成的，成墙轻组分主要来自"先导性显式油墙"所覆盖区域，可称之为"伴随性隐式油墙"；由于形成时间和采出时间较晚，其首要作用在于延长气驱见效高峰期；只有保持较高地层压力水平，"伴随性隐式油墙"才能发良好，才能有效延长气驱见效高峰期，甚至可以期望随之而来更好的气驱生产效果；反之，如果该阶段地层压力保持水平低，"伴随性隐式油墙"发育不良，相应地生产动态则是一种很差的尾部状态。可以讲，"伴随性隐式油墙"是见效高峰期产量重要来源，也是造成该阶段中后期生产动态的地下流场条件。显然，区分出两类"油墙"对于正确认识见气见效阶段生产动态特征和维持气驱见效高峰期生产效果有重要指导作用。

九、气驱开发阶段定量划分方案

气驱生产经历的阶段划分以生产面临的主要任务为依据，是定性的描述；而气驱开发阶段划分主要以气驱生产指标变化特征为主要根据，可以进行定量研究，获得普适性结论。气驱开发阶段划分依据不同，将有不同的划分方案；可从注气方式、生产见效特征、流场变化特征等方面进行划分（图 5-21）。一般来说，连续注气数月到一年左右即可使地层压力恢复到相当程度，此所谓增压见效阶段，"油墙"亦在此期间发育并成型；紧接着便整体进入见气见效阶段，地下流场高含油饱和度"油墙"开始被集中采出，生产上的体现是出现气驱见效产量高峰期，该阶段宜采用水气交替注入与高气油比井周期生产相结合（HWAG-PP）的开采方式；然后进入较高气油比的"油墙分散采出阶段"或气窜阶段，须以更大力度的生产调整对策维持气驱效果，仍须注采联动扩大波及体积，这是一个相当长的时期；在最后的阶段里，气驱效果较差甚至继续注气可能不经济，应考虑转水驱开发，确保有效益。

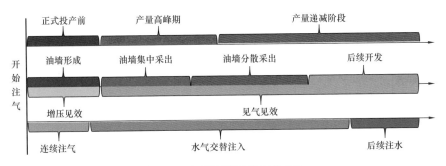

图 5-21　气驱开发阶段划分方法

"油墙"集中采出时间从属于见气见效阶段，也是气驱效果最明显的阶段。"油墙"采出时间可分为两个阶段：第一阶段是油墙集中采出阶段；第二阶段是油墙分散采出阶段，主要受生产调整措施及其力度所控制。"油墙集中采出阶段"属于气驱见效产量高峰期，油墙分散采出阶段是气窜阶段。在气窜阶段早期，如果采油工艺和生产调整措施得当，仍然可以有效延长产量高峰期。故提出"油墙集中采出时间"概念，以定量描述油墙集中采出阶段持续时间，该时间也近似等于气驱见效高峰期或者从见气见效到整体气窜的时间。气驱"油墙"几何特征描述可以确定气驱稳产年限。气驱开发阶段的定量划分之关键是见气见效时间的确定和气驱稳产年限的确定。显然，定量划分气驱开发阶段有助于超前部署和准备气驱生产与调整工作。

十、适合 CO_2 驱低渗透油藏筛选程序

高度重视油藏筛选是 CO_2 驱效果的根本保障。不同试验项目的换油率，即采出每吨原油需要注入的 CO_2 量差别较大，受裂缝发育情况、开发阶段、地层水无效溶解、气窜低效循环等因素影响，国内 CO_2 驱项目的换油率一般在 $2 \sim 7t$（CO_2）/t（油），这造成项目之间的经济性悬殊。以中石油为例，CO_2 驱换油率为 3.2t（CO_2）/t（油），按 2019 年试验项目平均碳价 225 元计算（主要是目前大庆油田和吉林油田注气量占比较大），采出每吨原油仅 CO_2 介质费用就达到 720 元（14.1 美元/bbl）。显然，低油价下需要高度重视油藏筛选，从根本上保障项目的经济性。

现有筛选标准缺乏判断注气是否具有经济效益的指标。理论分析和注气实践还表明，低渗透油藏注气多组分数值模拟预测结果误差往往超过 50%，极易造成利用数值模拟评价注气可行性环节失效。这是北美地区经济性差与不经济注气项目占 20% 以上的重要原因。国内注气项目更易出现不经济的问题，主要原因有：碳交易制度和碳市场不成熟以及驱油用气源主要构成不同，国内地层与 CO_2 混相条件更苛刻及陆相沉积油藏非均质性强造成换油率较高（即吨油耗气量较多）以及采收率较低；国内实施 CO_2 驱油藏埋深较大等。有必要完善现有气驱油藏筛选标准。鉴于产量是最重要的生产指标，故提出向现有筛选标准中增补能够反映气驱经济效益的指标——单井产量相关指标。

通过将注气见效高峰期持续时间视作稳产年限，则效高峰期产量为稳产产量。当产量递减率（据油藏工程法获得）确定时，评价期整个气驱项目的经济效益就取决于稳产产量；整个气驱项目盈亏平衡时的稳产产量即为气驱经济极限产量。根据这一考虑，引入一种新的经济极限气驱单井产量概念，并建立其计算方法。结合低渗透油藏气驱见效高峰期单井产量预测油藏工程方法，得到判断气驱项目经济可行性的新指标：若气驱高峰期单井产量高于气驱经济极限产量，则为经济潜力；若气驱见效高峰期单井产量高于经济极限产量，则注气项目具有经济可行性。

在此基础上提出适合 CO_2 驱的低渗透油藏筛选须遵循"技术性筛选—经济性筛选—精细评价—最优区块推荐"等"4 步筛查法"程序，避免注气选区随意性，以从根本上保障注气效果。

十一、气驱油藏管理的理念创新

吉林油田和中国石油勘探开发研究院气驱研究人员于 2008—2009 年总结提出将"保混相、控气窜、提效果"作为 CO_2 驱油藏管理的主导理念。2016—2017 年，中国石油集团咨询中心认为气驱技术还有待完善，因为一些老问题还没有解决，一些新问题又有出现，比如"应混未混"气驱项目的出现。吉林油田黑 46 区块自 2014 年 10 月开始注气，到 2016

年 5 月已注入 20 多万吨 CO_2，生产气油比从 $35m^3/m^3$ 升至 $500m^3/m^3$，日产油不增加反而有下降趋势。是注采井网有问题，还是地下流体性质有特殊性，该如何治理？作为中国石油首个 CO_2 驱工业推广项目，各方都关心这个问题。

对于气窜严重井数众多的大型特超低渗油藏，很难全面测压及时准确的获得地层压力以判断地下驱替状态。依据注气开发油藏见气见效时间预报、低渗透油藏气驱产量预测、气驱"油墙"物理性质描述和混相气驱生产气油比预测等气驱油藏工程方法研究后认为，天然裂缝不发育的黑 46 区块确实已进入整体见气阶段，但生产气油比不该数倍于混相驱"油墙"溶解气油比，实际日产油量不该仅为混相驱理论值的 60% 左右。另外，根据最小混相压力与原始地层压力差别不大认为黑 46 项目本该混相。在和吉林油田郑雄杰、李金龙、郑国臣等同志交流后，将黑 46 项目定性为"应混未混"气驱项目，并提出"油藏恢复、油墙重塑"的治理理念及对策，并排除了提高 CO_2 注入量、增注氮气等快速抬高地层压力以及调剖等控气窜的想法。该治理理念与对策经过近 3 年的实施，丘状气油比平台逐渐消失、日产油持续升高，综合含水率持续下降，黑 46 区块 CO_2 驱开发形势持续向好并符合预期（图 5-22）。

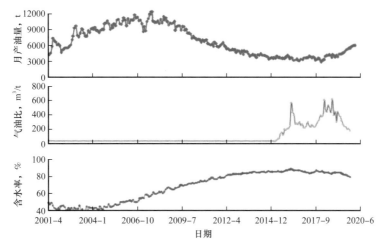

图 5-22　黑 46 工业化推广区块采油曲线

黑 46 "应混未混"项目的成功治理启示和验证了气驱生产气油比和含水率在一定程度上可以向注气前的水平恢复，即气驱过程的可逆性。"油藏恢复"是利用可逆性的唯一目的，也是"油墙重塑"的必要条件。不论是概念的内涵或目的还是手段，"利用可逆性"与"保混相、控气窜"都是不同的。因此，重视并利用可逆性是气驱油藏管理的理念创新，气驱油藏管理的理念可以进一步概括为："促混相、调流度、重可逆、提效果"。

十二、CO_2 驱最小混相压力估算

由于油田区块众多，在一个项目内难以测量所有油藏的 CO_2 驱最小混相压力。利用经验公式对其他区块的 MMP 进行测算，确定相应的地层压力保持水平。主要根据 Holm & Josendal，Mungan's extension 以及 Alston 等学者建立的关系，预测备选区块 CO_2 驱最小混相压力。

Mungan's 对 Holm & Josendal 等的方法进行扩展后的新方法如图 5-23 所示。

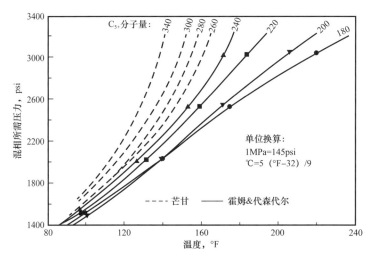

图 5-23　Mungan's 对 Holm&Josendal 关系的拓展

Alston 等经验地关联了 CO_2 气体多次接触混相驱替含气油系统最小混相压力的方法，使最小混相压力和油藏温度、原油 C_{5+} 馏分分子量、易挥发原油组分、中间烃组分及 CO_2 气体的纯度发生联系，该方法考虑了溶解气及 CO_2 气体不纯等因素的影响：

$$p_{MMCO_2} = 8.78 \times 10^{-4}(T)^{1.06}(M_{wC_{5+}})^{1.78}\left(\frac{X_{vol}}{X_{int}}\right)^{0.136} \qquad (5-1)$$

式中　p_{MMCO_2}——最小混相压力，psi；

　　　T——油藏温度，^{o}F；

　　　$M_{wC_{5+}}$——原油中 C_5 以上组分的分子量，g/mol；

　　　X_{vol}——易挥发组分的摩尔含量，%；

　　　X_{int}——中间组分的摩尔含量，%。

实际应用时，目标地层压力应高于最小混相压力 1.0~2.0MPa。以实际地层压力和目标地层压力差值 6.0MPa 为标准，可以判断各区块 CO_2 驱实施混相驱的可能性。即：

$$\begin{cases} p+6 < p_{MMCO_2} & \text{非混} \\ p+6 > p_{MMCO_2} & \text{混} \end{cases} \qquad (5-2)$$

十三、CO_2 驱注入量设计经验

我国低渗透油藏油品较差、埋藏较深、地层温度较高，混相条件更为苛刻；中国注水开发低渗透油藏地层压力保持水平通常不高，为保障注气效果，避免"应混未混"项目出现，在见气前的早期注气阶段将地层压力提高到最小混相压力以上或尽量提高混相程度势在必行。中国气驱油藏管理经验不够成熟，气窜后也面临着确定合理气驱注采比以优化油藏管理的问题。中国低渗透油藏注气开发中，气驱注采比设计具有特殊的重要性。

若注入量过大，井底流压会超过地层破裂压力，形成裂缝，并导致沿裂缝快速气窜，井组范围地层能量得不到补充，单井产量难以提高，注气反应过慢；或注入量过高造成井底沥青析出，堵塞孔道，影响注气能力。若注入量太低，地层能量补充太慢，单井产量提高困难；注入量低，地层压力起不来，混相驱难以实现，采收率可能比水驱还要低。总之，存在着一个最优的注入量。若干 CO_2 驱试验早期配注情况如图 5-24 所示。在鄂尔多斯盆地，尽管裂缝系统发育，通过注气使地层压力得到有效升高没有问题的。表 5-3 为若干 CO_2 驱试验注气前后地层压力变化情况。

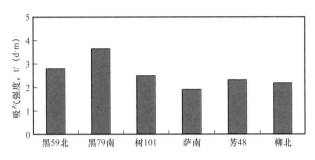

图 5-24 若干 CO_2 驱试验早期配注情况

表 5-3 若干 CO_2 驱试验注气前后地层压力变化情况

区块	黑 59 北	黑 79 南	树 101	柳北	平均
地层压力升高，MPa	9.2	4.1	6.0	7.0	6.6

混合水气交替联合周期生产气窜抑制技术（HWAG-PP）被证明是更高效的气驱生产技术模式，在东部油藏 CO_2 驱方案设计和实施过程中得到多次应用。在早期注气阶段，注气井充分注气，配合油井周期生产或降低采油速度生产，可以快速恢复地层压力。

十四、超临界注入压力

准确预测注入井井底流压是 CO_2 驱工程计算和分析的基础性工作。有井口注入压力和井口流温数据可预测井底流压。通常井底流压可以由井筒内液 / 气柱压力加上井口流压得到，也可以利用一些经验公式进行估计。这些经验方法虽简单，却误差较大，可靠性较差。最为有效的预测技术是基于动量定理和热传导理论。考虑局部损失的压力方程、带摩擦生热的 Ramey 井筒传热方程、

以长庆油田为例，CO_2 驱的潜力区域的油藏埋深大致可以分为 5 类，包括安塞王窑区埋深 1200m 左右、安塞杏河区埋深 1500m 左右、靖安白于山埋深 1800m 左右、姬塬洪德 / 马家山 / 堡子湾和华庆庙巷区 / 温台区埋深 2100m 左右、姬塬罗一区和冯地坑埋深 2500～2700m。据此计算了超临界注入条件下，注入 CO_2 纯度为 97%，上述 5 类代表性油藏埋深，满足不同需求井底压力与井口注入压力之间的对应关系。不同埋深油藏井口压力与井底流压关系如图 5-25 所示。

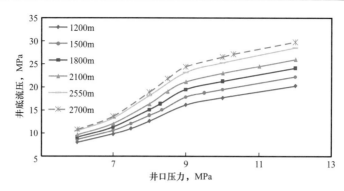

图 5-25　不同埋深油藏井口压力与井底流压关系（井口 35℃）

参 考 文 献

［1］王高峰，秦积舜，孙伟善.碳捕集、利用与封存案例分析及产业发展建议［M］.北京：化学工业出版社，2020.

［2］陆诗建.碳捕集、利用与封存技术［M］.北京：中国石化出版社,2020.

［3］王峰.CO_2 驱油及埋存技术［M］.北京：石油工业出版社,2019.

［4］王香增.低渗透砂岩油藏二氧化碳驱油技术［M］.北京：石油工业出版社,2017.

［5］俞凯，刘伟，陈祖华.陆相低渗透油藏 CO_2 混相驱技术［M］.北京：中国石化出版社，2016.

［6］王增林.胜利油田燃煤电厂 CO_2 捕集、利用与封存（CCUS）技术及示范应用［C］.北京：第三届 CCUS 国际论坛，2016.

［7］王高峰.黑 59 区块 CO_2 驱实施方案(修订)［R］.北京：中国石油勘探开发研究院，2008.

第六章 技 术 展 望

本章重点介绍实施 CCUS 全球 CCUS 技术发展、全流程 CCUS-EOR 技术发展方向，并提出了促进 CCUS-EOR 产业发展的若干建议。

第一节 CCUS 技术发展总体方向

一、全球 CCUS 技术发展方向

1. 技术与理念提升

CCS 项目尚看不到现实的经济收益，而 CCUS 项目由于 CO_2 的资源化利用（例如 CO_2 驱提高石油采收率、铀矿 CO_2 浸采），可以获得现实的经济收益。从项目分布地区分析，欧洲、美国、加拿大、澳大利亚等国家和地区的项目总和超过 2/3 以上，主要原因是上述国家和地区的产业基础相对完善，发展 CCS/CCUS 不存在技术方面的障碍，例如，美国的 8000km 的 CO_2 运输管道，每年管输超过 $6000 \times 10^4 t$ 的 CO_2，有长达 50 年的安全运行经验，为低成本输送 CO_2 和匹配源汇提供了基础设施。另外，上述国家和地区更看好 CCS/CCUS 的商业发展潜力。从过去 20 年的全球 CO_2 封存量数据和长远的发展预测数据分析，CCUS 将是碳减排的主要方式，也是 CO_2 地质减排的主流发展方向。

2. 捕集技术发展趋势

适用于发电和高能耗行业的碳捕集技术要重视通用技术的有效集成，改进综合环境控制系统（如胺排放控制）、负载下的系统灵活性等。溶剂吸附技术要优化溶剂性能和管理，实现更有效接触和循环，降低溶剂成本、能耗和设备体积。固体吸附要开发新材料改善性能，减小设备尺寸。膜技术要开发聚合物膜，深化膜特性、竞争吸附、浓度和压力影响分离特点及耐用性研究。化学链燃烧和钙循环技术要提现有技术的效率，优化固体燃料反应器中的燃料转化过程，解决化学反应活性等问题。还要开发用于高温高压燃烧系统、极端温度条件的材料，改善低阶煤气化炉性能，设计和改进富氢燃气轮机组件以适应较高的燃烧温度和冷却要求，并降低过程和系统成本。

3. 利用技术的发展方向

国际上，驱油类 CCUS、地浸采矿类 CCUS、驱替煤层气或天然气类 CCUS，以及驱水类 CCUS 都是比较有吸引力的技术发展方向。其中，美国 CCUS-EOR 技术在 20 世纪 80 年代就已经商业化，目前年产油超过千万吨；CCUS-EUL 是全球天然铀矿开采技术和产量的重要组成部分；北美已经开展过万吨规模注入的 CCUS-ECBM 技术的工业试验；虽然比

纯粹埋存的 CCS 有收益，但 CCUS-EWR 技术的经济效果依然较差，但美国和澳大利亚等国还是开展了一定规模的示范。

世界范围内，注气驱油技术已成为产量规模居第一位的强化采油技术；在气驱技术体系中，CO_2 驱技术因其可在驱油利用的同时实现碳封存，兼具经济和环境效益而倍受工业界青睐。CO_2 驱技术在国外已有 60 多年的连续发展历史，技术成熟度与配套程度较高，凸显出规模有效碳封存效果。美国在利用 CO_2 驱油的同时已经封存 CO_2 约 $10 \times 10^8 t$。CO_2 驱油技术在各类 CCUS 技术中实际减排能力居首位，也是美国最为重视的 CO_2 利用与减排技术。

4. CCUS 全流程运行的优化

创新设计流程和商业模式，使产品更具竞争力。评估全流程各环节实现的净减排量。通过设计热集成工厂、完善的环境控制系统和灵活运行来优化流程。与其他技术协同作用，如使用可再生能源和智能电网。根据不同碳利用途径的浓度和杂质需求，确定最佳的碳源。验证用于缓解气候变化的某些碳利用技术的效率。加强碳排放交易的监管。

二、中国 CCUS 技术发展特点与趋势

过去 10 多年，国内涌现出许多 CCUS 新技术，如何在科技政策层面引导新旧技术的有序发展，合理布局不同技术的支持力度、方式和节奏，是当前急需解决的问题。随着过去 20 年 CCUS 技术的密集研发和技术示范，其发展趋势逐渐明朗。❶❷❸❹❺

1. 大幅度降低成本能耗

近年来，随着科技不断进步，集成各类 CO_2 捕集、利用与封存技术的 CCUS 集中向低成本、低能耗方面需求突破。根据 2013 版 CSLF-CCUS 路线图报告，低成本、低能耗的 CCUS 的根本特点在于 CO_2 捕集技术的创新，随着 IGCC、富氧燃烧和燃烧后等技术的发展，CCUS 高耗能、高成本和高风险等问题将得到逐步解决。

2. 健全商业模式

CCUS 技术面临资金短缺、商业模式不健全、技术选择不明朗等问题。在现有政策条件下，CCUS 技术发展面临严峻形势。如果不及时落地有针对性的政策，CCUS 技术的发展将面临竞争性挑战。例如：现有 CCUS 技术的规模化示范过程中出现了基础建设投入大、运行资金需求量大和经济评价效益偏低，还有商业模式不健全、CCUS 技术选项前景不明确等挑战。CCUS 作为一种能够实现规模化减排的应对气候变化技术，具有跨行业、跨学科、空间规模大、时间跨度长、成本高、风险大等特点。无论是研发与示范，还是产业化，都需要政策扶持。

---

❶ 国家发展和改革委员会.中国应对气候变化的政策与行动年度报告.2011.

❷ 国家发展和改革委员会.中国应对气候变化的政策与行动年度报告.2012.

❸ 国家发展和改革委员会.中国应对气候变化的政策与行动年度报告.2013.

❹ 国家发展和改革委员会.中国应对气候变化的政策与行动年度报告.2016.

❺ 国家发展和改革委员会.国家应对气候变化规划（2014—2020 年）.2014.

3. 明确最佳技术路线

CCUS 产业发展技术路线有待进一步明确。电力行业碳排放量约占全国的 40%，有关专家认为降低 CCUS 系统成本的根本在于碳捕集技术的创新；碳捕集技术研发集中于优化工艺节能降耗和材料节约以降低成本，实现代际技术接替；目前燃烧后捕集成本为 $300 \sim 400$ 元 /t，即使二代技术能够降低成本 25%，届时单位捕集成本在 225 元以上，仍然无法和煤化工高浓度 CO_2 仅 100 元 /t 左右的捕集成本相比拟。对 CCUS 产业发展的政策和资金支持应聚焦于能够充分利用煤化工碳源的地区，这关系到中国 CCUS 技术发展路线图设定的碳封存目标的实现。

4. 加快推广应用步伐

地质利用技术基本配套，加快推广应用是主要努力方向。经过近 20 年攻关研究，驱油类 CCUS 基本完成技术配套，近几年在气驱油藏工程方法和油藏管理方面更为系统和成熟，已不属于前沿技术。CO_2 驱油兼具经济和环境效益而倍受国内工业界青睐，因其已被证明的可以实现大规模封存的特点，在各类 CCUS 技术中脱颖而出，尤其得到了能源界的重视。截至 2020 年底，我国石油行业累计向地下油藏注入约 600×10^4t CO_2 用于驱油。目前我国国内已经处于商业应用的初级阶段，因跨行业协调 CO_2 气源难度大等问题，该技术大规模推广进展缓慢。相信随着控制碳排放政策的完善，碳中和压力的增加，跨行业利用 CO_2 气源将会逐步自发开展。

5. 防控长期埋存风险

CCUS 涉及 CO_2 捕集、运输、驱油利用与地质封存等环节。任何一个环节出现问题，都会造成不同程度的安全、环境，甚至社会风险，影响到 CCUS 项目的顺利运行。CCUS 项目的部分环节具有完整的工艺管理流程，它们一直处于操作者或管理者视野范围之内，其安全状态可以通过与之相连的仪器仪表的读数变化了解和管控。CO_2 驱油利用与地质封存环节的安全风险主要是不可预知的 CO_2 泄漏。由于预知概率低，风险管控难度大，一旦发生突发的 CO_2 泄漏，可能给生命和生态造成灾害。CO_2 漏失的主要有两个方面，即 CO_2 从井中或封存地质体构造中泄漏。需要加强预测、监控和预警技术研究、还需要研究相态对于驱油机理和工程工艺的长期影响，以及千年万年安全埋存目标下的埋存机理研究，以及规模项目长期安全埋存对基础设施、封井条件与工艺，以及自然环境的要求等。

6. 开展百万吨级 CCUS 示范

碳达峰碳中和目标提出以来，我国各行各业的减排压力陡然增大。须在能源结构调整、节能增效的同时，大力发展大规模深度减排技术。资源禀赋和发展阶段决定了中国以煤炭为主能源结构短时间内无法改变；预计到 2050 年，化石能源消费占比仍在 50% 以上。作为一项可以实现大规模深度减排的看得见的技术，CCUS 在实现我国化石能源行业绿色低碳转型中的地位显得突出。

近 20 年来，我国系统开展驱油类 CCUS 技术攻关研究，启动了数十个规模不等的矿场试验项目，累计向油藏注入约 600×10^4t CO_2。但是单体百万吨级注入、单体百万吨级产油的规模项目还未曾开展，由于 CCUS 技术经济效果还没有在大项目中充分展现，也影响了人们对 CCUS 在中国的实际减排效果和可持续发展的预期。

第二节　全流程 CCUS-EOR 技术发展方向

一、CO_2 驱提高采收率技术动向

1. 提高 CCUS-EOR 方案编制质量

气驱数值模拟技术融合了地质建模技术、注入气 / 地层油相态表征技术、多相相对渗透率测定技术和多相气驱渗流力学数学模型。上述 4 个环节是相互独立的，根据概率论，我国陆相低渗透油藏气驱数值模拟预测生产指标的误差性应该在 50% 左右。

基于气驱增产倍数的气驱产量预测方法为例说明问题。在低渗透油藏高压 CO_2 驱（多轮次 WAG）与水驱的波及体积接近，及多轮次 WAG 残余油饱和度可视为定值的前提下，提出气驱增产倍数工程算法，并得到国内外 30 多个注气项目验证，符合率高于 85%，表现出很高的可靠性，主要原因是：第一，气驱增产倍数概念是由基本的油藏工程原理推导得到的；第二，根据油田开发现场资料和实验室数据，分析得到并验证 CO_2—WAG 驱与水驱的波及体积接近，以及多轮次 WAG 的驱油效率可视为恒定；第三，采用反映实际油藏地质条件与工作制度的油藏水驱产量乘以气驱增产倍数计算得到气驱产量，省略了相态变化、三相渗流、微观机理和地质模型等的信息传递和误差积累，计算结果的可靠性显著提高。

现行的油田开发管理纲要里要求开发动用 $1000 \times 10^4 t$ 以上油藏必须进行数值模拟研究，建议以后再编制二氧化碳驱等气驱开发方案和规划方案时，要充分应用先进技术成果和可靠方法，从数值模拟和油藏工程方法两个角度综论证，避免"一条腿走路"。

2. 开展新型 CCUS-EOR 试验

强水敏特 / 超低渗油藏前置 CO_2 段塞复合气驱。主要是对于那些绝对渗透率低于 5mD，水敏指数高于 85% 的凝灰岩、砂砾岩或砾岩等强水敏难采油藏，往往无法正常注水开发，单井产量及采收率都比较低。这类油藏在海拉尔盆地，准噶尔盆地红车拐地区，三塘湖盆地都有规模分布，地层流体条件往往不难实现 CO_2 混相驱。但是在碳源短缺的情况下，可以采取早期外购部分 CO_2 作为前置小段塞注入，充分发挥混相作用，在见气后改注减氧空气等其他类型气介质，可以大幅度提高产油效果。对那些由于环保原因关停的 CCUS-EOR 项目，可以转注减氧空气，已经注入的 CO_2 相当于前置段塞，以维持开发效果。

可独立开发难动用井段 CO_2 驱。存在一些中高渗层位单一发育的区块，其上部存在一定厚度的注水难以动用的低渗透井段，具备单独成为开发层系的地质条件。还有一批独立开发的层系，其中高渗层位单一，且其内部存在若干井组范围稳定的夹层，具备单独成为开发层系的地质条件，可以开展 CO_2 驱独立开发试验，井网可以考虑采用水平井—直井混合井网。

带状油藏水平井 CO_2 驱试验。我国东部陆相湖盆三角洲前缘微相往往存在着岩性侧向变化快且油水关系复杂的非连续性窄条带油藏，单个区块往往不具备规模井网部署条件，

沿砂体侧向钻水平段 1km 左右的水平井则可以控制整个砂替体，有望实现全带波及与全藏动用，并节省 2~3 口直井的投资。

3. CCUS 开发油藏管理理念升级

1）"促混相、调流度、重可逆"

"保混相、控气窜、提效果"在混相驱油藏管理方面发挥了重要作用。现实中还存在大量非混相驱项目，促混相的提法显然更有普遍意义；控气窜主要是为了扩大注入气的波及体积或保障正常生产；提效果自然是一切油田开发项目生产调整的出发点。黑 46 "应混未混"项目的成功治理启示和验证了气驱过程的可逆性，不论是概念的内涵或目的还是手段，"利用可逆性"与"保混相、控气窜"都是不同的。因此，重视并利用可逆性是气驱油藏管理的理念创新，气驱油藏管理的理念可以进一步概括为："促混相、调流度、重可逆、提效果"。

2）带裂缝油藏提高 CCUS 实施效果

目前我国孔隙型油藏 CCUS-EOR 技术已经成熟配套，在储量规模巨大的低渗透裂缝型油藏中应用还面临波及系数小、采收率低、规模埋存安全性等问题，在大幅度提高 CO_2 驱采收率与埋存效果方面还需要进一步攻关研究。除了采用凝胶、增稠流体、耐酸泡沫等封窜体系封堵裂缝之外，还可以考虑利用水动力学方法，形成压力丘扩大注入 CO_2 的波及体积，做好井网—砂体—裂缝配置关系也是弱化裂缝作用的重要一着。

二、CCUS-EOR 工程技术动向

1. 连续油管注入工艺

国内 CO_2 驱注入工艺设计主要以笼统注气为主，目前普遍应用的"气密封扣碳钢油管 + 气密封封隔器"的注气井完井技术基本满足安全生产要求，随着 CO_2 驱技术的应用规模不断扩大，现有技术存在的施工费用较高、密封薄弱点多、长期服役小修作业成功率低、油管存在腐蚀等问题日渐凸显，尤其在低油价形势下，如何通过新技术攻关达到提质增效的目的成为首要解决的任务。近年来，随着连续油管在电潜泵采油、井下定点切割、工程解堵、排水采气等领域广泛应用，利用连续油管完整性高、密封薄弱点少等特点，采用不锈钢连续油管代替气密封扣碳钢油管，配合"密封插管 + 可钻桥塞"封隔环空，可以避免"气密封扣碳钢油管 + 气密封封隔器"工艺存在问题，达到大幅度降低完井成本、缩短作业周期、提高小修作业成功率和投产时率的目的。同时，针对储层矛盾的油藏，需要开展两段及两段以上分层注气技术攻关。采用此工艺，减少了气密封薄弱点，降低了井筒内中水 / 气互窜风险，可降低注入井单井投资 40% 以上。

2. 超临界—密相接续管输与注入工艺

超临界—密相管输可以规避超临界管输的相态控制难题，降低投资和运行成本各 15% 以上。密相注入的注入站占地与普通注水站相同，密相注入泵投资约为国产气相注入设备的 1/8，是注水泵的 2.0 倍，运行成本低。两者结合，并有望降低投资成本 30% 以上。

集约化建站可以有效解决传统建站存在的建设周期长、管理分散、功能重复、利用率低、维护困难等问题，可降注入站投资 20% 以上。

油田开发工程的存在意义是了实现油藏地质目的，工程—油藏一体化，采用合理的注入 CO_2 纯度，可以有效降低捕集与处理成本或简化循环注气工艺路线。

3. 低成本防腐技术研究

国外在 CO_2 驱地面生产系统的总体布局、工艺流程和操作条件设定等基本工艺设计中，普遍采用行之有效的工艺措施制约腐蚀条件的形成，减少腐蚀环节，从而可以尽量少地依靠不锈钢等昂贵材料应对腐蚀问题。国外已广泛应用以玻璃钢管材、非金属衬里管材、容器设备的非金属衬里或涂层等为基础的 CO_2 驱防腐体系。国内目前仍主要使用不锈钢材质为基本防腐措施，费用较高。因此，我国目前 CO_2 驱地面生产系统工艺设计中，还须强化这些理念和相应的设计手段，并加强非金属材料、涂层等抗腐蚀材料在 CO_2 驱地面设施中的应用研究，扭转工程上不得不大量依靠耐腐装置和设备，导致建设投资居高不下的局面。需要继续深化多功能药剂协同作用机理，研发适合不同工况的不同类型防腐药剂体系，有望降低药剂成本 30% 以上。

4. 加快国产压缩机改进与应用

CO_2 增压设施，如超临界 CO_2 压缩机、超临界 CO_2 增压泵等，是 CO_2 驱的关键核心设备。无论用泵增压液态 CO_2 或用压缩机增压气态 CO_2，均需绕开临界温度、远离临界点，以控制剧烈相变；用泵增压时要保持低温增压（远离液相泡点曲线避免气化），用压缩机增压时要保持高温增压（远离中、高密相区域）。目前，在国外相关增压设施已形成专业化的产品。国内 CO_2 压缩机已是成熟产品，对于 CO_2 跨临界压缩技术国内也基本掌握，但目前绝大部分是为化工生产所用，仅适用于压缩纯 CO_2，而油田驱油用的压缩机压缩的是含有烃类的 CO_2，这在相态图上是有区别的。因此，国内压缩机制造厂还需与油田进行结合，针对国内 CO_2 驱的气质特点，做出变化了的相态图，根据变化了的相态图，进行"级间"冷凝冷却器和控制温度方式的设计；此外，还应完善 CO_2 压缩机、泵的设计选用规范。

第三节　CCUS 产业发展政策建议

一、中外气驱发展条件比较

1. 危机感和政策导向助推北美气驱大发展

通过本国原油快速增产应对石油危机。世界第一次石油危机使美国工业产值下降 14%。加大其国内勘探开发力度，推广气驱等具有快速见效能力的强化采油技术快速增产，成为美国降低石油对外依存度的重要举措。

通过政策法规导向激活美国国内石油市场。美国立法机构通过了能源安全应急法案，放松了油价管控，出台有利的税收和市场准入政策，吸引各类企业增加投资，全面激活其国内油气勘探生产市场，包括建成了 CO_2 长输管道。

美国适合 CCUS-EOR 的资源条件优越。美国在低渗透油藏、高渗透油藏、过渡带油藏都有商业成功的 CO_2 驱项目，证实了适合 CO_2 驱的油藏资源是庞大的；美国能源部 2006 年 3 月发布的报告显示，适合 CO_2 驱储量超过 $120 \times 10^8 t$。美国巨型气藏通过管网输送 70%

以上驱油用气，建立了多元化的 CO_2 气源供给体系，彻底解决了气源问题。美国每过 5～6 年进行一次油气资源评价，为 CCUS 源汇匹配和输气管网等基础设施规划建设提供了重要依据，推动了美国的 CO_2 驱油技术的持续发展与应用。

2. 中国 CO_2 驱油与封存技术推广与应用存在瓶颈

第一，气源供给问题突出。国内主要石油公司内部可用碳源规模小而分散，企业外部碳源市场尚未形成，价格高且不可控，保供压力大。

第二，油田与碳源之间缺少匹配桥梁（输送管网），导致大量高浓度 CO_2 源不能转化为驱油资源输送到油田，也使得石油企业难以启动大型 CO_2 驱油与封存项目。CO_2 输送管网建设与运营既涉及跨行业的上下游企业，也涉及地企关系，难以一蹴而就。

第三，CO_2 驱油技术效果还不够明朗。低渗透油藏单井基础产量比较低，注气后增产 30%、50%，甚至 100% 的幅度，绝对增量仍然较低，是否还有大幅度提高产量途径，还须探索。我国完成全生命周期的注气项目甚少，注气效果未能完整展现和评估，在一定程度上影响投资决策。

第四，低油价不利 CO_2 驱油与封存技术推广。CO_2 驱油与封存项目具有高技术与资金密集的特点，项目前期资金需求量大，投资回收期偏长，低油价下推动 CCUS-EOR 技术推广应用的难度陡然增大。

此外，国内正在运行的 CO_2 驱油与封存项目多数是由示范项目延续而来，普遍存在规模偏小、各类资源匹配难度大、边建设边实践边积累边提高的状况。

二、CCUS 产业发展政策法规建议

研究制定相关法律法规，建立利用 CCUS 应对气候变化的总体政策框架和制度安排，明确各方权利义务关系，为相关领域工作提供法律基础。研究制定应对气候变化部门开展碳减排活动的规章和地方政策法规。完善应对气候变化相关法规。根据需要进一步修改完善能源、节能、可再生能源、循环经济、环保等相关领域法律法规，发挥相关法律法规对推动 CCUS 应对气候变化工作的促进作用，保持各领域政策与行动的一致性，形成协同效应[1]。

主要包括形成 CCUS 应对相关国家标准体系、逐步完善碳排放权交易体系、建立碳排放认证与量化核查制度、形成碳减排财税和价格政策、完善碳减排投融资政策保障、丰富碳排放源头综合控制手段、健全 CCUS 立项行政审批制度、规范大型 CCUS 活动的商业模式、CCUS 适时纳入碳排放权交易体系、将 CCUS 列入清洁能源技术范畴、编制国家 CCUS 技术发展规划。

其中，编制国家 CCUS 技术发展规划，可以明确 CCUS 产业状态，产业发展方向，以及产业发展做大的目标与路径；编制国家 CCUS 规划，梳理企业发展 CCUS 资源、资金、政策需求，有利于国家掌握 CCUS 发展状态，出台相关政策措施，势必对 CCUS 发展起到有力推动作用。

三、统筹油气新能源及 CCUS 发展

1. 石油企业要兼顾油气保供与碳中和

长期来看，石油作为重要的交通燃料和化工原料在现代社会中不可或缺，天然气作

为可再生能源规模化发展的必要支撑，将保持较高水平增长。在今后一段时间内，对石油特别是天然气的需求仍然强劲。根据 2020 年 10 月清华大学领衔发布的《中国低碳发展战略和转型路径研究》结果，实现"1.5 度愿景""碳中和"目标时，我国年油气需求仍高达 $3.32 \times 10^8 t$。目前我国油气对外依存度分别高达 73% 和 43%。2018 年 5 月，习近平总书记提出要加快天然气产供储销体系建设，保障气源供应。2018 年 7 月，习近平总书记再次做出重要批示，强调要"大力提升国内油气勘探开发力度，努力保障国家能源安全"。2020 年 5 月 28 日的中国科学院第二十次院士大会上，习近平总书记要求，从国家急迫需要和长远需求出发，在石油天然气、基础原材料、高端芯片等方面关键核心技术上全力攻坚。2020 年 7 月 21 日，在习近平总书记作出关于大力提升油气勘探开发力度、保障国家能源安全重要批示两周年之际，国家能源局组织召开 2020 年大力提升油气勘探开发力度工作推进会，要求扎实做好"六稳"工作，全面落实"六保"任务，要顶压前行，把油气勘探开发各项工作抓实抓细、抓出成效。

按照习近平总书记关于大力提升国内油气勘探开发力度，保障国家能源安全重要批示指示精神，面对国内油气资源品质劣质化、开发对象老化复杂化、单位产量获取成本和中长期能耗稳步增加等多重挑战，在碳达峰碳中和及环保法规硬约束下，石油行业在保持国内油气长期稳产上产、降低对外依存度方面仍需付出巨大努力。国家出台强制性碳税要考虑行业可持续发展。

2. 合理确定新能源及 CCUS 产业规模

丁仲礼院士认为，碳中和需"三端发力"：能源供应端，尽可能用非碳能源替代化石能源发电、制氢，构建新型电力系统或能源供应系统；能源消费端，力争在居民生活、交通、工业、农业、建筑等绝大多数领域中，实现电力、氢能、地热、太阳能等非碳能源对化石能源消费的替代；人为固碳端，通过生态建设、土壤固碳、碳捕集封存等组合工程去除不得不排放的二氧化碳。石油行业须在坚定不移做强做优油气业务的同时，加快布局新能源、新产业，努力构建多能互补新格局，开发利用好矿权范围内及周边丰富的风、光、地热等资源，加大战略性伴生资源的勘探开发，促进氢能产运储销全产业链业务发展。

丁仲礼院士在中国科学院学部第七届学术年会上表示，全球碳排放的二氧化碳最终被陆地碳汇吸收 31%，被海洋碳汇吸收 23%，剩余的 46% 滞留于大气中，碳中和就是要想办法把原本将会滞留在大气中的二氧化碳减下来或吸收掉。按这个思路，到 2050 年，化石能源行业的排放量实际上只有不足一半需要减排消纳，这是个新的观点。如果某公司 2050 碳排放为 $1 \times 10^8 t$，实际需要地质利用类 CCUS 加上 CCS 的总减排量只有不到 $5000 \times 10^4 t$。这将会引起有关企业的双碳实现路径的重新论证和相应修改。

3. CCUS+ 新能源与原油业务融合发展

资源禀赋、技术水平和管理手段等原因造成我国主要油企的上游单位当量产量或者下游的综合加权单位产量的能耗高于西方石油公司平均水平，对我国油公司碳排放大也有显著的影响。比较明确的是，新能源 +CCUS 是实现碳中和的必由之路，CCUS 更是石油企业碳达峰碳中和的托底负碳技术；但 CCUS 过程是存在新增能耗和碳排放的。根据第三章的研究，对于驱油类 CCUS 过程，注入 1t CO_2 引起的碳排放为 0.5t 左右，并且这些排放主要是碳捕集与驱油利用环节耗电引起的。从这个意义上讲，CCUS 虽然可以被称为整体负碳技术，却不是过程零排放技术。因此认为，CCUS 必须与清洁能源特别是绿电相结合，才能倍增其减排效果，真正实现过程的近零排放。换句话说，CCUS+清洁能源与原油业务的充分融合发展，才是油石油企业上游业务碳中和恰当实现路径。希望国家能够大力发展光风绿电，从源头上控制碳排放，并为 CCUS 等其他负碳技术的规模利用提供清洁的基础能源。

四、减排与利用平衡协调发展

碳减排是当前社会经济的重大热点问题，碳达峰碳中和已经成为国家长远发展战略。电力、石油、煤炭等传统能源行业的排放量占比较高，根据公开的能源生产与消耗总量测算，业内任意一个中央企业年度碳排放规模都是亿吨级的，均面临着巨大的碳减排压力。同时，这些行业整体上进入了低利润率时代，并且受国际国内的能源价格影响很大。以中国石油天然气集团有限公司为行业为例，2020 年利润仅 190 亿元。

目前，驱油类 CCUS 因减排规模较大，且其可行性已被实践验证，被业界青睐，被寄予厚望。但该类型的投资大、成本高。根据经验，一个百万吨级年产油能力的全流程 CCUS 项目投资高达 50 亿～75 亿元，达到 1000 万吨级的二氧化碳减排规模，需要新建 4 个这样的项目来支撑实现，相应的投资规模高达 200 亿元以上；进一步地，形成亿吨级减排规模则需要投资 2000 亿元。假如某企业碳排放高达 $2 \times 10^8 t$，就需要投资 4000 亿元才能形成两亿吨级的减排能力。一般来讲，在当前驱油用二氧化碳平均价格下，若国际油价低于 55 美元 /bbl，这种 CCUS-EOR 项目往往是很难有经济效益的，对实施油田的经济效益的影响是很大的。对钢铁、煤炭、建筑等行业利润的影响也会是巨大的。因此，在人民生活得不到改善，养老金发放等民生问题还有很大压力时，把相当部分利润拿来做无效投资，是不可持续的。因为大型国有企业不只是承担了政治、社会责任，还承担着经济责任；社会责任不只是社会环境的，更应包括民生的保障与改善，哪一个责任都是不能偏颇的，哪个责任的重要方面都是不可忽略的。

此外，油田企业油气生产范围有限，油气藏空间有限，测算我国油气藏封存量的可利用部分只有不到 $100 \times 10^8 t$ 规模，而油井钻遇盐水层的可操作埋存量也不过区区 $300 \times 10^8 t$，根本不足以支撑每年数亿吨且年复一年的百年注入与千年埋存。因此，油气田企业近期和中长期应该大力发展新能源业务，远期可以根据实际减排需求有序实施 CCUS 减排项目，而纯粹的 CCS 项目应在国家重大政策出台以后，再做考虑。

五、建立多元化碳源供给体系

1. CO₂ 气源问题依然突出

美国驱油用 CO_2 主要来源于天然的巨型 CO_2 气藏，通过总长度超过 8000km 的网络化管道系统将 CO_2 配送至油田，CO_2 价格低廉（绝大多数项目的 CO_2 气价低于 20 美元 /t，还有很多 CO_2 驱油项目的 CO_2 价格仅 2 美元 /t。与之相反，由于 CO_2 气源不落实、不稳定、价格过高等因素造成我国一批重大试验难以运行，或严重影响已实施项目的经济性。比如，吉林油田、大庆油田、冀东油田、新疆油田、长庆油田先导试验外购 CO_2 价格 400～1000 元 /t。当前，CO_2 气源问题突出，成为制约我国 CO_2 驱工业化推广的瓶颈。因此，驱油用

CO_2 气源工作亟待加强，构建廉价多元化 CO_2 供应体系。

2. 主要油区周边碳源情况

吉林油田周边年碳排放 4259×10^4t。其中，吉林石化 470×10^4t；外部热电厂排放量 3789×10^4t。大庆油田周边排放量年排放量 2000×10^4t，其中石化排放 1050×10^4t，内部外的电厂排放 950×10^4t。辽河油田及其周边石化企业的年碳排放规模达到千万吨。长庆油田周边排放量年排放量为亿吨级，其中，天然气净化厂排放 70×10^4t，石化企业排放 600×10^4t，煤化工碳排放亿吨级。新疆油田周边年碳排放 5200×10^4t，其中，炼化企业排放 1200×10^4t，外部电厂排放 2000×10^4t，煤化工企业年碳排放超过 2000×10^4t。

总的看来，主要油区周边碳源丰富，碳排放企业类型多样，东西部又各有特点。其中，东部油田周边存在大量的以煤炭燃烧的低浓度排放为主；西部油区周边存在煤化工高浓度碳源；仅石化企业的内部碳排放就可以支撑油田建成百万吨级 CCUS-EOR 项目。因此，应加强气源工作，构建多元化 CO_2 供应体系；特别是加强顶层设计，做好系统内石化企业和油田 CO_2 气源对接，制定好公司层面 CO_2 驱油与埋存产业发展战略，迎接低碳时代到来。

六、规避 CCUS-EOR 项目的环境风险

环境风险是指"在 CCUS 项目实施过程中由 CO_2 泄漏可能导致的环境风险"。因为，在 CCUS 项目实施过程中，可能存在 CO_2 通过未被发现的断层、断裂处或地质体上部盖层密封性薄弱的部位，直接泄漏到地下含水层，进而扩散到近地表地层或地表土壤中的风险。若地下含水层与生活水源相关，则会污染水源；若 CO_2 扩散到地表土壤，有可能导致土壤酸化或影响土壤的"呼吸"；如果 CO_2 泄漏量较大，可能会引发生态环境问题，或许会威胁周边一定范围内可能存在的人和动物的生命健康。当这些情况导致了大面积的生态变化，就会形成环境灾害。为了应对可能出现的 CO_2 泄漏并造成环境风险，需要建立包括监测队伍、专用设备、应急预案等的一整套环境风险管控体系。

虽然鲜见 CO_2 泄漏造成环境风险或灾害的报道，但我们不能掉以轻心，要重点开展规模埋存下的安全问题研究，防患于未然。

七、结束语

碳捕集利用与封存（CCUS）是温室气体深度减排的重要选项，是碳交易制度下能源企业低碳发展的必然选择。CO_2 驱油技术和封存可实现 CO_2 地质封存并提高石油采收率，契合国家绿色低碳发展战略，是现实的 CCUS 技术方向。

从战略高度重视驱油类 CCUS 技术，加强气源工作、推动规模应用、采用低成本工程技术、提升气驱油藏经营管理水平、争取国家政策支持是加速 CCUS 技术应用进程，实现 CCUS 产业技术可持续发展的重要任务。我国能源企业应通盘筹谋并加快驱油类 CCUS 技术推广，为国家应对气候变化，实现绿色低碳发展做出新贡献；同时，国家和地方政府给予务实的政策和资金支持对于推进 CCUS 大项目建设和促进有效减排亦有必要。

研究制定相关法律法规，保持各领域政策与行动的一致性，形成协同效应，形成 CCUS 国家标准体系，逐步完善碳排放权交易体系，建立碳排放认证与量化核查制度，形

成碳减排财税和价格政策，完善碳减排投融资政策保障，丰富碳排放源头综合控制手段，健全 CCUS 立项行政审批制度，规范大型 CCUS 活动的商业模式，CCUS 适时纳入碳排放权交易体系，将 CCUS 列入清洁能源技术范畴，编制国家 CCUS 技术发展规划。

参 考 文 献

［1］王高峰，秦积舜，孙伟善．碳捕集、利用与封存案例分析及产业发展建议［M］．北京：化学工业出版社，2020.